地面防空作战筹划概论

曹泽阳 高虹霓 王建军 徐 刚 著

国防工业出版社
·北京·

内 容 简 介

本书在阐述地面防空作战筹划的概念与特点、依据与要求、程序与内容、时机与方式等理论的基础上，围绕地面防空作战筹划实施步骤，分别给出了基于清单的任务理解、基于要素的情况判断、基于策略集的作战构想设计、基于评估优选的作战方案拟制以及基于行动链的作战计划制定等具体筹划方法，最后概要介绍了地面防空作战筹划支持系统的设计思路。本书具有理技融合、深入浅出和图文并茂的特点。

本书可供从事作战任务规划、系统工程以及防空指挥信息系统研发的科研人员和工程技术人员使用，也可供高等院校相关专业师生阅读。

图书在版编目(CIP)数据

地面防空作战筹划概论 / 曹泽阳等著. -- 北京：国防工业出版社，2024.7. -- ISBN 978-7-118-13364-6

Ⅰ.E824

中国国家版本馆 CIP 数据核字第 202483Q4W9 号

※

国防工业出版社出版发行

（北京市海淀区紫竹院南路 23 号　邮政编码 100048）
北京凌奇印刷有限责任公司印刷
新华书店经售

*

开本 710×1000　1/16　印张 14　字数 262 千字
2024 年 7 月第 1 版第 1 次印刷　印数 1—1400 册　定价 95.00 元

（本书如有印装错误，我社负责调换）

国防书店：(010)88540777　　书店传真：(010)88540776
发行业务：(010)88540717　　发行传真：(010)88540762

前　　言

孙子曰：胜兵先胜而后求战，败兵先战而后求胜。早在 2500 多年前，兵圣孙武就把"计篇"作为《孙子兵法》的开篇，所谓"计"就是指对战争的谋划筹划。俄罗斯军事学术奠基人之一的苏沃洛夫元帅曾指出：指挥员应当两次战胜敌人，首先在思维上，尔后在行动上。一流军队必须有先进的理念和模式，未战而先胜首先要在谋略上高人一筹，在筹划上先人一步。虽然我军对作战筹划问题的认识可以追溯到革命战争年代，老一辈革命家在战争实践中表现出卓越的指挥谋略才能，然而"作战筹划"一词正式作为军事术语始于 2011 年版《中国人民解放军军语》。系统科学、信息技术、工程技术在指挥领域的广泛运用，为科学解构战争复杂问题和夺取作战筹划优势提供了科学手段和技术支撑，作战筹划不再是"存乎一心"的单纯思维活动。海湾战争以来，以美国为首的军事强国也在不断探索作战筹划新理论和新方法，并在局部战争联合作战实践中验证、完善和发展，有不少值得学习和借鉴的地方。理论是实践的先导，作为作战指挥理论的重要组成部分，地面防空作战筹划理论是组织作战筹划的基本遵循，深化作战筹划理论研究对提高作战筹划效能、夺取作战筹划优势意义重大。

本书共 8 章。第 1 章和第 2 章是地面防空作战筹划基础理论部分。其中，第 1 章为绪论，重点阐述地面防空作战筹划的概念、地位作用以及中西方作战筹划理论比较分析。作战筹划概念，其内涵不应只局限于传统地提出作战初步构想，应当延伸至完成作战计划制定。同时作战筹划与指挥层级、任务规划之间有内在关联和变化规律。第 2 章为地面防空作战筹划基本理论，主要围绕作战筹划特点、依据与要求，程序与内容，基本方法，时机与方式以及运行机制等内容展开。按照地面防空作战筹划条件不同，作战筹划程序可分为基本程序和简化程序，简化程序可大大缩短作战筹划时间。此外还有一个值得关注的问题是作战筹划方法论，从整个作战筹划思维层面可分为逆向筹划和正向筹划两种筹划方法，逆向筹划是作战筹划思维的主要方法，对于指挥员把握作战筹划总体思维脉络具有重要实践指导作用。

第 3~8 章分别按照地面防空作战筹划步骤，阐述了地面防空作战筹划任务理解、情况判断、构想设计、预案拟制和计划制定等筹划环节的要求、内容、流程和方法。其中，第 3 章是基于清单的地面防空作战任务理解。任务清单化是将所受领的防空作战任务分解为具体化、规范化、格式化子任务或元任务的过程，其核心是理解上级作战意图，并将作战目的转化为所预期的最终态势。第 4 章是基于要素的地面防空作战情况判断。情况判断的核心是准确把握当前态势，需要对三方要素、对抗关系和表征战场初始态势的作战势能比进行综合分析。该章重点介绍情况判断基本方法和要素构架。第 5 章是基于策略集的地面防空作战构想设计。作战构想设计是作战筹划承上启下的关键环节，是作战筹划最核心内容，而往往又是最薄弱和容易忽视的环节。从本质上讲，作战构想设计是解决如何由当前初始态势向作战目的所期望的最终态势演进的途径设计问题，最能体现指挥员的指挥艺术与谋略水平，作战构想本身可视为一种提要式作战预案。该章重点介绍作战构想策略集描述和设计方法。第 6 章是基于评估优选的地面防空作战预案拟制。作战预案评估优选是指挥参谋团队以作战构想为框架，形成可行预案集并供指挥员定下决心的过程。该章重点介绍作战预案拟制流程和作战预案优选决策方法。第 7 章是基于行动链的地面防空作战计划制定。制定作战计划是落实作战决心方案并转化为部队作战行动依据的过程，作战计划本质是一种可执行的作战方案，也是作战筹划最终成果。该章重点介绍作战计划制定流程、作业方法以及围绕行动时空线、效果线和态势线的行动冲突化解路径。第 8 章是地面防空作战筹划支持系统设计，简要介绍地面防空作战筹划系统的需求分析、总体设计、平台构建与关键技术等。

  本书第 1、2 和 5 章由曹泽阳撰写，第 3 章和 4 章由王建军撰写，第 6 章和 8 章由高虹霓撰写，第 7 章由徐刚撰写，全书由曹泽阳统稿。在本书撰写过程中参考和引用了本领域许多专家学者公开学术研究成果，不少文献对我们启发颇多，也借此对相关文献作者的创新性劳动表示诚挚感谢。

  实事求是讲，目前作战筹划领域还缺乏系统、科学、完备的理论体系，如何将"存乎一心"的指挥艺术物化为科学的指挥理论，既是横亘在面前的一座大山，更是一个时代赋予我们的重任。本着既大胆创新又严谨求证的研究理念，期望本书的出版能够对这一研究领域有所贡献。书中对某些问题的认识和表述不一定准确，真诚希望读者提出宝贵的意见和建议。

作 者

2024 年 3 月

目 录

第 1 章 绪论··1
  1.1 地面防空作战筹划概述···1
    1.1.1 地面防空作战筹划概念界定·······································1
    1.1.2 作战筹划与指挥层级的关系·······································5
    1.1.3 作战筹划与任务规划的关系·······································6
  1.2 地面防空作战筹划地位作用··9
  1.3 地面防空作战筹划制胜机理··10
  1.4 中西方作战筹划理论方法比较···14

第 2 章 地面防空作战筹划基本理论··22
  2.1 地面防空作战筹划的特点、依据和要求····························22
    2.1.1 地面防空作战筹划特点··22
    2.1.2 地面防空作战筹划依据··23
    2.1.3 地面防空作战筹划要求··25
  2.2 地面防空作战筹划的程序和内容·······································27
    2.2.1 地面防空作战筹划程序··27
    2.2.2 地面防空作战筹划内容··31
  2.3 地面防空作战筹划基本方法··33
    2.3.1 作战筹划方法概述···33
    2.3.2 逆向作战筹划法··35
    2.3.3 正向作战筹划法··41
    2.3.4 作战筹划支持系统···42
  2.4 地面防空作战筹划的时机与方式·······································44
    2.4.1 地面防空作战筹划时机··44
    2.4.2 地面防空作战筹划方式··45
  2.5 地面防空作战筹划的运行机制···46
    2.5.1 会议决策机制··47
    2.5.2 滚动更新机制··48
    2.5.3 推演评估机制··49
  2.6 提高地面防空作战筹划效能的途径···································51

第 3 章 基于清单的地面防空作战任务理解 … 54
3.1 任务理解与任务理解清单 … 54
3.1.1 任务理解 … 54
3.1.2 任务理解清单 … 55
3.2 任务理解的要求和基本方法 … 57
3.2.1 任务理解要求 … 57
3.2.2 任务理解基本方法 … 58
3.3 任务理解的流程及其清单化描述 … 61
3.3.1 任务理解基本流程 … 61
3.3.2 任务理解清单化描述 … 63
3.4 基于 HTN 任务分解法的任务理解清单生成 … 66
3.4.1 HTN 任务分解法概述 … 66
3.4.2 任务理解清单生成 … 67
3.4.3 子任务重要度排序 … 69
3.4.4 兵力需求清单生成 … 71

第 4 章 基于要素的地面防空作战情况判断 … 75
4.1 情况判断与情况判断要素 … 75
4.1.1 情况判断 … 75
4.1.2 情况判断要素 … 78
4.2 情况判断的要求和基本方法 … 82
4.2.1 情况判断要求 … 82
4.2.2 情况判断基本方法 … 83
4.3 情况判断流程及要素的构架描述 … 89
4.3.1 判断情况基本流程 … 89
4.3.2 情况判断要素构架描述 … 91
4.4 基于 SWOT 法的情况判断综合分析 … 93
4.4.1 基于模糊综合评判的空袭体系威胁分析 … 94
4.4.2 基于对策矩阵的战机分析 … 96
4.4.3 基于作战势能比的体系优劣分析 … 97
4.4.4 综合分析判断 … 100

第 5 章 基于策略集的地面防空作战构想设计 … 102
5.1 作战构想及其策略集 … 102
5.1.1 防空作战构想 … 102
5.1.2 作战构想策略集 … 105
5.2 作战构想设计的要求和方法 … 108

  5.2.1 作战构想设计要求 ······ 108
  5.2.2 作战构想设计方法 ······ 109
 5.3 作战构想设计的内容及其策略集描述 ······ 116
  5.3.1 作战构想设计主要内容 ······ 116
  5.3.2 作战构想设计策略集描述 ······ 119
 5.4 基于策略集的作战构想 BN 设计法 ······ 122
  5.4.1 BN 设计法概述 ······ 122
  5.4.2 作战构想设计的 BN 设计法分析架构 ······ 123
  5.4.3 基于时间利用策略的作战进程分析 ······ 125
  5.4.4 基于兵力运用策略的防空兵力配置 ······ 128

第 6 章 基于评估优选的地面防空作战预案拟制 ······ 133
 6.1 作战预案拟制 ······ 133
  6.1.1 作战预案拟制要求 ······ 133
  6.1.2 作战预案拟制内容 ······ 134
  6.1.3 作战预案拟制流程 ······ 135
 6.2 作战预案优选决策方法 ······ 137
  6.2.1 军事决策分析法 ······ 137
  6.2.2 兵棋推演评估法 ······ 141
  6.2.3 研讨会审决策法 ······ 146
 6.3 作战预案评估指标体系 ······ 148
  6.3.1 指标体系构建准则 ······ 148
  6.3.2 评估指标体系构建 ······ 149
 6.4 基于集对势的作战预案评估 ······ 153
  6.4.1 集对分析法概述 ······ 153
  6.4.2 集对势模型构建 ······ 154
  6.4.3 集对势模型求解 ······ 155
 6.5 作战预案评估优选案例分析 ······ 158
  6.5.1 作战预案的评估优选 ······ 158
  6.5.2 指挥员无决策偏好的作战预案评估优选 ······ 160
  6.5.3 指挥员有决策偏好的作战预案评估优选 ······ 162

第 7 章 基于行动链的地面防空作战计划制定 ······ 164
 7.1 作战计划概述 ······ 164
  7.1.1 作战计划种类 ······ 164
  7.1.2 防空作战行动计划 ······ 166
  7.1.3 防空作战保障计划 ······ 168

7.2 作战计划的表述形式 ... 170
7.3 作战计划制定的流程和要求 ... 172
7.3.1 作战计划制定流程 ... 172
7.3.2 作战计划制定要求 ... 174
7.4 作战计划制定的方法 ... 175
7.4.1 作业组织法 ... 175
7.4.2 计划修订作业法 ... 176
7.4.3 分布式交互作业法 ... 180
7.5 作战计划行动链设计与行动冲突消解 ... 181
7.5.1 作战计划行动链 ... 181
7.5.2 行动链优化设计 ... 186
7.5.3 作战行动冲突消解 ... 190

第8章 地面防空作战筹划支持系统设计 ... 197
8.1 作战筹划支持系统需求分析 ... 197
8.1.1 系统功能需求 ... 197
8.1.2 关键技术需求 ... 201
8.1.3 标准规范需求 ... 202
8.2 作战筹划支持系统总体设计 ... 202
8.2.1 系统总体构架 ... 202
8.2.2 系统技术构架 ... 204
8.2.3 基础开发平台 ... 205
8.3 作战筹划支持系统构建与支撑技术 ... 207
8.3.1 运行支撑平台构建 ... 207
8.3.2 综合数据资源服务 ... 208
8.3.3 系统功能构建 ... 209
8.3.4 系统支撑技术 ... 210

参考文献 ... 212

第 1 章 绪 论

作战筹划作为指挥员"头脑里的战争",是对作战行动全局进行的宏观谋划与整体设计,对作战进程和战争胜负具有重要影响。《孙子兵法》重要思想之一是庙算:夫未战而庙算胜者,得算多也;夫未战而庙算不胜者,得算少也。多算胜,少算不胜,而况于无算乎?这里的"庙算"就是作战筹划。作战筹划理论是作战指挥理论的重要组成部分,传承我军作战筹划宝贵的实践经验,充分借鉴外军先进的筹划理论方法,丰富和发展具有我军特色的地面防空作战筹划理论已成为具有智能化特征的信息时代防空作战必然要求。

1.1 地面防空作战筹划概述

任何概念都是在实践基础上,从事物发展中抽象出特有属性的结果,属于理性认识阶段。地面防空作战筹划同样遵循战争规律和作战制胜机理,并将指挥艺术、谋略思维与战争观、方法论高度统一,是战争科学与指挥艺术在防空作战中的现实反映。

1.1.1 地面防空作战筹划概念界定

"筹划"一词出自《三国志·魏书·邓艾传》:艾筹画有方,忠勇奋发,斩将十数,馘首千计。在《新华字典》中对"筹"的释义:计数的用具,多用竹子制成;谋划。对"划"的释义:分开;设计。在《现代汉语词典》中对"筹划"的释义:想办法;定计划。在《中华辞海》中对"筹划"的释义:也作"筹画"。谋划;计划。在军事领域,可以把它延伸解释为判断情况、进行决策和组织计划等活动。与"筹划"词义相近的是"运筹"一词,出自《史记·高祖本纪》:夫运筹策帷帐之中,决胜于千里之外。《史记·孙子吴起列传》中所记载的春秋战国时期齐将田忌与齐威王赛马的事例,描述了田忌取胜的运筹活动。著名的"围魏救赵""减灶之法"都充分体现了如何运筹兵力,选择最佳时间、地点,趋利避害,集中优势兵力以弱克强的作战筹划活动。

我军对于作战筹划问题的认识最早可以追溯到革命战争年代,1943年7月9日毛泽东在发给彭德怀的《准备对付蒋介石进攻边区的军事部署》中指出"我党不能不事先有所筹划"。在我军学术界"作战筹划"作为一个专业术语最早出现于1989年于海涛主编的《军队指挥学》,该书首次对作战筹划的概念、内容和意义进行了较为系统的阐述。1990年王厚卿在《局部战争中的战役》一书中阐明了进行战役筹划的要求和主要内容。1995年唐满正主编的《军队指挥概论》一书继承了中外作战筹划研究成果，对作战筹划的概念和作战筹划的方法进行了进一步梳理总结。作战筹划正式作为军事术语是出现于2011年版的《中国人民解放军军语》，其对作战筹划的定义：作战筹划是指挥员及其指挥机关对作战行动进行的运筹和筹划，是在综合分析判断情况的基础上，对作战目的、作战方针、作战部署、作战时间、战法等重大问题进行创造性思维，进而形成作战基本构想的过程[1]。其英文翻译为operational design。根据上述定义，作战筹划是对作战全局进行的宏观谋划与整体设计，是作战行动的顶层设计，其结果是形成作战构想，并作为方案拟制和作战计划制定的基础[2]。如果作战筹划的外延只是到形成作战基本构想后就截止，那么后续指挥员及其指挥机关的作战方案拟制、作战计划制定等指挥活动属于哪个阶段的工作，就会产生概念界定上的模糊。美军认为作战筹划是围绕计划制定而展开的谋划活动，《中国人民解放军军语》的上述定义是对作战筹划的狭义界定，作战筹划从本质上讲是作战准备阶段指挥员及其指挥机关的指挥活动，为后续作战实施阶段部队作战行动进行运筹与谋划，作战筹划的结果自然要形成可用于指导部队作战行动的依据，既然是作战行动的依据，从广义上讲作战筹划概念的外延就应当涵盖至作战计划制定，同时在实践中如何指导部队做好作战行动前的各项准备工作本身也属于作战筹划活动的范畴。

综上，地面防空作战筹划，是指地面防空指挥员及其指挥机关为实现上级作战意图，在理解任务和分析判断情况基础上，对所属部队防空行动作战构想、计划方案以及防空行动前部队做好各项准备所进行的运筹、谋划和组织活动。可见，作战筹划的主体是地面防空指挥员及其指挥机关，地面防空指挥员主导作战筹划，指挥机关或参谋团队辅助作战筹划。作战筹划的客体是由地空导弹、高射炮、警戒雷达和电子对抗等地面防空力量要素所构成的地面防空群（或集群）的作战行动，作战筹划的手段是筹划主体的逻辑思维以及工程化的作战筹划支持系统。从作战筹划活动的全流程看，作战筹划的输入是上级作战意图、赋予本级的作战任务以及敌情、我情和战场环境，经过筹划主体创造性的作战设计思维活动，其最终输出的是防空作战计划方案。此外，作战筹划不仅仅是指挥员及指挥机关围绕计划方案制定开展谋划工作，从下达预先号令至下达作战命令期间，还要同步筹划和组织所属部队做好行动前的各项准备工作，如图1.1所示。

从作战筹划整个活动过程上看，地面防空作战筹划包括作战分析、作战设计和计划制定三项主要工作。其中，作战分析是指挥员及其指挥机关共同理解上级赋予的作战任务、明晰作战目的和综合判断情况，是开展作战筹划的基础工作。作战设计是指挥员在作战分析的基础上，确立作战指导，提出作战行动初步构想，是作战筹划的核心工作。计划制定是指挥机关在指挥员定下作战决心后，依据确定的作战方案制定部队的具体行动计划，是作战筹划的终极工作。可见，地面防空作战筹划始终围绕指挥员的作战思维活动，全局谋划，精细运筹，其中作战设计环节在作战筹划活动中具有重要作用，其主动设计理念将作战筹划决策由被动应对向主动谋局转变，最终将防空作战目的转化为防空作战行动计划，是指挥科学、指挥艺术和创造性思维的集中体现，具有高度的全局性、谋略性和创新性。

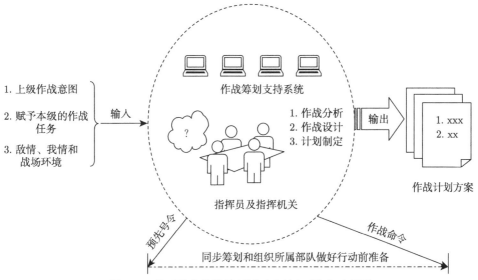

图1.1　地面防空作战筹划活动和输入/输出示意图

作战筹划的目的是"正确地做正确的事"或者说"把正确的事做正确"。站在筹划本身活动的视角上，作战筹划也是指挥员及其指挥机关组织谋划工作的一种管理活动，管理的目的既希望有管理"效果"又希望有管理"效率"，如图1.2所示。要有"效果"就必须"做正确的事"，要有"效率"必须"正确地做事"，只有"正确地做正确的事"才能使作战筹划活动既有效果又有效率，研究和运用作战筹划理论与方法有助于指挥员及其指挥机关在作战筹划活动中"正确地做正确的事"[3]。

地面防空作战筹划按照不同的视域，可以有不同的分类方法。按照筹划层级，可分为战略筹划、战役筹划和战术筹划；按照筹划时机，可分为平时筹划、临战筹划、战中筹划；按照筹划次序，可分为逐级筹划和越级筹划；按照作业方式，可分为顺序筹划和平行筹划；按照组织形式，可分为集中筹划和分布筹划；按照行动样式，可分为抗击行动筹划、反击行动筹划和防护行动筹划，本书重点阐述地面防空作战的抗击行动筹划。地面防空作战筹划分类具体见图1.3。

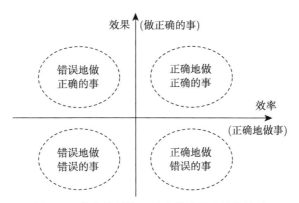

图 1.2　作战筹划管理活动的效果和效率关系

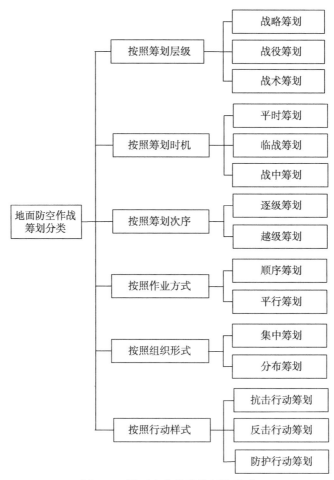

图 1.3　地面防空作战筹划的分类

1.1.2 作战筹划与指挥层级的关系

作战指挥在纵向上可分为战略、战役、战术不同指挥层级，在横向上包括作战筹划和指挥控制两个主要指挥活动。不同指挥层级，作战筹划粒度也不相同。同时，作战筹划权重在不同指挥层级也有其内在变化规律。辨析作战筹划粒度、权重与指挥层级的关系，对于不同指挥层级指挥员准确把握其作战筹划定位、更好履行作战指挥职能具有重要意义。

(1) 作战筹划粒度与指挥层级的关系。

作战筹划粒度是指作战筹划内容的范畴、重心和详略程度。战略级作战筹划重点围绕实现战略目的，对联合作战力量统筹运用进行顶层设计，为联合作战提供宏观指导，解决"做什么事"；战役级作战筹划重点围绕达成战役目的，对战役部署、战役阶段、战役行动、战役保障等进行整体筹划设计，向上对接联合作战、向下指导战术行动，解决"做正确的事"；战术级作战筹划围绕实现战术目的，周密计划某一战术行动的兵力编组、火力配系、阵地配置以及具体战法打法等，解决"把事做正确"。可见，作战筹划粒度应当与指挥层级的指挥职能相匹配。指挥层级越高，作战筹划粒度越粗。反之，指挥层级越低，则作战筹划粒度越细。要处理好逐级筹划与越级筹划的关系，准确把握不同指挥层级筹划的重心，让最掌握本级实际情况的指挥员和指挥机关去筹划本级作战行动，避免出现筹划权责混乱和随意越级筹划问题。通常只有在战术级甚至火力单元级部队执行战略或战役任务等特殊任务时，战略级或战役级指挥机构方可实行越级筹划[8]。

(2) 作战筹划权重与指挥层级的关系。

作战筹划权重是指作战筹划在作战指挥活动中的重要程度。作战筹划在战略、战役、战术不同指挥层级之间以及在同一指挥层作战指挥活动中的权重有其内在变化规律。在不同指挥层级之间，指挥层级越高，作战筹划权重越大，作战指挥活动越应侧重作战筹划。反之，指挥层级越低，则指挥控制的权重越大，作战指挥活动越应侧重指挥控制。在同一指挥层面，假设作战筹划与指挥控制权重之和为1，显然作战筹划权重越大，则相应的指挥控制权重就越低。例如，战役级指挥层作战筹划的重要度相比战术级更高，对于战术级指挥层，由于指挥层级较低，其指挥控制相比作战筹划的重要度更高。作战筹划/指挥控制权重、粒度与指挥层级的关系如图1.4所示。

综上，指挥员及其指挥机关应当遵循作战筹划粒度、权重在不同指挥层级中的变化规律，明晰各指挥层级作战指挥活动的重点。指挥层级越高，越应重视作战筹划工作而适当降低对所属部队指挥控制权重；指挥层级越低，由于作战筹划内容相对较为简单，越应把作战指挥的重心放在对所属部队行动组织、战术战法运用等指挥控制方面。为此，应正确处理作战筹划、指挥控制与指挥层级的关系。

在作战筹划阶段中，避免本级"该筹划而未筹划"问题，同时也要避免上级为下级"大包大揽"而让下级无所适从问题；在指挥控制阶段，战役级指挥机构应力避"战役指挥战术化""一竿子捅到底"等现象。

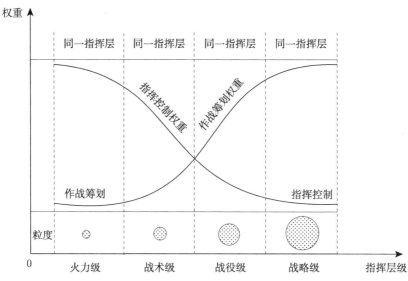

图 1.4　作战筹划/指挥控制权重、粒度与指挥层级的关系

1.1.3　作战筹划与任务规划的关系

早在 2500 多年前，中国兵圣孙武就把"计篇"作为《孙子兵法》的开篇，所谓"计"就是对战争的谋划筹划，更多体现中国哲学思想中的思辨。20 世纪 80 年代以来，西方国家军队的任务规划 (mission planning) 开创了将现代工程化方法运用于战争筹划的先河，并将任务规划系统用于支撑任务规划。任务规划系统 (mission planning system, MPS)，是利用信息技术，采集、存储各种情报，进行大规模分析，辅助制定任务计划的系统。任务规划系统利用先进的计算机技术，采集战争需要的各种情报，经过分类处理，制作各种数据库并将其存储在磁盘组件内，供任务规划时调用。1991 年美英联军实施"沙漠风暴"行动期间，美军运用任务规划系统制定的战役计划指导盟军行动协同，收到意想不到的效果。

要厘清作战筹划与任务规划的关系，应当首先回顾一下任务规划系统的发展历程。现代意义上的任务规划系统最早诞生于 20 世纪 80 年代美国海军的"战斧"巡航导弹，任务规划系统经过了四个发展阶段[4]：第一阶段，为 20 世纪 70 年代的"铅笔头"(stubby pencil) 式手工规划，主要是飞行员利用笔、尺和计算工具在航空地图上对执行任务的飞行航线进行手工作业；第二阶段，20 世纪 80 年代单一武器简单辅助规划阶段。美海军在"战斧"式巡航导弹中首先采用计算机辅助

任务规划系统 (computer aided mission planning system, CAMPS), 用于规划能够满足"战斧"式巡航导弹地形匹配和景象匹配要求的飞行航路。随后, 美军又在 F-15、F-16 飞机上先后研制成功基于 Unix 的任务规划系统 (mission supporting system, MSS I) 和基于 PC 的任务规划系统 (MSS II), 这种基于计算机的任务规划系统功能相对简单, 且仅支持单一武器平台的特定机型。第三阶段, 20 世纪 90 年代军兵种任务自动规划阶段。任务规划系统的应用范围不断拓展, 自动化程度和规划效率也大幅提升, 规划平台的种类也由单纯的飞行器扩展到其他军兵种武器平台, 并初步实现军种内任务规划系统的统一。这一阶段也是任务规划系统的快速发展阶段。第四阶段, 进入 21 世纪后的联合任务规划阶段。随着美军作战方式向联合一体化作战转变, 为打破各军兵种任务规划系统的"烟筒式"发展模式, 美军研制成功联合任务规划系统 (joint mission planning system, JMPS), 并在伊拉克战争、阿富汗战争中得到广泛应用, 为提高美军联合军事行动的敏捷性、准确性发挥了重要作用。我军的任务规划系统建设起步相对较晚, 更多还侧重于任务规划系统的技术理论与算法研究, 在作战筹划某些特定阶段的决策支持方面取得了一些研究成果, 但总体上还比较分散, 尚未形成体系规划、联合规划和动态规划, 还缺乏联合作战任务规划的流程和标准[4]。

目前学术界关于作战筹划和任务规划的关系总体上有两种观点: 一种观点认为作战筹划与任务规划分属于不同的指挥层级。该观点认为作战筹划是战役、战役方向及以上指挥层级的问题, 而任务规划是战术级、火力级层面的问题。依照此观点, 战术级只有作战任务规划而没有作战筹划之说, 此观点可概括为"上下指挥层级关系", 是对传统作战筹划的一种颠覆性认识。另一种观点认为各指挥层级均有作战筹划, 任务规划只是同一层级用于辅助作战筹划的一种指挥工程化手段, 即任务规划只是运用计算机、系统工程、军事运筹学等指挥工程化方法对传统作战筹划手段的一种补充、完善和支撑, 可概括为"同层主辅关系"。上述两种观点看似是一种学术争鸣, 但对于作战筹划和任务规划的发展具有方向性、引领性, 需要拨开迷雾, 认真辨析。

1. "上下指挥层级关系"的观点辨析

最早将 MPS 用于实战的是美军, 美军将其定位在战术层级[5]。2015 年, 赵国宏等在《作战任务规划系统研究》一文中指出, 在战略战役层的作战规划, 主要面向指挥决策, 核心是作战设计; 战术层是任务规划, 主要面向部队行动, 核心是行动设计; 武器层是航迹规划, 主要面向武器导航, 核心是航路(迹)设计[6]。作战筹划可以作为作战任务规划的上层结构, 将战役设计理念和方法融入作战计划制定流程之中。2021 年, 刘奎在《任务规划——通向智能化指挥的必由之路》一文中指出, 任务规划是对交派的工作进行计划安排, 将其映射到作战领域是对受领的作战任务进行计划安排，这与作战筹划内涵一致，认为"任务规划就是作战筹划"。

在地面防空领域，有些学者认为地面防空任务规划是空中作战规划体系的末端环节之一，是面向战术级防空作战任务的规划活动。地面防空任务规划向上承接战役层级的空中作战筹划，任务规划的输入包括空中作战筹划生成的空中作战计划、命令、指令等，包含任务部队作战方向、来袭目标类型/数量、敌突防/突击手段、可用兵力、装备性能、可用弹药数量、重要目标防护需求、协同关系、任务时间、频率使用要求等内容。地面防空任务规划针对本级作战任务，对任务背景、内容及要求进行分析研究，对任务执行全过程的战技术活动进行细化设计，形成详细任务执行计划。任务规划向下对接武器平台生成加载数据，面向战勤人员生成作战预案、任务简报，面向保障人员生成弹药、油料等保障需求表，为任务准备和行动执行提供指导。

但从任务规划的发展演变历程看，任务规划系统发展的目的是用于解决作战筹划中的定量化快速、精准计算问题而不是用于替代作战筹划，只是在战术层级需要规划的粒度更加精细，任务规划的作用更加显著，作战筹划中"人脑"的思辨性和谋略性是任务规划永远无法替代的。当然，随着任务规划技术的不断发展和完善，战役级任务规划功能不断增强，战术级指挥层仅仅作为指挥链中的执行层(即由战役级统一进行战役战术两级筹划)，那么战术级指挥层就只有任务规划。

2. "同层主辅关系"的观点辨析

2017 年，谢苏明等在《关于作战筹划与作战任务规划》写道："作战筹划主要是对战争进行的运筹谋划，而作战任务规划则是用智能化和工程化的方法设计战争"，同时指出"随着作战方案计划制定流程的规范化应用，作战筹划正以战役设计的理念和方法融入作战任务规划之中"。作战筹划是对战争进行的运筹谋划，主要运用批判性、创新性思维，对战略意图和敌我情况及战场环境加以深刻理解，对战役和战术行动做出总体构想，进而制定出符合实际的行动策略和方法以破解作战问题。作战任务规划则是适应信息化战争特点，围绕"任务式指挥"主线，用智能化和工程化方法设计战争，将作战行动明确化、具体化和精确化，以便快速生成作战方案、行动计划及任务指令，从而提高指挥员及其指挥机关的指挥效能。作战任务规划开创了将现代工程化方法运用于战争筹划的先河，但作战筹划与作战任务规划概念并行不悖，是一个问题的两个方面，具有较强的统一性和整体性[7]。2019 年，袁博在《夺取作战筹划优势》一书中也指出，作战筹划的范畴大于作战任务规划，作战任务规划从属于作战筹划，其目的是借助信息化的工具和手段，沿着作战构想提供的任务主线，辅助制定作战方案，分析评估作战效果，使作战方案和计划变得合理可行[4]。任务规划的实现需要借助于任务规划系统，任务规划的本质是采用计算机、作战模型、规则、算法等系统工程和运筹学理论方法解决作战筹划中需要精确量化、评估优化的指挥工程化活动。例如，指挥员及其指挥机关作战筹划提出欲使用巡航导弹攻击敌方某一目标，任务规划系统则依据这一作战方案规划巡航导弹的最佳飞行航线、飞行剖面及毁伤该目标所需弹药的种类、数量等具体行动计划，该计划以标准化指令格式注入巡航导弹控制系统。同样，在地面防空作战中需要作战筹划给出使用什么兵力保卫什么目标，任务规划则给出具体的最佳兵力部署方案或者对指挥员提出的兵力部署方案进行定量化评估分析。

可见，作战筹划和任务规划不是相互替代关系而是同一指挥层级的主-辅关系，任何一个指挥层级都需要作战筹划和与之相应的任务规划系统支持。作战筹划提出"干什么"而任务规划系统给出"具体怎么干最好"的方法。借助任务规划系统可替代传统人工概略计算，辅助解决作战筹划过程中需要定量化计算、优化的具体问题，并生成面向武器平台的加载数据，提高作战筹划的精准性，缩短作战筹划时间，作战筹划工作效率得到极大提升。从一定意义上讲，任务规划系统就是传统辅助决策支持系统的进一步拓展。因此，作战筹划在战略战役级、战术级作战指挥中始终存在，而任务规划只是一种工程化的科学支撑手段。

1.2 地面防空作战筹划地位作用

胜者先胜而后求战，败者先战而后求胜。作战筹划是敌我双方指挥员战争谋略与思维的无形较量，所形成的方案计划是部队作战行动的基本依据。信息技术加速了防空作战形态转变，空防激烈博弈对防空作战筹划提出了更高要求和严峻挑战，夺取作战筹划优势关乎防空作战目的的实现和战争结局，作战筹划作为作战指挥链的关键环节，在地面防空作战中的地位作用更加凸显。

1. 作战筹划是未战而先胜的重要"砝码"

俄罗斯军事学术奠基人之一的苏沃洛夫元帅曾经说过："指挥员应当两次战胜敌人，首先在思维上，尔后在行动上"。信息化战争条件下，作战的复杂性空前增加，作战靠摸着石头过河已行不通。人们常说，一流的军队设计战争，二流的军队应对战争，三流的军队尾随战争，未战而先胜首先要在谋略上高人一筹、在筹划上先人一步。"一将无能，累死千军。""没有事先的计划和准备，就不能获得战争的胜利。"实践证明，凡是成功的战役战斗，指挥员总是深思熟虑、精心筹划，多案权衡、多手准备，适时定下作战决心。谋战者，必先知战。一流的军队必须有先进的理念和模式，通过作战筹划研究设计战争，牵引战争准备、指导战争实践，已成为世界军事强国的主流和普遍做法，并已取得了成功的经验。

2. 作战筹划是部队作战行动的"总导演"

信息化条件下空袭力量依托性能卓越、技术含量高的信息化武器平台，使得空袭突然性强、节奏快、毁伤威力大。在联合指挥体制的时代背景下，迫切需要打破单军兵种防空力量的联合壁垒，紧盯作战任务需要和防空作战特点规律，推动体系化作战能力的跃升。纵观国内外防空作战经典案例不难发现，防空作战制胜源于正确的作战指挥决策，正确的作战指挥决策是科学合理、精准高效、系统全面的作战筹划，作战筹划能力作为指挥能力的核心，对充分发挥防空力量战斗潜力具有十分重要的影响。研究信息化条件下地面防空作战筹划问题，将作战筹划的隐性推理活动转化为显性推理过程，将决策思维规律转化为可操作的决策思维路径，提出行之有效的决策推理机制，从而实现由筹划优势、决策优势、指挥优势到部队行动的胜战优势。

3. 作战筹划是体系效能发挥的"倍增器"

随着新型空天威胁、防空武器装备、信息网络技术的不断发展和变革，防空作战模式机理均发生深刻变化，信息主导、体系支撑、精兵融合、联合制胜成为现代防空作战基本特征。恩格斯在《反杜林论》中曾引用了拿破仑关于"骑兵"的精辟论述，"两个马木留克兵绝对能打赢三个法国兵；一百个法国兵与一百个马木留克兵势均力敌；三百个法国兵大都能战胜三百个马木留克兵，而一千个法国兵则总能打败一千五百个马木留克兵"。马木留克兵单兵素质较高，而相互配合意识较差，不善于协作，其单兵作战能力很强，但协同作战能力却很弱；法国兵虽然单兵素质一般，但其军队纪律严明，服从意识强，相互之间善于配合，因而协同作战能力较强。信息化战争中，防空作战加速从传统的兵力、火力集中向以信息网络为支撑的传感器系统、指挥控制系统、火力打击系统以及各类保障要素深度融合的体系聚能转变，推动作战筹划组织体系、流程链路、方式方法和支撑手段不断变革。"人皆知我所以胜之形，而莫知所以制胜之形"，全面系统地分析、梳理当前防空作战筹划过程中任务区分、力量编组、资源调度、要素集成、部署优化、战法运用等全局宏观谋划和总体设计中存在的主要问题，突出作战筹划的操作性、实战性与前瞻性，重构作战筹划流程、模式及方法，探索规范化、工程化、结构化的作战筹划理论与方法，构建具有我军特色的地面防空作战筹划理论，以最大限度地发挥地面防空体系作战效能。

1.3　地面防空作战筹划制胜机理

制胜即制服对方以取胜，机理是事物或系统内在运行的基本原理。制胜机理是交战双方通过作战系统及其要素相互作用，在对抗较量中形成优势并取得胜利的运行规则和内在原理。透过现象看本质，制胜机理揭示了赢得胜利的基本规律和打赢战争的道理，是解析信息化联合作战、谋划制胜之策的前提和理论基点。只有把握地面防空作战筹划制胜机理，解开战争迷雾的"胜战之道"，才能夺取作战筹划优势。

制胜机理回答的是为什么能打赢的最原始、最朴实和最本质道理，只有抓住制胜机理才能抓住夺取作战筹划优势的源头，产生"纲举目张"的制胜效果。人类战争历史反复证明，"力强则胜"是战争制胜的根本机理，无论战争形态如何演进，制胜的本质是"非对称优势取胜"。"非对称优势取胜"是制胜机理的机理，是指通过对力量、时空、信息、行动、战法等作战要素的选择、优化与组合，形成对敌不对称性，以己之长，克敌之短，创造出有利的作战态势，进而赢得作战胜利的原理。具体体现为以大制小、以强制弱、以多制少、以快制慢和以远制近等。在信息化战争中，信息主导、联合作战、多维一体、精确释能、体系破击、尽远打击等都是"非对称"的重要标志，是克敌制胜的重要方法和主要途径。地面防空作战筹划作为防空作战指挥的重要活动，在作战筹划过程中，指挥员及其指挥机关应当围绕"非对称优势取胜"这个战争制胜根本机理，重点把握运用多域联合、重心破击、精准释能和时间统筹等具体地面防空作战筹划制胜机理。

1. 多域联合制胜

多域联合制胜，是以多域作战力量联合运用为筹划出发点，通过多域用兵和联合用兵，最大限度地激发防空体系多域作战潜能，进而夺取非对称优势的制胜机理。信息时代作战空间表现为物理域、信息域、认知域三大作战域，物理域主要体现为防空武器平台拦截力和机动力，信息域主要体现在"拦截力 + 机动力"基础上的信息力，认知域主要体现为在"拦截力 + 机动力 + 信息力"基础上的认知力。协同理论是系统科学的重要分支理论，协同理论认为，复杂系统中各要素之间存在着非线性的相互作用，当外界控制参量达到一定的阈值时，要素之间互相联系、相互关联将代替其相对独立性，相互竞争占据主导地位，表现出协调、合作，其整体效应增强，从而产生强大的系统协同效应。信息力、认知力与拦截力、机动力之间不是简单的线性叠加，由于其内在耦合性、互补性的相互作用与融合，形成彼此间赋能增效，防空体系呈现出显著的效能涌现性，通过多域对一域、体系对平台的压倒性优势，进而形成非对称优势。

多域联合用兵是地面防空作战筹划的基本思维起点。一域之优不代表全域之优，单域作战思维很难取胜，单靠任何一个兵种更不可能赢得信息化战争。以信息为主导，依托网络信息体系，由以往单域兵力、火力集中，向兵力、火力、信息力、认知力全域聚合转变，实现物理能、信息能、认知能跨域融合聚集和能力非线性叠加，形成多域优势溢出效应，进而夺取局部、瞬时决定性优势。为此，在作战筹划力量运用上，哪个域力量最管用就用谁、哪个域力量来得快就用谁、哪个域力量费效比最低就用谁，一个域解决不了就考虑多个域，以有效构建具有多域融合特性的防空体系信息网、指挥网和杀伤网。

牢固树立多域用兵和联合作战理念，切忌用机械化战争的单域用兵思维去筹划一场信息化战争。树立跨域协作理念，主动谋求跨域作战能力，加强域间协作研究，提高多域协同水平。树立跨域对抗的非对称作战思想，通过升维、降维、异位对抗、错位打击等手段，以多域优势谋取胜战优势。塑造联合作战文化，联合作战能力需要联合作战文化来支撑，没有先进的联合作战文化是不可能有真正意义上的联合作战，联合知识体系、联合价值观念、联合思维方式、联合法规制度和联合行为规范等联合作战文化已成为联合作战能力"软实力"。

2. 重心破击制胜

重心破击制胜，是依据空袭体系行动特点规律，分析研判其体系重心或薄弱之处，运用优势兵力对其实施非对称攻击，以迅速瓦解空袭体系的制胜机理。信息化条件下空防作战是体系与体系对抗、系统与系统较量，要害毁歼、系统失能、体系瘫痪，已成为信息时代作战制胜的基本途径。克劳塞维茨在《战争论》中指出："要尽可能早地利用一切可用力量打击敌重心。"找到"牵一发而动全身""打一点而瘫一片"的敌要害节点，并集中优势兵力打击支撑体系运行的要害节点和关键系统，在筹划思维上有别于机械化战争依靠大量毁伤对方实力的消耗型制胜方式。在作战筹划过程中，应分析研判敌空袭体系重心或薄弱点，找到防空体系效能发力点，提高防空体系作战效益。

直击重心、破击体系是信息化战争重要的作战理念。美军联合条令指出"战役法的本质是确定如何分配己方的可用资源打击敌人的重心，从而实现己方的战略和战役目标。"体系重心研判是作战筹划重要的思维视角和关键环节，准确识别敌作战体系重心是重心破击制胜的前提。瞄准敌我体系重心点，积极展开情报搜集，运用优势兵力对其实施非对称软、硬打击。同时，主动制造战场迷雾，加强防空体系重心防护，避免遭敌空中打击，确保防空体系安全稳定。

硬打击肢解敌作战体系。空袭体系要素间耦合性强，其体系脆弱性也愈发明显，一旦支撑其体系有序运行的关键节点被毁，可导致整个作战体系无序甚至瘫痪。抓住这些关键节点，就掐住了敌人"命门"，断掉了体系支柱，使空袭体系迅速瓦解，为接续打击空袭体系其他目标创造战机。通常空袭体系中电子战飞机、预警机，有人/无人机混合编队中的有人机，攻击编队中的轰炸机均是空袭体系"重心"。例如，先期摧毁或驱离敌远距离支援干扰机，就可大大净化战场电磁环境，为后续防空作战抗击行动营造有利战场态势。

软打击致盲敌作战体系。信息主导是信息化战争基本特征，夺取制信息权是赢得战场主动的重要前提。对敌空袭体系重心或薄弱点，主动发起电子进攻和网络攻击，切断敌传感器到武器平台链路，瘫痪其通信信息网络，阻断其获取战场信息，将大幅降低其体系作战效能，可达成高效体系破击制胜之目的。通常空袭体系机间数据链、星链、通信链路、定位导航是其体系薄弱之处。

3. 精准释能制胜

精准释能制胜，是指依托战场网络信息体系，抓住战场即时优势窗口，将多域作战能量瞬时集中到关键节点、关键目标予以精准释放，以形成即时聚优作战效应的制胜机理。基于战场网络信息体系的一体化联合作战，作战领域极大拓展、作战力量整体融合、作战行动多域联合，赋予传统集中优势以新的内涵和时代特征，体现为作战筹划过程中的即时聚优作战行动设计。即时聚优作战行动是在关键性作战时空节点上，创造战机，跨域聚能，闪电攻击，实现瞬时局部占势，形成胜战行动优势，其关键是捕捉创造即时优势窗口，途径是即时聚优精准释能击要。

捕捉创造即时优势窗口。再强大的作战体系也有短板弱项。精准释能的一个重要条件是准确捕捉、创造和利用即时优势窗口。即时优势窗口，是对战机的精确化计算与设计，需要敏锐捕捉和创造战机，提高战机利用的精准度和艺术性，以信息为主导，在最恰当时间、使用最恰当力量、打击最重要目标，实现作战体系定向释能、精确释能，是有别于机械化战争粗放释能的显著特征之一。在作战筹划过程中，需要深入研究敌空袭作战体系构成、运行规律及关键节点，分析查找空袭体系固有短板弱项，寻找可以利用的作战窗口。主动设局，造敌困境，使敌决策、行动出现混乱、迟滞甚至失误，为即时聚优提供条件。

即时聚优精准释能击要。通过重构多域融合的杀伤链路，瞄准敌体系关节、核心枢纽精准释能精确打击，毁瘫体系、快速制敌，是即时聚优的最终目标指向。精构聚优杀伤链路，通过战场网络信息体系，精确控制聚优行动，将单域、线式杀伤链融合构建成多域、分布式杀伤网，压缩观察、判断、决策到行动循环周期，实现战力高速流动和高效聚合，提高聚优释能的速度和精度。精选聚优打击目标，即时优势是相对优势，是"错位"优势，同时也是"时敏"优势，精选敌作战体系关键节点等核心目标精准聚优，以强击弱、以优击要、以能击不能，以多域优势的精确分配、靶向用力，实现即时优势窗口内多域间作战功能耦合和作战效能非线性叠加，最大限度地发挥即时聚优作战效益。

4. 时间统筹制胜

时间统筹制胜，是指充分利用时间资源，缩短作战筹划周期，优化作战行动时序，形成先敌决策优势和行动协同效应优势的制胜机理。时间是一维、不可逆的重要作战资源，对时间的掌控方法和利用程度不同，将产生不同作战效能。再完美的作战计划,如果行动晚敌一步,也无法发挥计划效益。再强大的作战力量,如果行动顺序混乱,也无法发挥协同效应。信息化战争已进入"秒杀"时代,"快吃慢"替代了"大吃小",致人而不致于人,面对瞬息万变的战场态势,快速发现并准确把握稍纵即逝的行动时机,先于对手做出决策,先于对手组织行动,才能形成最大胜算合力。

缩短作战筹划周期,形成先敌决策优势。缩短作战筹划周期,可为部队提供尽可能多的作战准备时间和反应时间,抢先对手一步行动,有利于掌握战场主动权,从而将筹划时间优势转化为行动优势,提高胜战算数。为此,指挥员及其指挥机关应简化作战筹划流程,依托先进作战筹划平台,改进作战筹划作业方式,加强平时作战预案准备,滚动更新计划方案,缩短计划制定周期,提高作战筹划效率。

优化作战行动时序,形成协同效应优势。德国著名物理学家赫尔曼·哈肯(Hermann Haken)的协同理论认为"协同导致有序",进而产生强大的系统协同效应。时间协同是协调各类作战行动的重要方式,是聚合各方作战力量的重要途径,通过统筹时空交错的作战行动时序,实现作战行动协调有序、作战资源合理分配和作战能量精确释放,以形成最佳行动协同效应,提高体系作战效能。搞好时间协同,依据不同作战力量的主要任务、行动特点和武器装备性能,以时间为基本参数,合理区分作战的阶段时节,科学确定行动的先后顺序,精确制定火力打击的时间节点,既重视设计火力打击"硬杀伤"时间,又重视筹划电子战、网络战等"软杀伤"运用时间,协调控制各方行动链的连续、衔接和叠加关系,准确把握各力量运用"起跑线""临界点"。依托兵棋推演评估系统检测各行动冲突,及时消解时空矛盾,以形成周密的作战行动计划,确保诸作战力量精准、有序投入战场,形成一体化联合防空态势。

1.4 中西方作战筹划理论方法比较

自海湾战争以来,世界各军事强国围绕联合作战筹划理论方法的研究和探索,持续推动现代作战指挥理论革新。美军认为,作战筹划的好坏直接决定了联合作战决策质量和计划优劣,以美国为首的北约国家以及俄罗斯、日本等军事强国不断探索作战筹划新理论新方法,并在局部战争实践中进行验证、完善和发展。研究军事强国作战筹划逻辑思维和工程化实践方法,吸收借鉴已有经验成果,对提高我军作战筹划理论和实践水平具有十分重要意义。

1. 外军对作战筹划基本认识

作战筹划是作战指挥活动的重要组成部分,伴随着作战指挥的产生、形成、发展和变革不断演进,经历了统帅指挥、统帅与谋士指挥和统帅与司令部指挥三个发展时期，作战筹划也由最初的单个或数个统帅"入则为相，出则为将"的直接谋划转变到由统帅与司令部协作共同完成。20世纪30年代，英国为解决对德国飞机的早期预警问题，运用定量化方法对沿海雷达站进行优化配置，显著提高了对飞机的发现概率。第二次世界大战期间，同盟国针对来自德军空中和海上的军事威胁，广泛开展了诸如商船护航、反潜作战、水雷布置等军事问题定量化研究，取得了较好的军事和经济效益，并逐渐形成用于系统研究军事问题的定量分析及决策优化的理论与方法，即军事运筹学(military operational research，MOR)。军事运筹学以及计算机的迅猛发展为作战筹划的科学化、定量化和精确化提供了重要理论和技术支撑。

进入20世纪90年代，美军陆续发动海湾战争、科索沃战争、阿富汗战争、伊拉克战争、利比亚战争等一系列联合作战行动，联合作战理论不断得到实战检验并持续演进，联合作战筹划理论方法也随之被世界各军事强国深入研究和发展。

美军认为，作战筹划(operational design，OD)是联合作战计划程序(joint operation planning process，JOPP)的关键步骤，是联合作战指挥员及指挥机关为实现联合作战意图和战略决心，结合作战任务和作战环境所进行的一系列有序的运筹设计[9]。美军联合出版物JP5-0《联合筹划纲要》(*joint planning*)中将联合作战筹划定义为"确定如何在时间和空间上运用军事手段、力量或方式来实现既定目标的过程，并考虑相关行为的各种风险"。美军认为作战筹划是指挥官针对预期结果，将其作战构想转化成准备和实施具体行动方案的过程，作战设计和计划制定是作战筹划的核心。作战设计分为三个阶段，首先是理解作战环境，进而框定作战问题，再制定作战方法，并重复这个过程，持续改进作战方法，为计划制定提供解决问题的思路。计划制定分为启动、分析任务、制定方案、分析方案(主要通过兵棋推演)、比较方案、批准方案、拟制计划七个步骤，参谋团队在作战方法的指导下制定详细的作战计划和命令[10-11]，如图1.5所示。

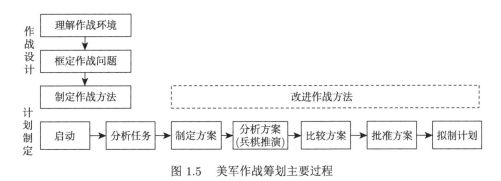

图1.5 美军作战筹划主要过程

美军《联合筹划纲要》指出联合筹划是确定如何在时间和空间上使用军事能

力(手段)来实现目标(目的)的过程,同时考虑相关的作战风险。作战筹划通常从作战目标和军事最终态势开始,以提供一个统一的目标,并使资源和行动聚焦于这个目标。美军《联合作战计划流程》(2015 版)对联合作战计划制定的原则、设计所需的要素、方法、手段进行了完整论述,并对联合作战计划制定的原则、内容、流程及方法进行了规范[12-13]。美军联合计划制定流程如图 1.6 所示。

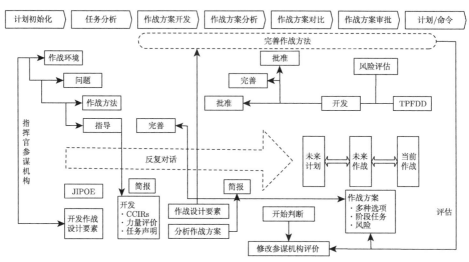

图 1.6　美军联合作战计划制定流程

美军认为作战筹划是运用批判性和创造性思维,理解、构想和描述复杂、病态结构问题,并提出针对性解决方案的过程。批判性思维,是指在无法充分且直接观察或分辨事物真相的情况下,通过争论和探讨是否"相信什么"和"要做什么"进行判断,以及确定是否有充足的理由接受某个结论。批判性思维有利于在作战筹划中理解形势、明确问题、辨析原因,形成合理的结论,进而制定高质量的方案计划并进行客观科学的评估,并力求克服作战设计僵化保守的思维定势[7]。美军提出一种批判性和创造性思维去理解、构想和描述作战问题的方法,将作战问题分为环境域、问题域和方法域,认为作战设计是一个"框定—验证—再框定—再验证"的认知过程,"再框定"反映指挥员和参谋人员对环境或问题的理解发生了变化,需要重新审视问题框架或环境框架,这种过程具有一定的持续性和迭代性,设计过程的反复性体现在通过反复对话不断验证构想和通过反复框定及时适应环境变化。其中,环境域用于框定作战环境,主要是界定分析、理解和行动的范围;问题域用于框定作战问题,主要是理解并厘清冲突的深层次原因,确定并详细说明需要解决的基本问题;方法域用于框定行动方案,主要是明确需要实施行动的方法和重点,限定实施行动的范围。在此基础上指挥官和参谋团队对三个域进行共同理解和反复认知,形成一套科学合理的作战构想并指导制定详细的联合作行动方案计划[14-15]。美军作战筹划"三域"构架如图 1.7 所示。

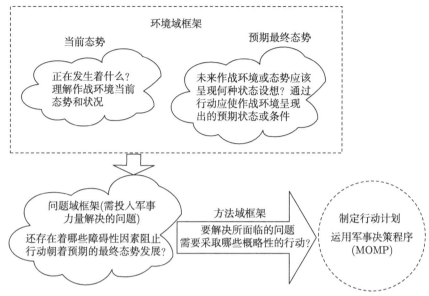

图 1.7　美军作战筹划"三域"构架图

俄军认为，作战筹划是作战准备的核心工作之一，涉及指挥员、指挥机关及下属部队战前的各项准备工作。作战筹划是指挥员和指挥机关为确定作战方法、作战编成和完成指挥、协同、保障而采取的一系列目标明确的指挥活动，分为预先准备和直接准备两个阶段，包括定下作战决心、下达任务、制定行动计划、组织指挥与协同、组织综合保障以及监控部队准备情况等主要工作，采用顺序筹划法或平行筹划法快速完成制定作战企图、定下作战决心和制定作战行动计划工作，并尽可能多地给部队作战行动留出准备时间。俄军防空作战集群作战筹划决策过程具有"两报两批"的特点，即一次上报作战企图需要上级批复，另一次是上报作战决心再次需要上级批复。其具体筹划流程如图 1.8 所示。

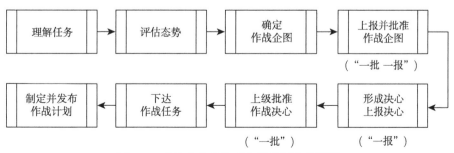

图 1.8　俄防空作战集群作战筹划流程简图

20世纪90年代以来,西方军事强国不断创新作战筹划方法,并根据战争实践不断检验、总结、调整和改进,目前较为常用的作战筹划方法包括基于重心的作战筹划、基于效果的作战筹划和基于要素的作战筹划等。其实质是通过一系列筹划分析思维和方法,系统准确地理解复杂的作战问题,围绕该问题全面分析各种有利和不利影响因素,并通过合理调配各种力量要素降低对作战的不利影响。

2. 我军对作战筹划基本认识

我军一向重视作战筹划,老一辈无产阶级革命家高超卓绝的筹划思维艺术,给我们留下了丰富的思想财富。毛主席在《中国革命战争的战略问题》指出:"指挥员正确的部署来源于正确的决心,正确的决心来源于正确的判断,正确的判断来源于周到的和必要的侦察,和对于各种侦察材料的连贯起来的思索"。老一辈无产阶级革命家的作战筹划思想方法,经过战争实践不断得到丰富和完善,逐步发展为具体、可实施的逻辑推理和思维决策方法。其筹划的思想方法往往隐含于整个指挥决策流程和方法之中,概括讲我军经典的作战筹划包括了解任务、判断情况、制定预案、评估优选方案四大步骤,如图1.9所示。在具体筹划过程中运用经验对比法,借助经验完善决心,并辅以定量分析,其理论简单实用、操作方便可行。

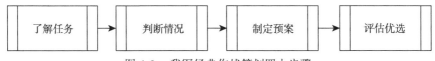

图 1.9 我军经典作战筹划四大步骤

近年来学术界也借鉴外军理论和实践,重点开展作战筹划科学化、标准化、工程化的研究,以避免在作战筹划中出现主观随意性大、过程不规范等问题。秦永刚研究了指挥领域的工程化,详细分析了指挥信息、指挥手段、指挥模式的工程化实现方法。于淼在其主编的《枢纽态势论——信息时代的工程化作战筹划方法理论》一书中,提出了枢纽态势概念、决策推理机制、生成与建模方法和定量评估方法,以工程化思想设计了基于枢纽态势作战筹划的流程与方法,是我国军事学者对作战筹划理论的重要创新。张最良在《军事战略运筹分析方法》一书中借鉴美军作战设计思想,提出基于体系对抗效果的作战设计方法。地面防空作战筹划的核心工作是围绕指挥员作战行动决心,按照"研究理解任务、分析判断情况、计划安排工作、准备决心资料、定下作战决心"为主线贯穿作战筹划过程。

总体上讲,我军作战筹划的传统思维定势在一定程度上仍制约着作战筹划的质量和时效,存在筹划过程还不够严谨和规范,作战筹划质量受指挥员和参谋团队能力素质影响较大问题，需要在归纳总结我军作战筹划特色做法的基础上充分吸收借鉴世界军事强国先进的作战筹划理论与方法，并在作战筹划手段上向着工程化、标准化、规范化和制度化等方向不断探索与实践。

3. 中西方作战筹划比较分析

中美两军作战筹划理论的历史起点、发展路径、实战考验迥异，形成了目前各具特色的局面。但近年来，两军都在借鉴对方理论中的有益成分，塑造适合自身的筹划方法和程序。2020 年，吴天昊等在《中美作战筹划理论比较研究》一文中指出：中美两军在作战筹划的概念、程序和思维方法上的异同，源于美军强调作战设计在筹划中的作用，我军把计划制定纳入广义的作战筹划；其次，科学思维和工程方法主导美军作战筹划，哲学思维和经验方法主导我军作战筹划；再次，美军注重作战筹划的反复性，我军注重作战筹划的全程性。

1) 作战筹划概念的异同

在《中国人民解放军军语》中将作战筹划译为 operational design (作战设计)，按照其定义作战筹划的最终输出是"形成作战基本构想"而不包含拟制具体的作战计划。美军关于"作战筹划"的术语有：operation planning (作战计划)、joint operation planning (联合作战计划) 以及 mission planning systems (任务计划系统，我军译为"任务规划系统")，可以看出，"作战筹划"在美军军语里并没有对应的术语而是始终使用 Planning(计划制定)[16,17]。可见，我军所称的"作战筹划"在美军军事术语里本意是"计划制定"含义，美军认为"作战筹划"是围绕计划制定而展开的谋划活动。同时，随着我军学术界对作战筹划研究的深入并借鉴外军经验，也更倾向于从广义上理解作战筹划，包括确定作战方针、定下作战决心、拟制作战计划三项最核心内容。中美在作战筹划含义上的对比如图 1.10 所示。

2) 作战筹划思维和方法的异同

作战筹划本质是一个思维方式方法问题，思维方式方法的创新推动了作战筹划理论发展。两军都强调在作战筹划中运用创造性思维提出多种解决方案，并将发散的思维进行适度收敛，以确定具体作战方案。

我军作战筹划更多体现着我国哲学思想中的思辨。我国历代兵家重视使用计谋是中国军事谋略思想的突出特征，孙子兵法中关于"庙算"和"奇正"的思想是我军作战筹划理论的思想源头，也更倾向和习惯采用哲学思辨和经验归纳的方法，通过指挥员审时度势、临机决断优选作战方案，毛泽东十大军事原则指出："不打无准备之仗，不打无把握之仗，每战都应力求有准备，力求在敌我条件对比下有胜利的把握"，将我军作战筹划理论和实践推到高峰。在实际运用中，我军指挥员重视把握全局、兼顾重点的作战筹划思维方法，并同时对作战环境做出整体和全面的理解。

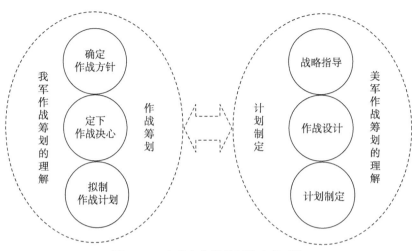

图 1.10 中美在作战筹划的含义对比

美军作战筹划更注重运用科学思维和工程化的方法。美军诞生于 18 世纪末期,其发展过程也正是科学技术革命迅猛发展、武器装备快速换代的时期,因而更强调以技术优势获胜,谋略运用也多着眼于较多的技术因素。从 20 世纪 90 年代开始,系统科学理论逐渐超越克劳塞维茨经典理论,成为美国军事研究的根基,体现在作战筹划理论上,美军经历了军事决策程序 (MDMP)、体系分析 (SoSA)、作战净评估 (ONA)、基于效果作战 (EBO)、系统战役筹划 (SOD),直到作战设计 (design) 等筹划决策方法,将作战重心 (COG)、作战线 (LOO)、效果线 (LOE) 纳入作战设计要素,并十分重视用工程化方法实现科学筹划。在确定具体作战方案时,美军倾向于采用批判性思维方法,并通过红蓝对抗、兵棋推演等质疑评估方案[18]。美军《联合作战行动筹划手册》指出,作战筹划是一种应用批判性和创造性思维的方法论,用以理解、形象化和描述复杂且缺乏结构化的问题,并制定相应的解决方法策略。

3) 作战筹划过程的异同

中美两军的筹划过程都是由指挥官和参谋人员共同参与完成的,筹划过程体现了指挥员和指挥机关之间紧密的关系,明确指挥员在作战构想中的核心作用以及指挥机关在计划制定中的主导作用。

美军注重作战筹划的反复性。美军认为作战筹划的意义在于过程,而不在于结果。通过作战设计和计划制定,指挥官和参谋人员熟悉了作战环境,认清了面临的主要问题,理出了基本战法,但计划可能并不完全适用,甚至完全不适用,这就需要反复进行筹划,不断改进战法,拟制新的计划和命令,修正作战行动。同时,对于作战筹划的关注点更侧重于工程方法实现层面[19]。

我军注重作战筹划的全程性。我军传统理论更注重进行充分的战前筹划，对于作战筹划的关注点更强调逻辑推理思维层面。随着对作战筹划认识的不断深入，逐步认识到动态筹划、同步筹划在作战全程中的作用，同时加大了工程化作战筹划过程的研究，提出了具体的思维方法和工程方法体系，作战筹划向着科学化、标准化、工程化方向发展。

第 2 章　地面防空作战筹划基本理论

地面防空作战筹划基本理论是指导作战筹划实践发展的基础，是组织防空作战筹划活动的基本遵循，对提高作战筹划效能和夺取作战筹划优势具有十分重要的指导作用。理论是实践的先导，加强科学、系统、规范的地面防空作战筹划基本理论与方法研究，是顺应信息时代地面防空作战要求的重要理论课题。

2.1　地面防空作战筹划的特点、依据和要求

为确保地面防空作战筹划科学合理，首先必须正确认识和把握地面防空作战筹划特点规律，并从作战筹划依据出发，按照筹划要求有序组织展开各项筹划工作，这对于地面防空作战筹划成效具有至关重要作用。

2.1.1　地面防空作战筹划特点

地面防空作战是典型的多域协同作战，具有"应敌而动"的被动属性。在具有智能化特征的信息化战争中，防空作战力量多元、作战空域广阔、作战行动交错、空防对抗激烈、节奏转换迅速和作战协同复杂，克劳塞维茨说过："要想通晓战争，必须审视一下每个特定时代的主要特征。"地面防空作战筹划突出表现为成效的先导性、研判的难料性和设计的复杂性三个特点。

1. 成效的先导性

兵者，国之大事。地面防空作战筹划成效的先导性，主要体现在两个方面：一是信息化战争首先从空中行动和争夺制空权开始打响，地面防空力量将直面空袭体系的首轮打击，空中进攻力量与防空力量互为攻防和打击目标，且战场态势随着战争进程的推进而不断演变，地面防空作战筹划成效在战争一开始就将得到严峻的考验，其抗击成效对战争全局、进程和结局均将产生重大影响；二是地面防空作战筹划是对防空作战行动的总体规划，其核心是定下作战决心，所形成的计划方案是防空作战行动基本依据。作战筹划决心的失败是最大失败，作战筹划质量将直接传导并影响后续作战行动成效。为此，要提高作战筹划质量，指挥员及参谋团队需要练就洞悉全局的眼睛，潜心研究信息化战争特点规律和制胜机理。着眼明天的战争，转变观念、创新思维、遵循规律，创造性地设计战争、筹划战争、制定方案，确保在体系攻防对抗中保持足够定力。

2. 研判的难料性

信息化联合作战，战场态势瞬息万变，打击精度大幅提升，作战响应更加快捷，海量信息成为新的战争"迷雾"，战争的不确定性大大增加。地面防空作战是一种典型的"应敌而动"作战，不可能单向主动发起进攻，具有天然的防御和被动特性，防空作战筹划只能是一种基于对空袭对手研判下的单向防御性谋划，防空作战计划的风险性显著增大。作为空防对抗的空袭主动发起方，在空袭时机、空袭规模、出动兵力、进袭方向、突防手段以及突击目标上具有绝对的主动权，为达成作战行动的突然性，提高空袭作战效果，必然趋利避害，采取各种诱骗手段，真真假假，虚虚实实，会造成防空方对敌情研判的误判率显著上升。一旦对敌情判断失误，必然使防空方在主要防御方向、兵力部署和保卫目标决策上出现连锁失误，由此造成整个防空作战失利。为此，在作战筹划时如何抽丝剥茧，拨开战争迷雾，准确研判敌情，对地面防空作战筹划意义十分重大。

3. 设计的复杂性

信息化战争体系复杂性、时空不确定性、演变进程高时效性等特征决定了防空战场态势瞬息万变，战机稍纵即逝。"兵无常势，水无常形"。防空作战作为典型的多域协同作战，由于协同兵力多元、战场信息多样、攻防转换迅速，时空行动交错，行动设计需要考虑的制约因素众多。同时防空武器装备的高机动、高精度、高速度等现代作战性能，使得在组织快速攻防转换、信火协同、空地协同等防空作战行动时空设计时十分复杂。在作战筹划时必须遵循信息流主导物质流、能量流的信息化战争客观规律，探索高效的筹划流程、规范化筹划内容、系统化筹划方法，将指挥要素、作战力量、保障资源等汇聚成互联互通的有机整体，以实现地面防空力量、资源、信息的深度融合和深度聚合。

2.1.2 地面防空作战筹划依据

依据是作战筹划工作的输入和逻辑起点。地面防空作战筹划在作战行动设计时，应围绕上级作战意图和所担负的防空任务，综合考虑敌情、我情、战场环境等客观因素，以及体系支撑条件、作战法规、行动规定等约束条件，科学组织作战筹划工作，以夺取作战筹划优势。其依据可归纳为作战目的、作战资源和作战约束三个方面[4]。

1. 作战目的

作战目的是作战行动所要达到的预期结果[1]。围绕作战目的涉及上级作战意图、防空作战任务以及防空作战对手三个方面，是夺取作战筹划优势的目标指向。

上级作战意图。作战意图是上级指挥员对达成作战目的的基本设想。上级作战意图是组织本级防空作战筹划的根本依据，也是作战行动所期望达到的最终态势，主要表现为防空作战目的及其行动设想。

防空作战任务。作战任务是作战力量为达成预定作战目的而担负的任务，防空作战任务源于上级作战意图，是实现上级作战意图和作战目的的途径。防空作战筹划的直接目的是谋划如何完成防空作战任务，防空作战任务不同，作战筹划方案计划也不相同。对于同样的防空作战任务，放在不同战役样式甚至同一战役样式下不同战役阶段，其作战指导及作战重心也有较大差异。当我方战场态势总体处于优势、均势或劣势等不同情形下时，作战筹划行动设计走向和行动方案会截然不同。例如，在科索沃战争中，南联盟在已基本丧失制空权的态势下，地面防空作战筹划就应当确立以保存自己为重点，伺机消灭敌人为基本作战指导。

防空作战对手。防空作战任务与防空作战对手是一攻一防关系，两者紧密关联。空袭方动用哪些空袭兵器、何时采取何种方式、对哪些目标发起进攻的主动权不在防空一方，敌情诸多不确定性对防空作战筹划将产生重大影响。美军在总结伊拉克战争的报告中提出："先进的技术和战区情报收集系统，使我们获得了更多关于对手的情报。然而我们仍在很大程度上忽视了敌方指挥官的真实意图，有时我们仅仅依靠猜测。"为提升敌情研判与客观实际的吻合度，各种情报资料的多渠道搜集是前提，关键是由表及里、由浅入深地深度研判。找准敌情各要素之间的内在逻辑联系，"不走对手期待的路线"，最大限度地拨开战场迷雾，是确保敌情分析科学、有效的重要保证。

2. 作战资源

作战资源是指为达成防空作战目的，可使用或利用的兵力、装备、体系等作战要素总称，包括防空作战兵力和体系支撑条件，是夺取作战筹划优势的资源条件。

防空作战兵力。防空作战兵力是防空作战的物质基础和作战筹划的客体，包括所属防空导弹、高射炮、电子对抗、侦察预警等地面防空人员和武器装备，以及友邻防空兵力等。防空作战兵力的数量与质量、种类与性能、优长与短板是防空作战筹划的基本依据，应当依据防空作战兵力作战能力、我方对空中之敌在数质量上的优劣对比，扬长避短，趋利避害，实施科学筹划。

体系支撑条件。体系支撑是打赢信息化防空作战的重要保障，具有需求多样、跨域协同、条件限制多、组织协调难、运用时效要求高等特点，通常在上级统一组织下实施。作战筹划时应当善于依托体系，熟悉了解体系支撑功能、运行关系与支撑能力，以满足作战任务需要为准则，构建精干高效的支撑运行机制，积极、主动、及时、精准地提报体系支撑需求申请，加强协调配合，充分利用支撑资源，发挥体系对作战行动的支撑效能。

3. 作战约束

作战约束是防空作战行动所受到的时间、空间和政策法规限制，包括作战时间约束、战场环境影响和政策法规限制，是夺取作战筹划优势的约束条件。

作战时间约束。"夫为将之道，必顺天、因时、依人以立胜也。"在作战中时间是敌我双方唯一共同的、均等的资源，各方对时间的掌控方法和利用程度不同，将产生不同的作战效能。战场上充满着各种变量，有利的战机往往稍纵即逝，过早或过晚都可能错失良机，甚至导致作战失利。在有限的作战时间内，想方设法提高单位时间的作战效益，是指挥员筹划能力和指挥艺术的体现，需要通过对关键行动节点作战时间的科学统筹，积蓄作战力量，改变战场态势，赢得防空作战主动。

战场环境影响。作战行动离不开战场环境，战场环境对作战行动谋划具有重要的影响。战场环境通常包括自然环境、社会环境和信息环境。其中，自然环境包括作战地域内地形、植被、土质、天气、河流、海洋等自然环境情况，及其对作战准备、兵力机动、抗击行动、伪装防护、兵器装备使用维护等作战行动的影响；社会环境包括作战地域内的政治、经济、社会特点，当地人文科技、民族宗教、能源交通、水源供给、卫生防疫等情况，隐蔽斗争形势、敌特和暴恐威胁、核生化和敏感目标分布，及其对作战机动、作战保障、战场管理、政治工作等作战行动的影响；信息环境包括作战地域内的电磁、网络、舆论等信息环境情况，及其对抗击行动、电子对抗、作战保障、政治工作等作战行动的影响。作战筹划时既要注重利用战场环境，也要营造战场环境，最大限度地消除或减弱不利战场环境对防空作战的影响。

政策法规限制。防空作战行动必须符合国际、国内相关法规政策规定以及上级的具体要求，主要包括航空、航天相关国际法，战争法、国际通行交战规则以及兵力调动、空域使用、频谱管控、开火规则等涉及防空作战的法规、制度与要求，是组织防空作战筹划时的基本遵循和限制条件。

2.1.3 地面防空作战筹划要求

战场上的角逐始于头脑里的较量。作战筹划是把意图变成决心、决心变成计划、计划变成行动的运筹谋划过程，是指挥员对战场认知、战局预测、方案构思、实现方法的创造性思维活动，是发挥个人主观能动性并体现其作战思想、作战素养和谋略的重要方式。蒙哥马利说："我始终坚持我的首要原则：指挥官的职责是拟制计划、定下决心，而参谋人员的职责是完善计划，我决不会让参谋来替我拟制计划"[20]。美军在其《联合作战纲要》中明确提出要把"以指挥员为中心的领导"作为联合战役筹划的关键与核心，参谋团队负责在具体计划过程中对最终作战方案进行详细拟制、分析、比较和推演。为此，在作战筹划过程中，指挥员应自始至终主导筹划方向，把握筹划进程，抓住关键环节，把控主要行动，以夺取筹划优势为目标，全程思考并回答谋局、设局、控局、破局等一系列重大问题。坚持指挥员主导作战筹划、参谋团队辅助作战筹划是作战筹划的基本要求，也是指挥员的职责所在。在此基础上，地面防空作战筹划应做到全局筹划、快速筹划、科学筹划和滚动筹划要求。

全局筹划，以夺取体系联合优势。"不谋全局，不足谋一域"。作战筹划作为指挥员"头脑里的战争"，是对作战全局进行的宏观谋划与整体设计，是影响作战进程、决定战争胜负的重要因素。指挥员要站在上级指挥员视角思考问题，聚焦上级作战意图，充分理解本级作战任务在总体作战任务中的地位作用，准确把握信息化防空作战的特点规律，深刻领悟防空作战制胜机理，全局谋划本级作战行动方案。空天战场涵盖全频域、全空域、全时域、全天候，空天力量呈现出体系、跨域、多维等显著特征，地面防空作战筹划只有从全局着眼，从细处入手，审慎思考、周密筹划，才能实现"运筹于帷幄之中，决胜于千里之外"，逐步夺取防空作战主动权。在全局筹划的同时，也要把握筹划重点，力求计划方案简洁灵活。美军认为，简洁灵活的计划更为有效，更容易被部队理解、记忆和执行。计划越具体，往往失去效用的概率也越大。为此，美军普遍使用任务式命令，赋予下级最大的行动自主权，下级可自行决定如何更好地完成指定任务。

快速筹划，以夺取行动速度优势。"快吃慢"是信息化战争制胜机理之一，要想占据未来作战主动权，实时感知战场态势发展变化，必须先敌反应、先敌决策、先敌处置，把时间优势转化为行动优势和作战胜势。从一定意义上讲，筹划优势决定响应速度，关乎作战胜势。作战筹划要做到以快制敌，就要快速掌握情况、快速分析判断和快速指挥决策，抓住筹划枢纽，简化筹划流程，按照统一技术标准、数据格式，利用网络信息技术的渗透性、交互性和共享性，建立作战筹划标准模板和规范流程，充分运用网络化作业手段组织联动筹划，推动筹划流程由传统"串行线式"向"并行矩阵式"转变，实现同步运转、快速决断、体系联动，防止贻误战机。

科学筹划，以夺取精准决策优势。一门科学只有在成功运用数学时，才算达到真正完善的地步。作战筹划只有采用工程化方法解构作战全貌，才能做到精准筹划。随着信息技术、计算机技术在指挥领域的广泛运用，可用于作战筹划的工程化方法和系统工具日益增多，为科学解构战争复杂问题提供了科学手段和技术支撑。图表化描述指挥活动、模型化规范作战计算、仿真化推演作战进程、流程化组织协同作业、可视化展现战场态势是科学筹划的集中体现，充分运用科学筹划的方法手段，科学分析战场态势，融合生成可视化战场态势，精准预测战局发展，建立模型优化力量运用，生成多种兵力调配和使用方案，模拟评估推算结果，优选最佳行动方案，可快速生成格式化任务指令和作战计划。通过对战场态势、作战资源、时空行动、战术战法等的精确计算,全面精准获取信息、科学严谨分析推理和充分可信实验评估,使作战筹划科学精准,符合战争规律、制胜机理和空天战场实际[21]。

滚动筹划,以夺取行动控制优势。地面防空作战筹划不是一蹴而就的单向过程,而是随着空防博弈力量的消长、战场态势动态变化、战役阶段转换以及作战任务调整,不断进行修订、完善的闭环和反复过程,并贯穿于防空作战全过程。美军强调即使已经下达作战命令,完成作战准备工作,筹划也要在整个作战过程中延续。按照维纳的控制论思想,要达成控制目的、形成稳定的系统控制环路,控制者必须及时接收系统的负反馈信息,并适时发出新的控制信息。按照这一控制原理,即便在下达完作战命令后,指挥员及其参谋团队仍需要不断地搜集战场形势,连续掌控所属兵力行动偏差,在时间允许时对不适宜的计划方案及时调整,并重新下达新的作战命令,以夺取作战行动上的控制优势,最终夺取防空作战主动权。

2.2 地面防空作战筹划的程序和内容

地面防空作战筹划程序是指挥员及其指挥机关组织作战筹划活动的步骤和流程,对规范作战筹划活动、提高作战筹划效率具有重要作用。准确理解和把握作战筹划内容,对于明晰作战筹划导向,聚焦作战筹划成果,实现作战筹划标准化、工程化具有重要意义。

2.2.1 地面防空作战筹划程序

依据组织地面防空作战筹划条件的不同,作战筹划程序可分为基本程序和简化程序。

1. 基本程序

防空作战筹划是一个从概略到精细、从模糊到清晰、从预定到确定的创造性思维过程,包括理解任务、判断情况、形成构想、拟制方案和制定计划 5 个步骤,构成一个完整的作战筹划周期。当战场态势发生变化或赋予新的作战任务时,将进入下一轮作战筹划周期。其中,理解任务、判断情况属于作战分析工作,是作战筹划的基础,其主体是指挥员及其指挥机关;形成构想属于作战设计工作,是作战筹划的核心,重点解决做什么的问题,其主体是指挥员;拟制方案、制定计划属于计划制定工作,是依据作战目的、作战构想形成计划方案的过程,重点解决怎么做的问题,其主体是指挥机关,但其中定下作战方案决心的主体是指挥员。作战筹划的最终结果是形成可用于指导部队具体行动的作战计划或命令。地面防空作战筹划基本流程如图 2.1 所示。

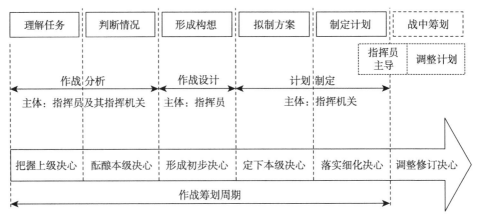

图 2.1 地面防空作战筹划基本流程

由图 2.1 可以看出，防空作战筹划是一个围绕形成决心和定下决心、并依据决心规划作战行动的过程，具体表现为在理解任务中把握上级决心，在判断情况中酝酿本级决心，在形成构想中形成初步决心，在拟制方案中定下作战决心，在制定计划中落实细化决心，在作战实施中调整修订决心，围绕决心，贯穿始终，逐步清晰，持续完善。

作战筹划基本流程是组织实施地面防空作战筹划的规范模式。其具体步骤如下。

步骤 1：理解任务。理解任务，是指挥员及其指挥机关明确上级赋予的地面防空任务，对完成任务的目的、预期效果和限制条件等形成上下一致、系统清晰的认知过程。主要是在领会上级作战意图、理解上级作战命令的基础上，分析作战企图、作战目的、作战任务、作战限制及终止状态，并提供指挥员作战构想设计、定下行动决心所需的关键信息需求。全面解析并清单化描述作战任务，把作战意图、作战目标进一步清晰化、具体化，既为作战构想形成、方案拟制、计划制定提供直接指导和依据，也利于准确把握上级决心意图，创造性地完成防空作战任务。

步骤 2：判断情况。判断情况，是指挥员及其指挥机关围绕上级作战意图和担负的作战任务，综合分析空防对抗作战体系相关情报信息，揭示空防双方矛盾运动的特点规律，形成对作战环境、作战条件认知的过程。判断情况是作战筹划的基础和重要环节，并贯穿于作战筹划全过程，指挥员及其指挥机关通过领会上级意图、分析作战形势以及综合研判敌情、我情、战场环境，分析敌我双方强弱点等，为进一步理解作战任务、形成作战构想、拟制方案计划提供依据。地面防空指挥机构需全程持续分析研判情况，适时组织情况研判并形成分析判断结论。

步骤3：形成构想。形成构想，是将作战目标、战场环境、作战行动、作战效果等要素在思维空间有机联系，将复杂防空作战行动转化为清晰态势和对抗演进的设计过程。作战构想是指挥员在充分理解任务、判断情况基础上提出的初步决心，作战任务、情况判断结论、作战目的、作战指导、终止状态等将成为形成作战构想的重要组成部分。形成作战构想的主体是指挥员，是指挥员预想防空作战进程，形成对防空作战态势发展的基本构思，按照确定作战指导、明确作战重点、规划作战方法、设计阶段行动的步骤进行，待上级审批后作为制定防空作战方案计划的基本遵循。这里需要强调的是，按照《中国人民解放军军语》(2011年版)对作战企图的定义，是指挥员对整个作战行动的设想。包括作战目的和作战行动的基本方法等，是作战决心的重要内容。确定作战企图是以往组织作战筹划的重要内容，这里用"形成作战构想"替代传统的"确定作战企图"并将其作为作战筹划的一个独立阶段，是为了适应我军战斗力快速提升，着眼有效发挥我作战优势，通过合理预想作战进程，主动构设战局，全程掌控作战节奏，进而推动作战筹划由以往被动应对向主动设计转变，也进一步突显作战行动构想在作战筹划中的重要地位作用。

步骤4：拟制方案。拟制方案，是指完善细化作战构想并定下作战行动决心的过程。在充分理解任务、判断情况基础上，依据作战构想设计作战行动，形成多套方案进行评估优选，最终由指挥员定下作战决心。作战决心是地面防空指挥员对作战行动所作的基本决定，是作战筹划的关键环节。拟制方案的主体是参谋长及其参谋团队，政工、保障等部门也应同步开展综合保障方案的制定，参谋长负责管理、协调参谋工作，下达必要指示，提出各项工作完成时限，把控作战方案拟制质量。

步骤5：制定计划。制定计划，是指挥机关把指挥员决心逐步细化为具有可执行性作战计划的过程。制定计划是作战筹划活动的末端环节，主要是形成可直接用于指导作战的地面防空作战计划。地面防空作战计划通常由地面防空作战行动计划和保障计划两部分组成，行动计划是防空作战计划的主体，保障计划是为保证作战行动顺利实施在政治工作、装备、后勤方面所做的预先安排。

指挥员及其参谋团队是作战筹划的主体，在整个作战筹划过程中，要注意厘清指挥员决断与参谋协作的关系。指挥员决断是聚焦作战目的、消除认知偏差、推动筹划进程，对筹划活动起决定性作用的关键因素，指挥员应自始至终主导作战筹划方向，是参谋团队得以高效实施的根本保证。纵观中外战争史，四渡赤水之于毛泽东、七亘村设伏之于刘伯承等，没有哪一仗是参谋人员设计筹划出来的，都明显体现着指挥员的高超指挥艺术和谋略思想；参谋协作是顺应现代战争筹划强度增大、专业分工精细、决策周期压缩等特点的必然要求，为指挥员作出正确决策提供知识与技术支持。两者相互依赖、互为支撑，不可偏废。厘清两者关系，对构建良性互动筹划环境至关重要[22]。在筹划分工上，指挥员应全程深度参与并发挥主导性作用，突出对全局的宏观思维谋划，要正确理解上级意图，准确预判战场情况、合理提出作战构想，及时正确定下作战决心；参谋人员侧重于以计算为支撑的具体化活动，即通过作战计划制定流程，将指挥员决心转化为可执行的具体行动方案。在定下决心上，指挥员既要积极兼听，充分发扬民主，又要两相权衡，理性对比分析，择其善者而定之。参谋人员既要大胆建议，使指挥员决策更加合理，又要创新执行，督导所属部队实现指挥员的决心意图[22]。

2. 简化程序

信息化战争时间要素增值，战争进入"秒杀"时代，信息化空袭作战隐蔽性、突然性、复杂性剧增，空防对抗的速度、节奏和进程明显加快，对作战筹划战场感知、响应和应变的实时性提出更高要求。美军著名军事理论家约翰·博伊德(John Boyd)的OODA(O-observe观察、O-orient判断、D-decide决策、A-act行动)制胜理论认为：敌对双方相互较量看谁能更快、更好地完成"观察—判断—决策—行动"的循环程序。致胜关键是一方率先完成一个OODA循环，率先采取行动，让对手始终处于"OO"或"OOD"死循环之中而无法做出决策和行动。依据这一制胜机理，要夺取作战筹划优势，就要尽量压减从观察、判断到决策的作战筹划时间，通过赢得决策的时间优势，才能转化为行动优势，缩短OODA的循环周期。从一定意义上讲，一个不够完善的决心要比姗姗来迟的正确决心强。

凡事预则立，不预则废。要下好与对手作战筹划的"先手棋"，平时就应善于全面、准确地预见战场可能的各种情况，预先制定各种应对预案计划，战时一旦启动作战筹划，则首先从作战预案计划中检索出最为接近的已有计划，并根据当前战场实际进行修订完善，快速形成作战计划，从而简化作战筹划流程，缩短作战筹划时间，提高作战筹划效率。其具体的简化流程如图2.2所示。

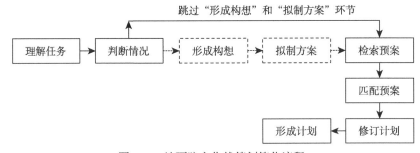

图 2.2　地面防空作战筹划简化流程

作战筹划简化流程是实际组织地面防空作战筹划的常用模式。其流程具体表述：在理解任务和判断情况基础上，根据作战目的、作战资源和作战约束提取预案检索所需的预案关键描述信息，然后在预案库中检索是否有与当前情境相吻合的预先方案，一旦有匹配成功的预案，则对匹配预案进行人工修订，在时间允许情况下还可对修订后的方案进行推演评估，最后形成作战计划。如果预案库中没有匹配预案可用，则形成构想和拟制方案环节仍不可缺少。从上述流程不难看出，由于直接"跳过"形成构想和拟制方案两个筹划环节，大大缩短了整个作战筹划时间。

可见，作战筹划简化流程实施的前提是平时具备可行、完备和规范的预案库。美军战役指挥机构十分注重平时计划制定，其核心工作就三条："穷尽计划、演练计划、完善计划"。平时依据对各种可能发生作战场景的预判与构想，制定与之相应的作战预案，并对预案逐一进行反复演练并不断完善，一旦发生战事可迅速将匹配的预案转化为作战计划并付诸行动。为此，要紧贴未来可能担负的作战任务，强化平时预案库建设，分方向、分领域、分要素预先储备作战资源信息，丰富完善装备性能、战场环境数据，预想战场可能发生的各种情况，构建完备作战计划预案，战时才能依情进行快速信息增减和方案修订。

此外，为进一步提高作战筹划效率，在简化作战筹划流程基础上，还可进一步删繁就简，减负增效。注重决策流程优化设计。聚焦会议议题，减少会议次数，简化会议流程，压缩会议时间，避免出现不必要的议题交叉，让指挥员从"会海"中解脱出来；注重指挥信息网络平台运用。指挥信息网络平台是组织作战筹划联合作业的重要手段，依托指挥信息网络平台数据同步共享和可视化"作战态势图"，实现由传统单线流水式人工作业向人机交互式、平行同步式和异地分布式联合作业转变；注重作战文书简明实用。作战文书是方案计划的载体，应改变以文字为主的传统表现方式，倡导向地图注记式、标准表格式、网络图式文书表述形式转变，力求直观简明，实用规范，确保各级指挥员能够快速、准确地理解和使用。

2.2.2 地面防空作战筹划内容

防空作战指挥是一个涵盖指挥、协调、行动、保障等诸多环节的复杂活动，防空作战筹划作为作战指挥的核心内容，其目的是形成部队行动的计划方案。尽管不同的防空作战任务和作战行动，筹划的具体内容和重点不尽相同，但从普遍意义和共性要求上看，其核心是解决达成防空作战目标及实现作战目标的方法、手段和途径，其基本内容架构如图 2.3 所示。

地面防空作战筹划的具体内容如下。

(1) 明确作战目的。作战目的是作战筹划的出发点，是作战行动所要达到的预期结果或最终态势，是上级作战意图的具体化。只有明确作战目的，才能更好地理解作战任务，聚焦达成作战目的的实现途径，灵活设计战术战法。明确作战目的

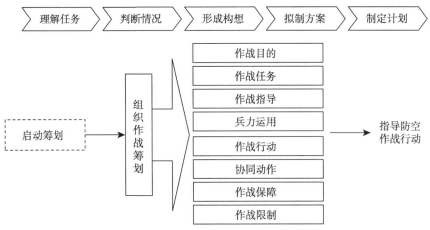

图 2.3　防空作战筹划基本内容架构

需要深刻理解上级的作战意图，作战任务是实现上级作战意图的途径和手段，作战意图不能等同于上级赋予的作战任务。例如，同样执行前出设伏机动任务，上级的作战意图是对敌侦察机进行突然打击还是对敌空袭体系预警机、干扰机等高价值目标进行体系破袭，同样的作战任务，上级的作战意图可能不尽相同。为此，需要与上级指挥员或指挥机关反复沟通，明确本级任务在防空作战全局中的地位作用，上级作战意图不清晰或认识不到位，会造成任务理解和确定作战指导的方向性偏差。

(2) 理解作战任务。作战任务是为达成预定作战目的而担负的任务，通常由上级确定并以作战命令或预先号令的形式下达。理解作战任务要紧紧围绕作战目的并结合敌情、我情和战场环境等情况判断，全面分析敌我双方作战企图、空防对抗体系强弱点、对抗兵力兵器数质量、作战资源以及战场环境等情况，综合权衡行动代价和作战风险，对具体怎么完成任务、达到什么效果和终止状态作出简洁明了的表述。在此基础上将作战任务细化分解为具体明确、相互关联的子任务，形成防空作战任务清单，按配属的兵力兵器、编组配置、作战部署等实际下达至各任务部队。

(3) 确立作战指导。作战指导是对作战行动的原则性指示和引导，是对作战总体思路和行动设计的概括。通常根据上级作战意图、作战目的、作战任务和敌我双方情况研究提出。作战指导要统揽全局、简明扼要，体现防空作战规律、制胜机理以及指挥的谋略性、艺术性。其内容表述相对灵活，可侧重作战目的，也可侧重具体的战术战法。

(4) 规划兵力运用。规划兵力运用是根据作战任务、样式、规模以及所配属的诸军兵种防空作战力量要素特点，把握集约用兵、整体用兵和灵活用兵原则，灵活确定任务区分、兵力编组和配置方法，突出地面防空整体性、灵活性，谋求体系作战效能发挥。

(5) 设计作战行动。设计作战行动是作战筹划活动的重点，主要是依据防空作战目的、任务，整体构思防空作战态势演变进程，将战场态势演变进程转化为紧密衔接各作战任务阶段的具体作战行动，分阶段明确目标任务、预期效果、力量运用、持续时间和转换时机等。设计作战行动要合理选择战机、作战方法、作战手段，整体把握战局走势发展，设想多种可能行动链推动作战态势演变。

(6) 明确协同动作。防空作战是联合作战的重要组成部分，涉及雷达、飞机、防空导弹、高射炮、电子对抗等诸军兵种，各种作战力量行动时空交错。作战协同就是要不断消解各作战力量、样式、空间、时间、保障相互之间的行动冲突，形成作战力量优势互补、作战样式相互配合、战场空间相互照应、作战时间相互衔接和作战效果相互增效的协同效应，确保各种作战力量行动协调一致，发挥防空体系的整体效能。

(7) 统筹行动保障。根据防空作战行动需求，分别对作战保障、装备保障、政治工作保障、后勤保障工作进行整体预想和安排。立足地面防空力量自身保障实际，提出保障资源需求，保证作战行动需要。当自身保障能力难以胜任防空作战任务需要时，可向上级保障中心或基地提出保障申请。

(8) 明确作战限制。主要包括国家法律法规要求、各项战备工作规定、上级明确的行动和兵力使用条件及限制，可分为禁止性限制、约束性限制和许可性限制三类。禁止性限制，是指作战行动过程中不允许的事项，如禁止射击区域、禁止射击目标等；约束性限制，是指作战行动必须遵守的约束条件，如部署区域、行动时间、射击时机等；许可性限制，是指经请示并经上级批准后才允许行动的临时约束规定。

2.3 地面防空作战筹划基本方法

作战筹划方法是指挥员及其指挥机关作战运筹与谋划的科学思维路径和逻辑推理方法，是组织作战筹划的方法论。将"存乎一心"的指挥艺术物化为科学的逻辑路径，将指挥员个人的思辨过程上升为规范的逻辑推理，对提高指挥员及其指挥机关作战筹划水平，夺取作战筹划优势具有十分重要的指导意义。

2.3.1 作战筹划方法概述

作战筹划是一个不断掌握情况，不断批判质疑、不断创造性地发现和解决问题的思维谋划过程。信息化条件下地面防空作战筹划，应深刻把握战争特点规律，灵活运用制胜机理，创造性地设计战争，做到扬长避短、趋利避害，化劣势为优势、化被动为主动。在哲学思辨和经验归纳筹划思维的基础上,充分借鉴外军作战筹划的有益经验,博采众长,逐步推动作战筹划由指挥艺术向科学思维方法转变。

依据作战筹划思维方式的不同,可分为逆向分析和正向分析两种思维方式。逆向分析,是指从期望达到的作战最终状态或目标态势出发,逆向依次推导到达初始态势状态必经路径的分析思路。逆向分析反映了人们分析问题并提出解决途径,特别是面对多阶段复杂问题时的自然思维过程。其中期望达到的最终状态或目标态势是根据上级作战意图和赋予的作战任务,具体分析作战目的或作战效果所对应的目标态势。与逆向分析相对应的是正向分析,正向分析即从战局当前初始态势出发,按照时序依次推导可能产生的状态以及状态演变情况,直至找到所期望达到的最终状态或目标态势的分析思路。两种思维方式的比较如图 2.4 所示。

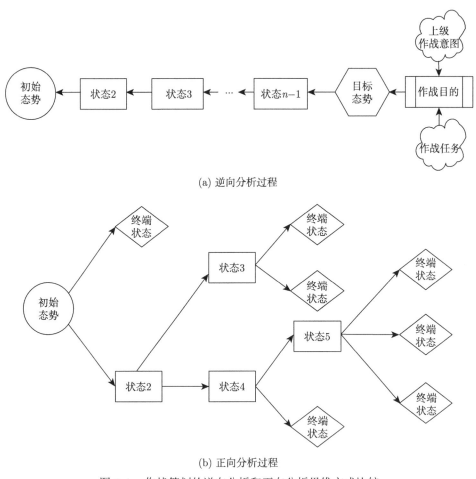

图 2.4　作战筹划的逆向分析和正向分析思维方式比较

逆向分析与正向分析均勾勒出从起始态势到终端状态的途径,但两者在思维方式上区别显著:①逆向分析终端状态只有一个,即期望达到的最终态势或目标态势;正向分析的终端状态有多种可能情况。②逆向分析描述的是从起始态势到最终态势的必要途径,正向分析则描述了从起始发端的多条可能的演化路径。③逆向分析是在一条因果链上进行逻辑推导,从而得到状态变化的必然结论;正向分析通过推导产生分支,进而推演分支情况,从而得到终端状态的树状结构[23]。

从作战筹划的方法论视角,作战筹划基本方法可分为逆向作战筹划法和正向作战筹划法两大类。其中,逆向作战筹划法是由作战目的或作战效果出发,逆向构思和设计作战行动。正向作战筹划方法是以作战目的为追求,从当前态势出发,正向构思和设计下一步作战行动。逆向筹划是按照逆向思维方法,由作战目标或效果牵引作战行动设计,有助于理解上级作战意图,符合指挥员的一般思维方式,是作战筹划的主要方法[2]。

2.3.2 逆向作战筹划法

逆向作战筹划法,又称反向规划法,其基本思路是聚焦作战行动最终目的,从终点回溯设计作战行动、兵力部署与后勤保障等要素,可有效确保作战方案与指挥员意图的一致性。逆向作战筹划法通过研究目标与行动存在的可预知或基本可预知的因果关系,建立目标与作战行动间的多层级因果链,围绕因果链筹划力量配置和资源优化方案。这种由果及因的筹划方法,可确保作战行动始终聚焦作战目的,确保作战筹划沿着正确方向进行。

逆向作战筹划法的主要特点:①符合指挥员的思维习惯。战时,各级指挥员必须根据上级明确的作战目的或要达到的态势进行分析筹划,从作战目的出发逆向筹划便于指挥员理解上级意图,正确把握筹划方向。逆向思维基于经验的认知决策有助于指挥员过滤掉无关信息,快速理解形势并作出决策。②筹划流程简洁便于掌握。逆向筹划按照"作战目的 → 目标态势 → 能力分析 → 行动设计 → 兵力需求"的流程组织进行,流程清晰、简单易懂,可操作性强。③以因果关联关系推定为主。通过研究目标与行动间存在的可预知或基本可预知的因果关联关系,建立目标与作战行动间的多层级因果链,围绕因果链筹划力量配置和资源优化方案。但由于逆向作战筹划法是以因果关联关系推定为思维基线,一旦实际战场态势与预期战场态势发生较大偏差,将会出现逆向规划结果失效甚至失败[2]。

逆向作战筹划法是美军联合作战计划工作中普遍采用的一种方案拟制方法,主要包括基于重心的作战筹划法、基于效果的作战筹划法、基于要素的作战筹划法、基于枢纽态势的作战筹划法和基于作战选项分析的作战筹划法。

1. 基于重心的作战筹划法

克劳塞维茨认为只有将己方的主要力量集中作用于敌方重心，并同时有效保护己方重心时才能取得作战的胜利。美海军陆战队战争学院乔伊·斯特兰奇教授于 1996 年基于克劳塞维茨的作战重心思想提出具体的重心分析理论和模型，该理论和模型能够为指挥员快速、高效地找到己方的决定性行动方案，是自海湾战争以来美军在作战指挥理论方面的重要发展，被美军及其盟友广泛采用，为美军实施联合作战指挥提供了一致性的理论基础并发挥了十分重要的作用。

基于重心的作战筹划法以 "重心 (CG)→ 关键能力 (CC)→ 关键需求 (R)→ 脆弱点 (V)" 推理模型为基础，根据作战目标和预想的目标态势确定敌我双方的作战重心，对形成重心的关键能力、达成关键能力的关键需求、关键需求中存在的关键脆弱点进行逐次分析，并将依据重心、关键脆弱点得出的作战行动决定点 (decisive points，DP) 连接成行动线 (lines of operations，LOO)，最后统筹所有作战线后作为设计作战行动框架的基础。具体流程如图 2.5 所示[2]。其中，决定点是一个地理位置、特定的关键事件或关键因素，一旦发生将会使己方赢得显著的对敌优势甚至达成胜利。行动线是连接决定点和其他行动节点的逻辑线，可以用若干条逻辑上或物理上的行动线设计部队具体行动过程。

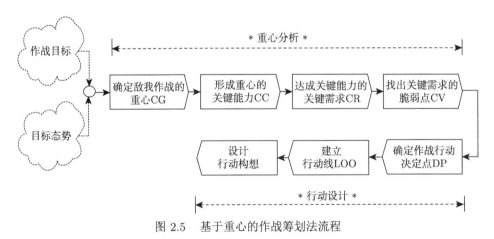

图 2.5　基于重心的作战筹划法流程

该方法重点围绕对抗体系中的关键点和脆弱点展开筹划设计，抓住了作战问题的主要矛盾，组织过程简单明了、流程清晰、易于掌握、可操作性强，其所提供的共同思维框架和完整的推理逻辑，有利于发挥指挥群体的集体智慧，解决了联合作战指挥中作战设计逻辑的一致性问题，有效保证作战决策质量。但该方法也存在着重心不易辨识、高度依赖情报优势和思维模式相对僵化等不足。图 2.6 为美空军基于重心分析的联合空中作战筹划与计划流程。

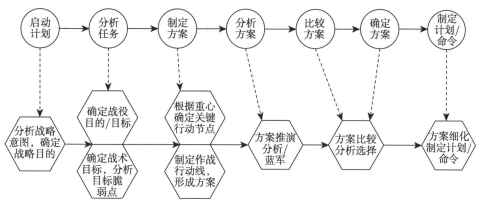

图 2.6　美空军基于重心分析的联合空中作战筹划与计划流程

2. 基于效果的作战筹划法

基于效果的作战筹划法起源于沃登的重心理论，由美国空军戴维·德普图拉提出。基于效果的作战筹划法，是以基于效果作战理论为基础，由基于目标和基于目的到任务方法演进而来。该方法是根据所要达到的效果将目标表示为具体的任务陈述，聚焦于瓦解节点和联系，把潜在敌人或作战环境作为一个系统进行体系分析，建立敌目标的系统化模型，考虑系统中多层次效果，采用"效果—结点—行动—资源"(effects-node-action-resource，ENAR) 联动方法，研究结点、作用于结点的行动、完成行动的资源需求、直接效果与间接效果四者之间的关系，分析计划行动和预期达到效果之间的因果关系，通过逆向设计、执行、评估和调整作战行动以达到期望的物理效果和行为效果[2]。基于效果的作战筹划理论，将作战任务以因果逻辑的方式按照预期作战效果联系起来，使指挥员能够清晰、便捷地把握不同任务之间的制约条件，不再简单追求对敌有生力量的毁伤，而是聚焦于打击敌重心来控制和瘫痪其作战系统，打破战略、战役和战术级军事行动的界限，并行设计作战，有利于直接谋取战略效果，通常综合运用效果线、行动线进行分析。阿富汗战争中，美军为应对各种袭扰所采取的基于效果的联合作战筹划流程，如图 2.7 所示。但基于效果的作战筹划法过于复杂、空洞，致使指挥员理解作战意图困难，存在诸多不足，已逐渐被美军所放弃。

3. 基于要素的作战筹划法

作战筹划要素，是设计作战行动必不可少的概念、要素、方法和手段，是产生、选择作战方案和拟制作战计划的思维工具和推理基础，有助于指挥官及其参谋人员设想作战行动并制定作战构想。美军《联合作战行动筹划手册》《战役作战计划的概念与方法》《联合作战计划流程》等作战手册对运用筹划要素开展筹划活动的方法进行了翔实、规范的描述。概括为 16 项要素：行动终止标准 (条件)、直接/间接方法、军事最终态势、预测、行动目的、平衡、效果、协同、重心、安排作战行动、决定点、部队与能力、行动线、效果线、时间与节奏、优势、作战范围及顶点等。这些要素构成作战行动筹划的"工具集"。

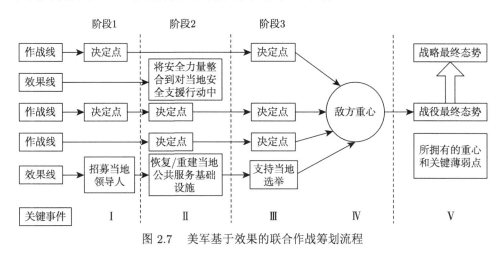

图 2.7　美军基于效果的联合作战筹划流程

作战筹划中的各种要素，可帮助联合指挥官及其参谋团队构建联合作战行动的思维图景，是形成作战行动构想的有力工具。通常是在充分理解任务和综合判断情况的基础上，结合上级作战任务、初始状态和各种作战法规限制等生成，其生成过程如图 2.8 所示。

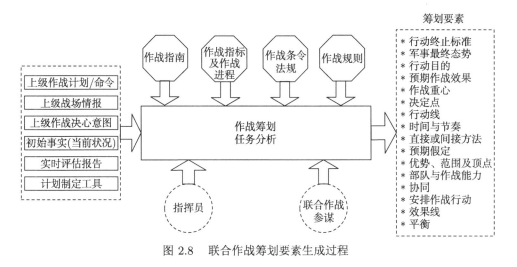

图 2.8　联合作战筹划要素生成过程

按照逻辑推理思维过程，基于要素的作战筹划法包括判断、对话、筹划、学习和再筹划五个步骤，通过要素连接作战初始状态和作战目标，能够从逻辑上清晰地理解达成预期作战目的所需采取的行动及其之间的相互关系。

4. 基于枢纽态势的作战筹划法

于淼教授借鉴美军作战筹划工程化思路,提出了枢纽态势论这一作战筹划理论,构建了工程化的作战筹划方法体系。该理论的核心是在初始态势和目标态势之间寻找具有承上启下、有利于己不利于敌的枢纽态势,并在初始态势和枢纽态势间设立多级节点态势,采取正向生成行动链和反向生成态势链的双向推理,逐步实现枢纽态势,设计战局向预期方向发展[2,24]。

该方法创建了 "初始态势分析 → 设计目标态势 → 设计枢纽态势 → 枢纽态势评判 → 生成作战构想" 的枢纽态势工程化筹划流程,提出了包含三方势 (敌方势、我方势、环境势) 和四种关系 (力量对比、交战格局、有效交火、火力分配) 的 "势–关系" 分析方法,通过势要素体系和势模型影响因子建立枢纽态势模型体系。首先对初始态势进行 "势–关系" 和对抗性态势分析 (strengths-weakness-opportunities-threats, SWOT),设定目标态势并进行条件分析,在初始态势和目标态势的基础上设计确定枢纽态势,对枢纽态势进行定性定量评判优选,逆向生成态势链,正向设计作战行动链,最终形成面向体系作战的枢纽态势作战构想,如图 2.9 所示。

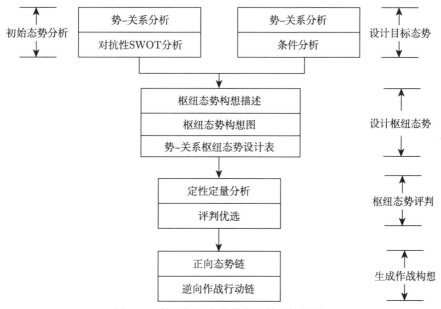

图 2.9 基于枢纽态势的作战筹划法流程

枢纽态势论自始至终贯穿着系统论观点,但运用的仍是逆向思维,借鉴了基于重心理论的作战筹划方法,即由目标态势回推至初始态势,以态势替代目标,枢纽态势相当于关键节点目标，节点态势相当于各阶段目标，目标态势相当于作战目标。主要优点是只规定每个作战阶段的态势要求，对每个态势都进行三方势和四种对抗关系的系统分析，能够较好地适应系统的不确定性。但没有考虑作战行动促使系统变化会导致态势发生转变，灵活性不够，还有待实践检验[2]。

5. 基于作战选项分析的作战筹划法

2012年，潘冠霖等在《作战选项分析方法研究》一文中认为，作战筹划表现出作战设计的显著特征，应当运用科学化方法，研究海量选项空间，从系统整体角度处理复杂和不确定性问题。作战选项分析方法，是从作战设计的角度，围绕基本战局设想中若干关键问题的选项，通过作战选项空间的构建实现对重要作战路径的覆盖，通过对作战选项的量化与评估实现对重要作战路径的筛选、分类[23]。

作战选项分析方法中的所谓"选项"，是指为达到某一目的的两个或多个可行选择。通过运用定性与定量相结合的方法，研究基本战局设想中若干关键问题的可能选项及选项之间的相互影响关系，从而建立作战方案设计的认识框架。其总体思路是将作战选项分析分为作战选项空间构建和作战选项量化与评估两个部分。其中，作战选项空间构建是根据确定的作战目标和其他已知信息，生成由数目可观的选项序列构成的海选空间，从中筛选出备选选项集的分析过程。作战选项量化与评估是对备选选项集进行量化、比较、排序、推演等作业，精选出值得进一步研究的作战路径分析过程[23]。

作战选项分析法采用逆向分析思路来确定待分析的敌我决策点及选项，其基本流程如图2.10所示。

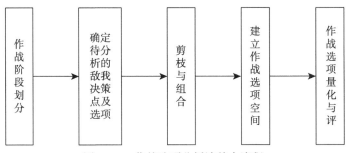

图 2.10　作战选项分析法基本流程

作战选项分析法的具体步骤如下[23]。

(1) 作战阶段划分。从作战选项分析视角来看，作战阶段划分是为了将作战所涉及的敌我决策点，按照阶段划分的提示组织到作战选项分析中来，它为发现决策者的重要决策需求提供基础框架。作为一般原则，作战阶段划分应当以事件而不是以时间为驱动。提出阶段起始的最初条件与明确阶段终止的最终状态，是作战阶段必须具备的两个属性，以此衡量战局变化是否在设计的框架内发展。

(2) 确定待分析的敌我决策点及选项。敌我决策点及选项的提出分为三个步骤：采用逆向分析思路提出由敌我决策点构成的基本框架；在上述基本框架基础上，替换、修改基本框架中的决策点；提出各个决策点的对应选项。

(3) 剪枝与组合。剪枝与组合是实现"提出选项"到"建立选项空间"的具体途径。排列组合能够产生由全部决策点的所有选项构成的作战路径，但在所有这些作战路径中，有的存在逻辑矛盾，有的不符合经验判断，有的与作战原则、作战指导、指挥员意图等准则相违背，需要对不适宜的选项组合进行剪枝，以实现对作战路径的筛选。在上述剪枝步骤基础上，进行选项组合以生成作战选项空间。

(4) 建立作战选项空间。作战选项空间可采用作战决策树的形式展现。作战决策树中各选项的确定是在逆向分析基础上完成的，但生成的作战决策树是由正向的结点顺序表示。

(5) 作战选项量化与评估。作战选项量化与评估是在作战选项空间建立之后，通过对选项空间进行量化、比较、排序、推演等作业，精选出值得进一步研究的作战路径分析过程。作为作战选项评估的基础，需要对选项及选项链进行量化，量化可采取对选项设置属性以及把选项属性聚合到选项链相应指标的方法进行。

2.3.3 正向作战筹划法

正向作战筹划法常用的是系统战役筹划（system operational design，SOD）法。系统战役筹划以系统论和复杂性理论为基础，由以色列战役理论研究所西蒙·纳韦于 20 世纪 90 年代中期提出，受到美国陆军、海军和不少北约国家的追捧，但以色列于 2006 年放弃该方法转而采用基于效果的作战理论，至今尚无成功运用该筹划方法指导作战的实例。

系统战役筹划法是系统理论在战役法上的应用，是把战略指导和方针转化为战役级作战设计的整体方式，聚焦优化作战系统中各个实体间的关系和交互作用，形成通过系统打击来瓦解敌整个体系的战役思想，确保形成的战术行动与战略目标内在逻辑上相一致。该方法通过确定系统框架、敌方推论、指挥推论、后勤推论、确定作战框架、作战效果以及功能形式等 7 个步骤进行作战的整体设计，促进筹划、计划、行动和学习的循环，如图 2.11 所示。SOD 法适合时间紧、风险大的高强度对抗背景，对决策者经验丰富与否、情报信息足够与否、作战条件动态变化与否影响不大，很大程度上减少了作战筹划过程中的人为失误。

系统战役筹划法是一种作战筹划的思维方式，通过设定 170 个问题构建思维框架，强调学习和适应，运用直觉决策方法，促进筹划、计划、行动、学习的不断循环以适应变化的作战环境。系统战役筹划法作为基于效果筹划法的替代方法，自提出后一直处于争议之中,两者有很大的不同,如前者将系统看作是开放的,而后者则视其为封闭的,但两种筹划方法也具有一定相通性,后者的体系分析实现了与前者确定系统框架和战役框架相同的结果。

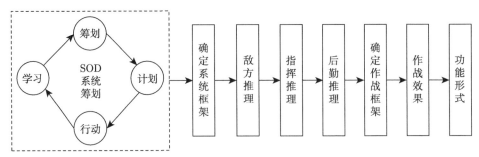

图 2.11　系统战役筹划法 (SOD) 流程

正向作战筹划法的主要特点有以下几条。①更加适应开放系统。与逆向作战筹划基于静态封闭的系统不同,正向作战筹划认为系统是开放的,通过采取作战行动向系统注入能量,因势利导,促使系统根据行动进行变化和调整,并朝着预期目标发展。②更加注重前瞻性。正向作战筹划着眼于最终目标,以当前形势为出发点,列出所有可能的决策和行动,选择最有助于达成既定目标的行动方案,并根据态势变化不断调整行动方案。③要求指挥员具有更高的指挥素养和战场全局把握能力,不利于指挥员掌控使用。

2.3.4　作战筹划支持系统

空天信息时代空天对抗复杂激烈,对抗元素多元多样,战场信息爆炸式涌现,传统依靠指挥群体头脑风暴式的筹划方法已经难以适应防空作战节奏。防空作战筹划应充分利用信息网络、人工智能、大数据、云计算等科技成果,依托先进信息技术、指挥信息系统和作战实验等现代工程技术方法,将"运用之妙、存乎一心"的指挥艺术、逻辑思维通过工程化方法外显渗透于"庙算、谋算、精算"的防空作战筹划之中。

随着信息化、智能化、工程化技术手段运用到现代战争,加速了防空作战形态和对抗样式的演变,设计开发满足信息化条件下地面防空筹划支持系统,将筹划作业组织、程序、方法和手段连接成有机整体,可为地面防空指挥员高效、快速、精准组织作战筹划提供科学、高效的辅助支撑,以实现联合筹划作业、精准筹划计算和高效作业管理能力。地面防空筹划支持系统所需的现代工程方法主要包括数据统计法、运筹分析法、行动仿真法、兵棋推演法等。其中,数据统计法主要是基于数学模型,运用海量防空作战实践、实兵演习演练、实弹打靶、仿真实验等数据,剖析能力底数、洞悉战争规律、预测态势趋势。运筹分析法,依托军事运筹理论和现代计算技术，通过构建一系列防空作战问题数学模型，设定防空作战战场元素限制条件，定量分析防空作战问题以寻求最优解决途径。行动仿真法，是通过计算机模拟仿真系统计算、设计、评估防空作战全系统全过程，利用可视化虚拟技术对战场态势、时空关系、预期效果等仿真再现，为指挥群体设计防空作战行动提供直接参考。兵棋推演法是综合运用图上推演、沙盘推演、计算机兵棋推演等手段，对空防对抗体系作战进程进行推演评估，从效益性、风险性等方面评估检验作战构想、方案计划和作战行动。

地面防空作战筹划支持系统作为支撑地面防空体系化作战能力提升的核心关键软件装备，正朝着筹划作业一体化、筹划计算智能化、筹划组织体系化和筹划信息可视化的方向发展。

筹划作业一体化。系统能够提供统一作业环境和作业工具，实现地面防空一体化联合筹划，按照统一的数据、模型、交互标准，在统一地理空间基准上开展联合筹划作业，实现地面防空诸力量在指挥控制、信息交互、数据共享等方面深度铰链，有效避免数据、模型标准不一致所导致的筹划误差。同时，能够基于实时战场数据信息更新，满足筹划作业实时关联、协同作业要求。

筹划计算智能化。防空作战筹划作业复杂，指挥群体需要准确快速决策的信息众多，传统的人工作业方式无法满足实时、高效、精准的筹划需求。通过现代计算机技术和智能算法，在理解任务方面，可提供兵力需求计算、任务清单生成、目标威胁分析、作战效果预测、目标选择分配等；在情况判断方面，可计算分析敌我作战能力，研判敌我作战体系强弱点，辅助指挥员整体把握战场全局，预测作战转换关节点、转折点；在作战构想设计时，可提供火力、兵力、用频等行动计算，自动规划兵力部署和行军路线等；在作战预案拟制时，能够提供兵棋推演仿真，仿真结果分析等；在制定作战计划时，能够通过统一模板智能生成各类作战文书。

筹划组织体系化。防空作战节奏演变迅速，战场态势转换快，对地面防空作战筹划的实时性、效率性要求高。系统立足科学监控管理作业流程，合理调配资源，对用户实施统一作业管理，按照指挥群体各自指挥职责，明确作业权限，支持网上多用户协同开展筹划作业，实现既相互协作，又互不干扰。同时，规范化的作业流程，使得指挥员能够实时监控进程和状态，确保各用户作业同步，有效提高筹划作业的工作效率。

筹划信息可视化。防空战场信息数据远超人脑逻辑思维辨析容量，通过计算机数据信息转化为指挥员和指挥群体能够直观、感性认知的图像信息，以实现各级对指挥员作战意图准确一致的共同理解和对战场态势的高度共识。作战态势图、首长决心图、兵力部署图、行军路线图等综合反映了指挥员所需的防空作战信息，通过信息技术可将图层信息和实时态势数据融合叠加，在地图上综合推送显示，并按需选择按需分发。

2.4 地面防空作战筹划的时机与方式

准确把握作战筹划时机，可提高作战筹划的时效性和适用性。灵活运用作战筹划方式，可缩短整体筹划周期，提高作战筹划作业效率。

2.4.1 地面防空作战筹划时机

地面防空作战筹划时机，可分为平时筹划、临战筹划和战中筹划。平时筹划是一项基础性筹划工作，临战筹划通常是在平时筹划基础上，重点围绕当前态势对平时筹划的计划方案进行补充完善，战中筹划则是根据战场态势演进对临战筹划计划方案进行修订，三种筹划互为补充，均力求最大限度地提升作战筹划与客观实际的吻合度。具体关系如图 2.12 所示。

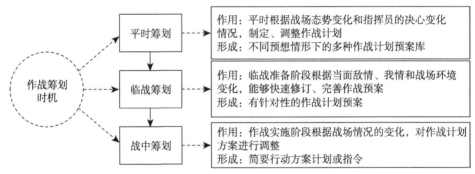

图 2.12　地面防空作战筹划时机及其关系

平时筹划，美军称为周密计划，是平时基于对战略形势的分析预判，为有效应对可能的空天威胁或突发事件而预先进行方案计划的制定。平时筹划时间较为充裕。平时筹划的前提是对未来作战情况的分析预测，起点是上级已明确战略意图并已展开总体方案的制定。为使方案计划能够适应各种可能情况，通常按照一场战争多种预案、一种样式多套行动、一次行动多种准备的要求，充分预想并丰富完善作战行动预案库[7]。

临战筹划，美军称为危机行动计划，是预见到危机即将来临或者已出现战争征候，对平时制定的方案计划进行条件匹配和临机修订，快速生成战时可执行的作战方案、行动计划和任务指令[7]。临战筹划的前提是对当前战场情况或态势演变的分析，起点是危机事件将要发生或者已经发生，上级指挥机构已下达预先号令，或者上级指挥员已定下初步决心，甚至下达了作战命令，因而可供本级筹划的时间相对紧迫。临战筹划的结果将直接付诸防空作战行动，其筹划质量关乎防空作战胜负得失。

战中筹划，美军称为当前计划，是在作战实施过程中，基于战场态势的变化以及情况判断，对当前行动、后续行动和突发情况进行的滚动筹划。战中筹划与态势分析、临机决策和行动控制交织在一起，需要指挥员实时掌控态势信息，及时把握最佳战机，快速灵活组织指挥。由于可供筹划的时间十分紧迫，战中筹划应果断决策、快速处置，力求简明高效。

总之，三种作战筹划时机侧重不同，互为补充。平时筹划强调穷尽可能、预先谋划、提前设计、多案预想、滚动完善，为临战筹划提供储备选项。临战筹划强调基于预案、直接筹划、周密修订、研究完善、审慎定案，为定下决心、下达命令和拟制计划提供依据。战中筹划强调着眼变化、立足预案、调整修订、快谋快断、简明高效，为指挥控制部队行动提供遵循。

此外，在作战准备阶段时间轴线上应合理分配各级作战筹划所占时间，这对于整个作战行动的时效性具有重要影响。美军认为应按照"三分之一、三分之二"原则分配时间，即指挥员及其指挥机关利用三分之一的时间组织本级作战筹划，剩余三分之二时间留给下级用于作战行动各项准备。为此，指挥机构应提高作战筹划效率，缩短作战筹划周期，为作战部队行动准备预留尽可能多的时间。具体时间分配如图 2.13 所示。

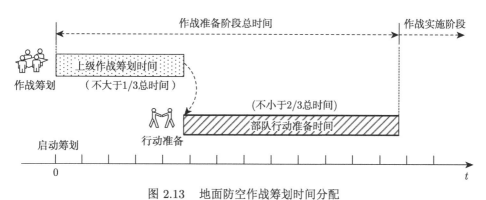

图 2.13　地面防空作战筹划时间分配

2.4.2　地面防空作战筹划方式

地面防空作战筹划方式，按组织形式可分为集中筹划与分布筹划，按作业方式可分为顺序筹划与平行筹划，按照筹划次序可分为逐级筹划和越级筹划。具体筹划方式，可根据指挥群体整体筹划能力、指挥信息系统筹划水平以及作战筹划完成时限等科学选择。

集中筹划与分布筹划方式。集中筹划和分布筹划反映的是本级指挥机构对下属部队筹划作业的组织控制关系。集中筹划，是指在地面防空指挥员主导下召集下属筹划相关人员，集中统一组织筹划作业，可在一定程度上避免下属诸军兵种作战单元筹划协同矛盾。筹划周期短、工作效率高，但缺乏灵活性和应变性；分布筹划，是指依托地面防空指挥信息系统，将分布在不同地域的下属作战单元相关人员通过信息化网络手段集中，实现本级指挥机构与下属各作战单元上下联动、同步作业，按照各级作战筹划内容和要求协同完成本层级筹划任务，可有效避免筹划成果脱离实际和出现认识指导偏差，层次清晰、责任明确，有利于发挥各级跨域协同的主观能动性。

顺序筹划与平行筹划方式。顺序筹划和平行筹划反映的是同一指挥层级内部各部门间筹划作业的前后次序关系。顺序筹划，是指筹划流程按照机关各部门的职能关系依次进行的筹划作业。通常根据指挥员作战决心意图，展开作战筹划活动，一般按照先总体后分支、先主要行动后次要行动、先行动后保障的顺序进行作战构想设计和作战预案拟制。任务清晰、程序清楚，不会存在关键内容、重要信息的缺漏，但筹划时间长。平行筹划，是以指挥员作战思维为核心，基于防空作战任务，将理解任务、判断情况、设计构想等程序内容，统分结合、同步并行，根据各步骤所需信息和支撑要素实时共享深度融合，可有效提高筹划效率，但筹划组织难度大。

逐级筹划与越级筹划方式。逐级筹划和越级筹划反映的是不同指挥层级之间的组织筹划关系。逐级筹划，是指只有在上一指挥层级筹划完成后，下一指挥层级依据上一级的作战计划总体框架，具体谋划本级作战行动计划的一种筹划方式。这种方式按照从上至下的顺序依次组织筹划，下一级指挥机构能够较好地理解和贯彻上级作战意图和行动总体计划，是组织多级作战筹划的基本方式，但整体筹划周期较长。越级筹划，是指上级指挥机构按照总的作战企图，为下属某一级指挥机构直接制定作战行动计划的一种筹划方式，如战役级指挥机构直接为某一战术级指挥机构甚至某一作战单元制定作战行动计划。这种方式可大大缩短整体筹划时间，但上级指挥机构筹划工作量较大，通常可在下述特殊情况下采用：上级作战筹划手段平台先进高效时；筹划特别重要作战行动、主要力量作战行动或特别重要方向上的作战行动时；下属参战兵力较少时。

2.5　地面防空作战筹划的运行机制

地面防空作战筹划运行机制是规范、引导开展筹划各项活动的运行规则、流程和方式。影响地面防空作战筹划成效的各种因素相互联系、相互作用，要保证实现作战筹划各项工作的目标和任务，应当建立一套协调、灵活、高效的运行机制，是确保作战筹划活动有序推进的重要机制保障。主要包括会议决策机制、滚动更新机制和推演评估机制等。

2.5.1 会议决策机制

会议决策机制，是以会议所规定议程、议事规则研究解决涉及地面防空作战重大问题，部署明确重要事项的决策机制。其核心是定下决心，通常按照"安排工作、把关定向、研究决策、计划落实"的总体顺序，以召开碰头会、党委会、作战会、协同会为基本形式进行集体筹划决策，可采取集中组织或网络视频等多种方式进行。地面防空作战筹划会议决策机制一般时序及会议主要议题见图 2.14。

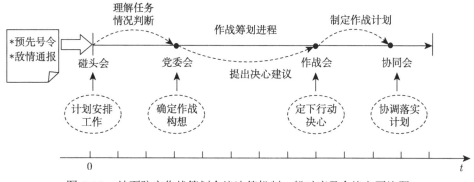

图 2.14 地面防空作战筹划会议决策机制一般时序及会议主要议题

碰头会，是在接到上级预先号令或敌情通报后，由指挥员和机关主要部门领导参加的会议，主要是传达预先号令和敌情通报，计划安排下一步工作，并下达预先号令。

党委会，是党委战时统一领导、集体讨论决定的一种基本形式，通常在领会意图、理解任务，研究确定作战指导、力量使用原则以及筹划作战阶段转换等作战构想时召开。

作战会，是由指挥员主持召开的研究确定作战决心和作战行动等重要内容的会议，是落实战时党委会议决议，按照党委首长分工负责制谋划和确定作战行动，通过首长决断的方式定下作战决心，体现的是首长指挥作战。通常在定下作战决心或战中指挥处置重大情况时召开，参加人员主要包括部门以上领导、所属部队指挥员等。

协同会，是由参谋长主持召开的研究确定各作战力量协同作战行动的会议。主要内容包括确定协同关系、协同内容、协同方式方法，明确协同纪律和要求、协同保障及协同失调时的恢复措施等，通常在拟制作战计划后，组织作战协同时召开。

各种会议召开时机、次数可根据需要确定，情况复杂且时间充裕时，围绕某个重大问题可多次召开党委会、作战会，情况紧急时作战会、协同会也可合并召开。战时党委会、作战会分别是党委领导作战和指挥员指挥作战的基本实现途径、主要实现方式，是党委统一的集体领导下首长分工负责制在作战中的实际运用，不应当将党委会与作战会合二为一、以作战会取代党委会或以党委会代替作战会，切忌将党委会开成了情况收集会、任务布置会或协调会等行政会。两者的主要区别见表 2.1。

表 2.1　党委会与作战会的主要区别

序号	不同点	党委会	作战会
1	会议性质不同	战时党委会是党委战时统一领导、集体讨论决定的一种基本形式，属于党的会议性质	作战会是战时首长分工负责、行政议事定事的一种基本形式，属于行政会议性质
2	功能作用不同	战时党委会体现的是党委对作战的领导	作战会是落实战时党委会议决议，按照党委首长分工负责制谋划和确定作战行动，通过首长决断的方式定下作战决心，体现的是首长指挥作战
3	召集主持不同	战时党委会召集并主持人是党委书记，是第一召集人、主持人	作战会召集并主持人通常是军事主官
4	参会对象不同	战时党委会由所属委员参加，确需有关人员列席会议，全体列席人员由常委会确定，常委会会议或者党委会列席人员由书记、副书记确定	作战会，原则上是按作战编组各相关要素人员参加，具体参会对象视情况需要由召集人确定
5	方法程序不同	一般按照会前酝酿准备、组织民主讨论、形成党委决议的程序召开，会议决议应报上级党委批准	按照提出决心建议、组织集体讨论、定下作战决心的程序组织。当首长对作战行动把握较大且时间紧迫时，也可在征询有关人员意见后，迅速定下作战决心
6	召开时机不同	党委会议是作战会议的前提和基础。如果时间不允许，可采取依据预案、分头协商、书记合议、临机处置四种方式进行重大问题决策	作战会议是在党委会议作出决策之后召开。作战会议也可不开，由军事首长直接下决心
7	决定事项不同	研究决定作战方向性、全局性重大问题，会议决议是作战行动应遵循的总原则和纲领	作战会议定下的作战决心是指挥员对作战目的和基本行动所作的决定，为贯彻党委决议提供实现途径
8	决策方式不同	党委会是党的会议，按照少数服从多数的原则，进行民主表决形成会议决策	作战会是军事行政会，在充分分析讨论，认真听取意见建议的基础上，本着下级服从上级原则，由指挥员决断

2.5.2　滚动更新机制

滚动更新机制，是按照战场形势的变化及时修订更新计划内容以替代原有计划的作业机制。作战计划不是一蹴而就的，为适应战场情况变化和主动塑造有利战场态势，在科学预见事态发展的基础上，突出制定作战计划的动态性，将战场态势的变化及时融入作战计划修订之中。平时应根据形势任务和演习演练检验情况，对防空作战方案计划定期组织修订，发生特殊变化时应及时组织修改完善。临战、战中应根据指挥员作战决心和战场形势变化，区分当前计划和后续计划，轮番拟制、滚动制定。

在滚动更新过程中，应注重科学作业编组，明确计划更新作业标准，以作战计划要素为枢纽，把指挥员需求、意图和决心转化为各类作业清单，按标准化模板和规范化流程具体细化、完善补充,并反馈至计划作业更新中心进行综合处理,以形成作战筹划联动作业闭环。充分发挥好作战数据在滚动制定作战计划中的基础性地位,将信息系统互联互通互操作功能与作战数据进行直接关联,使作战数据按照既设的计划类别直接融入各分支计划中,实现依据作战数据对作战计划的自动更新修订、自动推送态势图和自动呈现决策关键信息表等。着眼当前战场态势和作战行动效果,持续跟踪掌握敌情变化,依据最新敌情动向,抓住关键作战行动,精细制定当前计划,概略制定后续计划,以保持计划的连续性为前提,实现对作战计划的持续更新和迭代嵌入。

在作战计划滚动更新机制中,要注重运用指挥信息系统、作战筹划系统或任务规划系统等科学高效的作业手段,提高作战计划更新效率和作业质量:①注重由单一传统作业方式向"人–机"交互式联合作业方式转变。指挥信息系统是指挥活动的重要工具和有效载体,利用好指挥信息系统能够极大提高作战计划更新效率。要注重"人"在指挥思维活动的主线地位,发挥指挥员的创造思维能力,更要注重"机"的数据支撑和逻辑支持,采取"人机结合、以人为主,数据支持、综合权衡"方式缩短计划更新周期。②注重由单线流水式作业方式向平行交互式作业方式转变。信息时代先进的信息网络技术、大数据、云技术、智能技术为探索多线平行、交互式更新作业提供了有力技术支持。平行交互式作业,要求所有指挥要素基于"一张态势图"共享共知理解作战任务和提出情况判断结论,异地分布交互形成构想和定下作战决心,同步并行拟制作战方案和推演作战计划,可简化筹划流程,缩短决策时间。③注重由定性概略化传统作业向定量精确化作业转变。将以语音、文本、图像和视频等形式表达的上级意图、战场态势、作战部署等要素,转化为适用于指挥信息系统识别并处理的格式化数据,按照指挥信息系统的数据录入格式进行数据析取,提取能够转换为数据的信息元素,按照"填空"方式将语言化信息转化为具有规范化格式与精确化表述的数据,以有效支撑基于指挥信息系统的定量计算,提高计划更新作业的精确性。

2.5.3 推演评估机制

推演评估是对作战方案计划的"预实践",是预测作战结果、验证方案可行性、发现并规避风险的重要技术手段。推演评估机制是组织推演准备、推演实施、分析评估和修订方案等各项推演活动的流程和方式。推演评估可支撑作战构想验证、作战预案优选、计划行动冲突检测与消解,助力指挥员科学决策,实现首长决心,是组织作战筹划不可或缺的重要环节。

实施推演评估,应依托专业评估力量,综合运用评估工具和手段,按照"提出评估需求—组织方案推演—分析评估数据—形成评估结论"的步骤,形成简洁、清晰、客观的方案评估与改进意见,在此基础上对方案计划进行修订完善。时间充裕时，可多次组织，反复论证，不断优化方案计划。情况紧急时，可就重点行动和关键环节进行推演评估。为确保作战方案的科学性、可靠性和可行性，在推演评估过程中要避免重结果轻过程、重评估轻优化、重数据轻分析等现象，坚持指挥员主导评估工作，科学运用推演评估方法，突出推演评估过程的动态反馈和注重推演评估数据的深度挖掘。

坚持指挥员主导评估工作。组织作战方案推演评估，其实质是为了检验指挥员作战构想，优选优化作战方案，更好地实现指挥员作战决心。很多指挥员寄希望于计算机智能自主推演评估，以实现作战方案自动修改、完善和优化，完全忽视自身的作用。其实，指挥员作为作战方案的主导者，最清楚作战方案的关键点、风险点和重心点。构建评估指标、明确评估重点、选择评估方法等准备阶段，指挥员应当积极参与并提出明确的指导意见，确保推演评估紧紧围绕指挥员需求展开，避免出现"评估分析的指挥员不关心，指挥员关心的没有评估"的情况。在依案摆布态势、分案组织推演、逐案修改完善等实施环节，指挥员同样需要主动并尽可能地全程参与，持续掌控推演进程，适时进行必要干预，及时调整评估方式，实现推演评估全程目标明确、时间可控、方法灵活、重点突出。

科学运用推演评估方法。推演评估方法是推演评估主体进行推演评估所采用的具体手段。通常包括简单定性推演评估、兵棋推演评估、计算机仿真推演评估和实兵推演评估等。每一种推演评估方法都有其自身的适用条件和优缺点。指挥员和参谋团队应熟知各种推演评估方法的特点和使用场景，根据作战筹划时节、指挥员需求、特定作战领域和评估目的等综合选择适当的评估方法或评估方法组，以集众之长，提高作战方案推演评估效能。

突出推演评估过程的动态反馈。推演评估是对作战方案在模拟实战场景下的一次预先执行，其最大的优势在于过程分析，通过对抗推演 → 信息反馈 → 综合评估 → 调整方案 → 重新推演的闭环，以动态、对抗的角度研究战争本身，更符合战争的规律与本质。无论是对作战方案进行全要素全流程不间断推演评估还是关键行动、要素行动等局部推演评估，都可通过持续关注作战对手指挥思维决策点和意外情况突发点，充分预想可能行动，展开对抗推演，获取推演数据，综合分析、评估和研判可能产生的影响与结果。在整个过程中获取持续不断的可靠反馈，进而洞察和发现意料之外的问题与风险，促使反复审视、调整和检验作战构想，推动作战方案修改、完善和优化。因此，推演评估过程的动态反馈往往比那些貌似能得到的精确评估结果更为重要，更符合充满不确定性的战争本身。

注重推演评估数据的深度挖掘。推演评估数据是推演评估过程的产物，大量数据蕴藏着决定胜负的关键因素和内在关联。未来作战，数据是基础，算法是关键。数据挖掘可对数量庞大、随机和不完整的数据进行深度解析，找出看似不相关或弱相关的实体间联系与制约，发现其内在规律，破解数据背后的"制胜密码"，全面、准确、客观地反映和发现作战方案在行动推演中存在的主要问题，便于关联解析问题原因及查找解决问题的办法与对策，实现依靠数据洞察"战场迷雾"，助推推演评估作战方案更加科学、可靠和可信。

2.6 提高地面防空作战筹划效能的途径

地面防空作战筹划本质上是把防空指挥员意图变成决心、决心变成计划、计划变成行动的系统组织谋划过程，能否科学高效组织作战筹划，夺取作战筹划优势，直接影响着作战进程和结局。为提高作战筹划效能，应当充分发挥指挥员主导和指挥机关的一体联动作用，采取意图统领、需求驱动、问题牵引、决断推动、工具规范等方式方法，实现作战筹划方向正确、重点突出、整体运筹、有序运转和高效实施。

1. 用作战意图统领确保上下同欲

《孙子·谋攻篇》曰："上下同欲者胜。"所谓同欲，就是坚定同一信念，瞄准同一目标、朝着同一方向凝心聚力。筹划作战行动的根本目的是达成指挥员作战意图，应善于用作战意图统领整个作战筹划活动。用作战意图统领，是指要给指挥机关明确作战目的、主要任务、作战指导等，使整个指挥机关吃透"意图"，知道本次作战要干什么、干到什么程度。只有这样，指挥机关各个要素开展情报信息活动、作战部署、组织计划等筹划活动才有依据和遵循，整个筹划活动乃至作战行动才可实现"上下同欲"、整体联动。

用作战意图统领作战筹划，具体来说要给指挥机关明确以下内容[25]：①作战背景性质。重在明确为什么打这一仗、在什么背景下打这一仗，完成此次作战任务在作战全局中占据什么地位作用、对战争全局会产生什么影响，用哪些部队、打什么性质与类型的仗。②作战目的任务。重在明确期望达到什么效果、不期望出现什么情况，是歼灭还是慑止，歼灭空中之敌的数量要求等。③作战方针指导。重在明确作战方针、指导思想和作战原则、谋略运用和战法设计、主要采取哪些作战样式等内容。④作战红线底线。重在明确打多大规模、打到什么程度和不能突破的时间、空间和强度范围，明确不能介入的区域、不能打击的敏感目标等。

2. 用关键需求驱动确保信息优势

关键信息需求是作战筹划活动的重要驱动。信息时代，海量信息处理和运用矛盾日益突出，极大增加了指挥机关掌握与运用信息的难度，作战筹划中，更需强调分阶段提出关键信息需求，明确优先敌情、重要我情和特定战场环境信息掌握要项，引导与驱动指挥机关有针对性地搜集情况、整编信息、分析研判，使整个指挥机关的注意力始终放在高价值信息获取处理与运用上，使情报信息保障等筹划活动针对性更强、效益更高。

作战筹划过程中关键情报信息需求主要包括[25]：优先敌情需求，重点是敌作战企图、空袭征候、空袭体系强弱点、进袭方向，以及对我最具威胁的精锐力量、先进武器和部署动态等；重要我情需求，重点是己方各防空兵力部署状态、主战力量能力水平和士气状态、重要保卫目标及防护情况、作战空域控制状态、综合保障能力情况等；特定环境信息需求，重点是影响部队机动投送的交通条件、影响主战防空装备使用的自然环境和战场电磁条件、影响战场信息网构建的通信设施条件及社会舆情动态等。

3. 用矛盾问题牵引确保聚焦重点

作战筹划中坚持"问题导向"，可使整个作战筹划活动聚焦问题、聚焦矛盾，作战筹划的针对性和有效性更强。作战筹划中应科学预测评估作战全程战局发展，设想并提出遂行作战任务过程中可能遇到的重大情况和矛盾困难，倒逼和牵引整个指挥机关聚焦重点、审慎思考、深谋对策、回应关切、周密计划，提高战法设计的针对性、方案筹划的周密性以及计划组织的完备性，从而能从容有效应对作战中各种情况，防止出现战场"拐点"[25]。

用矛盾问题牵引作战筹划，主要是着眼作战布局、开局、控局、收局全过程中可能出现的重大情况进行问题构设，通常包括[25]以下几点。①预想作战行动升级问题。引导指挥机关分析研究作战行动升级的方式和强度，以及对我作战体系和防空作战行动的影响和应对策略。②预想行动失调失利问题。引导指挥机关分析研究可能导致主要作战行动失调失利原因和影响，以及恢复协调、控制态势、扭转战局的条件因素和应对策略。③预想敌作战方式突变问题。引导指挥机关分析敌可能的新部署、新战法、新手段及威胁程度，以及对战局发展的影响和应对策略。④预想战场环境骤变问题。引导指挥机关分析研究自然环境和社会环境的可能重大变化，以及对预警、指挥、通信、机动、打击和其他行动的制约和应对策略。

4. 用果断决策推动确保快速反应

指挥员是防空作战指挥决策的第一责任人，在指挥活动中起着主心骨作用。关键时刻指挥员主意不定、决心难下，作战筹划就会断线失序。因此，指挥员应在集思广益基础上，坚决果断定下决心和处置情况，切忌优柔寡断、迟疑不决，尤其是当情况错综复杂、意见分歧较大、时间比较紧迫时，指挥员应本着高度负责的精神，及时果断定下决心，指挥机关的作战筹划活动才能有序运行、作战行动才能有效推进。

指挥员果断决策，体现为战前定下决心、方案计划制定中的果断拍板定案，以及战中临机决断等。主要包括[25]以下几点。①在方案计划制定时拍板决断。作战筹划中,对指挥机关提供的多套作战方案,指挥员应根据敌情、我情及作战意图,分析利弊、综合权衡,有时甚至需力排众议,果断拍板,优选作战方案、及时定下决心,以便指挥机关展开后续筹划工作;对指挥机关制定的各类作战计划,指挥员应亲自审查、审核和审定,确保符合作战意图,用计划的最终审定权敦促指挥机关周密制定各类作战计划。②在复杂多变战局中当机立断。当战场发展有利时,指挥员应毫不犹豫地指导指挥机关贯彻既定决心,果断指挥部队乘胜追击,扩大战果;当战场出现"危局""困局"时,指挥员应敢于担当、勇于担起决策责任,果断定下新的决心,主导与指导指挥机关调整或重新拟制作战方案,快速组织部队行动,力挽狂澜、改变战局;当需中止作战行动时,指挥员应坚决服从命令、快速定下决心、果断终止作战行动,及时指导指挥机关制定"收局"计划,有效管控部队、控制战场、巩固已有战果。

5. 用科学工具支撑确保高效运转

作战筹划中,运用思维导图、统筹图、任务清单等现代思维管理的科学方法与先进工具,推动作战筹划各项工作落实,可使筹划工作思路清晰、目标明确、职责分明,也便于把握工作节奏与进程、把控筹划质量与效益。作战筹划中应灵活运用意图简述、思维导图、统筹图、任务清单、作业指导等工具,清晰明了地传达作战意图和指令、明确作战筹划具体安排,使筹划工作有序快捷、衔接紧凑、高效推进。

作战筹划中,用科学的工具方法指导规范指挥机关展开工作,主要包括[25]以下几点。①用简述法表达作战意图。应将指挥员对作战的总体考虑,尤其是对作战目的、作战任务理解、作战指导等内容,采用简洁的意图表达方式,下发传达指挥机构各要素,便于指挥机构在作战筹划全过程参照遵循。②用思维导图指导筹划思维。指挥员和参谋团队应善用思维导图的形式方法,科学把握千丝万缕的作战要素,分析错综复杂的情报信息,准确把握和预测战场态势,综合谋划力量运用、战法设计及保障行动。③用统筹图明确筹划流程。应对作战筹划进行科学统筹,形成筹划工作的统筹图,使整个指挥机关明确作战筹划的工作重点、流程、路径与时间节点。④用任务清单明确职责区分。作战筹划时,应科学梳理作战筹划各项工作,分解任务、细化指标,形成任务清单,使指挥机关各司其职、各负其责,有条不紊、紧密契合地完成筹划工作。⑤用作业指导规范筹划方法。应根据平时演训活动积累的成功经验和指挥员自身丰富的指挥经验,形成情报信息活动、计划组织活动等工作的作业指导法,以规范与指导指挥机关科学高效地进行作战筹划,以提高作战筹划效率。

第 3 章 基于清单的地面防空作战任务理解

作战任务是作战筹划的基本依据,作战筹划活动始终聚焦作战任务而展开。基于清单的地面防空作战任务理解,是指领会和理解所受领的防空作战任务并将其分解为具体化、规范化、标准化任务理解清单的过程。基于清单的任务理解对于全面、准确、高效地理解上级作战意图和把握本级行动边界具有重要作用。

3.1 任务理解与任务理解清单

任务理解作为作战筹划活动的首要环节,为作战筹划活动提供基本遵循。将地面防空作战任务充分理解并具体分解为任务理解清单,促使作战兵力和资源更好地向任务清单聚焦,从而为任务理解提供科学、规范的程序与方法。任务理解通常是在接到上级预先号令或作战命令后采取碰头会、党委会等多种形式组织。

3.1.1 任务理解

理解任务是领会和理解所受领任务的活动,包括上级作战意图,本级作战任务及可能得到的加强,本级在完成上级作战任务中的地位作用,指挥、协同和保障关系,作战行动与政治、外交的关系,友邻任务及其与本部队行动的关系,完成作战准备的时限和要求等[1]。从受领任务伊始就要理解作战任务,明晰作战任务中的隐含任务,并在此基础上梳理出作战任务重心,准确把握上级作战意图、作战目标、指示要求、作战资源以及作战限制等关键筹划信息,为更好地设计防空作战构想、方案计划奠定基础。美军联合出版物《联合作战计划制定流程》和《联合筹划纲要》指出,任务理解主要包括上级指挥机构的作战计划指示、全局性作战指示、上级作战决心意图和指示要求、对作战环境的描述、对面临作战问题的说明、基本作战样式、初始企图以及联合作战环境情报信息。美军联合作战计划中任务理解的输出包括任务重述、初始意图申明、指挥员决策关键信息需求 (CCIR) 及作战初始计划指南 (IPG)。

准确、全面地分析理解任务是有效完成上级赋予的防空作战任务的前提。理解任务的内容包括上级作战意图,本部队作战任务及其在实现上级意图中的地位作用,友邻兵力、任务及其关系,以及完成任务的时限要求等。

准确把握上级作战意图。作战意图是所有参战的主战力量均完成作战任务后所要达成的目的,作战意图的实现依赖于各作战力量任务的完成,但又不同于作战任务。在上级下达作战命令时应尽可能清晰地给出作战意图，以便各作战力量在行动设计时聚焦上级作战意图。若上级在下达作战任务时没有明确交代作战意图，应当与上级及时进行沟通了解或根据上级下达的预先号令、作战决心等进行综合分析[26]。

明晰本部队作战任务及其地位作用。作战任务是在什么时段和地域、用什么兵力干什么、干到什么程度。在上级下达的作战命令中，通常明确大部分要素，但个别要素往往没有交代，如具体使用什么型号装备执行任务，需要本级指挥根据已明确的作战任务和所属装备自主确定。同时，各参战兵力作战任务不同，在实现上级作战意图中的地位和作用也不同，甚至差别很大。为此，需要进一步明晰本级在实现上级作战意图中是主要任务还是次要任务，是主战力量还是协同力量，是主要方向还是次要方向，如果未能完成作战任务会对实现上级作战意图的直接或间接影响程度等。

厘清友邻兵力、任务及其关系。友邻兵力由于在作战空间上相邻，客观上对本级作战行动构成一定的相互影响，上级在下达作战命令时多数情况不明确具体的友邻兵力，需要本级指挥员独自判断友邻兵力，并了解友邻兵力的任务、相互间协同关系、作战分界线以及电磁频谱协调使用与分配等事项。

核准完成任务的时限要求。时间是作战行动不可或缺的要素，上级下达的预先号令、作战命令中通常都规定了有关的时限要求。理解完成任务的时限，是依据规定的时限分析判断本级是否来得及完成战斗准备，是否能够在上级规定的时间完成作战任务，并以任务完成时限为"后墙"筹划各关键作战行动的时间节点。

3.1.2　任务理解清单

防空作战力量多元、作战任务多样、作战地域广阔，攻防转换迅速，仅靠指挥员个人的思维认知体系和分析计算能力，要完整、准确地理解诸军兵种防空作战任务较为困难，还会造成在把握上级意图、形成作战构想、定下作战决心等环节出现决策偏差。美军在 20 世纪 90 年代海湾战争开始就推行联合作战任务清单，通过简洁、规范的任务清单，各级能够清晰了解本级在联合作战任务中的职责分工、预期效果和限制条件，有效避免指挥员由于认识理解偏差而影响联合作战行动的整体进程和全局效果。通过规范化的任务清单序列，可有效辅佐指挥员对防空作战重点信息、关键环节、影响要素和应对策略等的全面掌握，同时，上级与下级、指挥员与指挥群体能够对照清单信息共同、准确地掌握任务、流程、资源、限制和要求等，形成对作战任务的规范化共同认知，以最大限度地减少指挥失误。

任务理解是防空作战筹划的逻辑起点，理解分析结果将直接影响后续筹划工作。地面防空任务理解清单，主要是围绕上级赋予的防空作战任务以及本级任务在作战全局中的地位和作用，进一步明确上级的作战意图、作战指标、作战限制、作战要求和终止标准,在此基础上确定本级的主要作战方向、主要抗击目标、保卫目标区域、兵力投入需求、作战保障资源、指挥员决策所需的决策关键信息以及实现作战目的的方法、途径和存在的可能作战风险,通过不断深化对上级防空作战决心意图的理解,确保防空作战筹划活动能够紧密围绕上级作战意图展开。通过防空作战任务理解分析,主要形成作战任务清单、兵力需求清单、抗击目标清单、保卫目标清单、战场态势清单、保障资源清单、作战限制清单和关键信息需求清单等,为指挥员及其指挥机关形成科学合理的防空作战构想和制定作战预案计划提供依据。地面防空任务理解清单生成过程如图 3.1 所示。

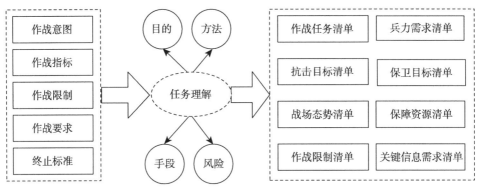

图 3.1　地面防空任务理解清单生成过程

作战指标是作战任务理解中一个非常重要的指标,用于表述对完成作战任务的定量化要求和预期达到的作战效果,对地面防空作战筹划起到牵引作用,通常采用抗击率和安全率("两率")指标[27]。其中,对空中目标"抗击率"是指毁伤空中目标数量与来袭目标总数之比;"安全率"也称"生存率",表征在规定任务区域内保卫目标和地面防空兵力兵器自身免受空中毁伤的能力,具体又可分为保卫目标安全率和阵地生存率。要准确理解和把握抗击率、保卫目标安全率和阵地生存率之间的关系。依据防空作战目的,保卫目标安全率是核心指标,是评判地面防空作战成败的唯一标准;抗击率是达成保卫目标安全的实现途径指标,通常歼灭空中之敌数量越多则保卫目标安全率越高,甚至可以迟滞和遏制敌空袭行动。但地面防空作战实践表明,有时抗击率很高,但保卫目标仍然被敌摧毁,敌空袭的目的已达成,无疑这次防空作战是失败的;反之,有时抗击率并不高而保卫目标是安全的,这次防空作战却是成功的。阵地生存率是达成防空作战目的的保障指标,只有保存自己才能消灭敌人是战争的基本原则,自身生存率不高,就无法确保对空中目标的抗击率和保卫目标安全率。为此,在作战筹划过程中要紧紧围绕"两率"指标,精心筛选保卫目标,科学预判主要方向,合理配置兵力兵器,正确运用战术战法,加强阵地伪装防护和战场快速机动能力。

3.2 任务理解的要求和基本方法

任务理解的要旨是搞清上级下达的任务目的、行动方法、实现可能和可能面临的作战风险,并在作战筹划过程中帮助指挥员和参谋团队建立起对作战任务的共同认识与理解[7]。如果没有对上级意图的准确理解和对本级作战任务、作战目的的准确把握,再优秀的指挥员也很难做出与战场客观实际相吻合的正确决断。

3.2.1 任务理解要求

地面防空作战任务理解,是在防空作战行动的目的、方法与手段之间构建概念化的逻辑联系,以协助指挥员及其指挥机关从任务时间顺序、任务空间顺序或任务逻辑顺序等不同维度设计作战力量的运用策略,为分析判断情况、形成作战构想、优选作战预案和拟制作战计划提供明晰、准确的方向引导。

共同理解。指挥员和参谋团队应共同分析理解上级下达的作战任务,通过碰头会、党委会、作战会等多种会商研讨形式对上级作战意图、本级作战任务、本级作战任务在上级总体任务中的地位作用等达成上下一致的共同理解和认知,形成指挥群体对作战筹划目标的清晰指向。通常上级赋予的作战任务包含具体任务、隐含任务和潜在的可能任务,形成任务理解清单需要立足防空作战任务实际,围绕防空作战目的,对作战任务深入分析拆解,生成的各类任务清单应系统、全面地反映上级作战意图和防空作战任务期望达到的作战效果。

把握关键。战争时间要素加速升值,空防对抗态势瞬息万变,地面防空筹划时间紧迫,作为牵引筹划的任务理解更应关注重点和注重效益,特别要查找完成作战任务的矛盾点,以矛盾问题为导向,倒逼和牵引任务理解的聚焦点,充分调动和发挥指挥群体的积极性和创造性,在破解矛盾问题的方式方法上推陈出新,并将防空作战任务理解分析转化为简短精练、清晰明了的各类理解清单,准确描述任务、目标、效果、要害、关节、影响等重点信息,突出清单的可测性、可量化性和可控性,为后续作战筹划活动提供着力点和决策导向。

科学分解。任务理解清单需要科学的分解与描述方法,应将总体任务划分为界限清晰、相互独立且易于执行的若干个子任务,且上一层次的子任务对下一层次的全部或某些子任务起着支配作用,最终梳理得到一种递阶的树状层次结构,从中分析主要子任务和次要子任务,从而为指挥员及其参谋团队进行作战设计提供清晰依据。

表达规范。层级分明、脉络清晰的作战任务理解清单,能够科学、规范、合理地将作战任务转化为易于理解、便于执行的行动目标和作战指引,通过图、文、表等多种表达样式相结合的任务理解清单,按照以图表为主、以文字描述为辅的表述方法,统筹兼顾指挥信息系统数据表达和传统决策思维的识别模式,生成指挥员及其参谋团队能够直观理解掌握以及指挥信息系统易于识别更新的规范化、标准化任务清单体系。

3.2.2 任务理解基本方法

1. 作战目标分析法

作战目标是上级作战意图在具体防空作战实践中结果性、方向性、期望性的预设，是作战目的、行动方法在作战态势发展进程的集合和作战目的的具体指标，以及将上级任务向行动目标、任务目标具体化的过程。目标分析法，是指将防空作战目的及其预期作战效果回归形成目标态势，按照"作战意图—作战目的—作战目标—目标态势"的思维逻辑展开，形成对防空作战任务目的解析与理解的方法。

作战目标分析法是在特定时空间条件下，通盘考虑敌空袭体系要害、敌我作战重心、有利战机等关键性因素，按照"任务—目标—能力—条件—弱点"的步骤进行系统分析，根据作战任务和目标对比空防对抗体系各方作战能力，找出敌我作战体系中的关键要害和强弱点，分析影响地面防空体系效能发挥的各项影响因素，围绕敌体系要害、弱点及我方作战能力实际，形成作战任务清单、抗击目标清单、保卫目标清单等任务理解清单，最后进行回归分析，以验证是否有利于实现作战意图、掌控战场主动权，避免因任务理解偏差而影响防空作战全局，为任务理解形成方向引导和思维拓展的作用。其基本原理如图3.2所示。

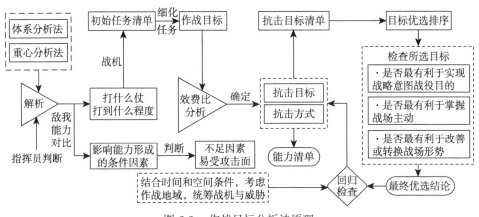

图 3.2 作战目标分析法原理

2. "五环打击理论"分析法

"五环打击理论"是美军选取空中打击目标的主要支撑理论。20世纪80年代中期，美空军司令部主管计划与作战的副参谋长助理沃登上校深刻总结美空军在越南战争所采用的延绵用兵、零敲碎打式的空中打击经验教训，提出"五环打击理论"，如图3.3所示。第一环是指挥控制环，第二环是生产设施环，第三环是基础设施环,第四环是民众环,第五环是野战部队环。沃登认为,在美军具有绝对空中优势的情况下,组织空中打击计划时一定要把敌人看作一个完整的作战系统,打击目标首先应选择敌人最脆弱的重心——统帅指挥机构和支撑战争的经济目标,才最有可能取得决定性效果并迅速结束战争[28]。

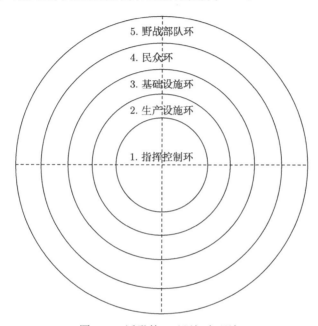

图 3.3　沃登的"五环打击理论"

第一层指挥控制环。这一环内的目标是敌方领导人及其与外界联系的指挥控制通信系统。抓住或者消灭敌方领导人可使敌丧失斗志,摧毁或者破坏敌方指挥控制通信系统可使敌丧失战斗力。如果不可能做到这两点,则可通过摧毁外围环节来迫使敌方领导人屈服。

第二层生产设施环。生产设施是国家正常运转所必需的,对工业化国家来说,对电力和石油产品的依赖性越来越强。如果一个国家的上述基本生产设施被摧毁,民众的生活不仅会变得十分困难,而且现代化武器装备也将失去作用[28]。

第三层基础设施环。主要包括敌国的运输系统,如铁路、公路、桥梁、机场、港口等。敌方如果无法进行有效运输,则国家运转速度会马上降低,防御能力也将明显削弱。

第四层民众环。通过对民众造成伤亡,可造成敌人斗志崩溃,进而赢得战争胜利。但由于攻击民众常常会遭到国际舆论的强烈谴责,为此应尽可能避免此类作战行动。

第五层野战部队环。尽管军队是实现战争目的的主要工具,其使命是保卫己方或者威胁敌方的各个环，通过重创敌人的野战部队，才能使内环也就是指挥控制环失去坚硬的"外壳保护"[28]。

基于美空军"五环打击理论"思想，在作战任务理解时，应站在敌方逻辑思维视角，科学筛选保卫目标。"五环打击理论"与传统打击理论最明显的不同是，不再把军队视作最重要的打击对象，而是将其置于最外环。在海湾战争中"五环打击理论"得到初步验证，以美国为首的多国部队空中力量集中兵力突击伊拉克战略目标，在两个星期内夺取并保持绝对制空权，并经过43天连续不断的空袭，从战略上彻底瘫痪伊拉克。随后的"沙漠之狐"行动、科索沃战争和"持久自由"行动中，美军选取打击目标时，均遵从"五环打击"的目标选取理论，该理论目前已成为美空军制定战役计划的主导理论。为此，在进行任务理解和生成任务清单时，应综合分析美军空袭战役思想，并结合战役进程，科学、合理地确定保卫目标。

3. 作战任务分解法

作战任务分解法，是指在受领作战任务后，根据对敌情、我情、战场环境等情况的综合判断，将作战任务细化分解为若干子任务，以便科学组织兵力编组、合理区分任务并降低指挥决策复杂度的分析过程。通过对作战任务的若干次分解，可得到任务层次网络，其顶层为需要最终完成的作战任务，底层为可被直接执行的元任务层，中间层为子任务。任务分解法构成的任务树如图3.4所示。作战任务分解法目前主要有时序逻辑公式、流程网和扩展层级任务网络（hierarchical task network，HTN）三大类，其中，时序逻辑公式侧重于描述任务之间的逻辑关系，流程网侧重于描述任务流程，HTN通过在任务分解过程中引入领域知识，可模拟领域专家的思维方式，并能利用任务树较好地描述任务关系。

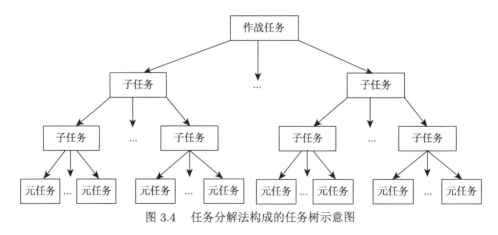

图3.4 任务分解法构成的任务树示意图

作战任务分解应把握的基本规则：①粒度规则。作战任务分解得到子任务，当子任务的执行需求与作战单元的能力向量匹配时即作为元任务而不再继续分解。

②百分百规则。父层子任务内容必须是下一层子任务或元任务之和,且分解得到的子任务要百分之百代表父层子任务。③同层同标准规则。在任务分解过程中,同一层次子任务必须按照行动空间、行动顺序、抗击目标或保卫目标等同一种分解标准分解获得[29]。

3.3 任务理解的流程及其清单化描述

任务理解是有效完成地面防空作战任务的前提和基础,规范化的任务理解流程有助于提高任务理解效率和准确性。将复杂的防空作战任务通过标准化任务清单形式化繁为简、化整为零,有利于指挥员和参谋团队形成对防空作战任务的共同理解和认知。

3.3.1 任务理解基本流程

任务理解流程应当是对防空作战行动必须完成的任务以及完成任务的目的、效果、标准、条件、指标和限制因素等问题形成清晰、系统认知并最终生成任务理解清单的过程。主要包括对作战目的、作战任务、抗击重点、任务条件和关键信息需求的系统分析。其基本流程如图 3.5 所示[30]。

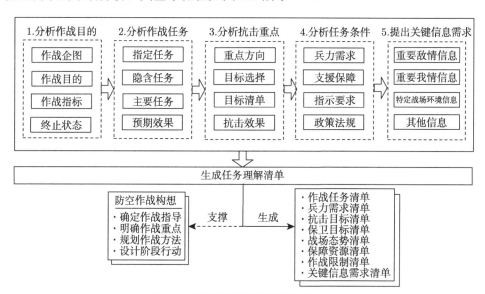

图 3.5 地面防空任务理解基本流程

任务理解的基本流程描述如下。

步骤 1:分析作战目的。作战目的是整个作战行动所要达到的预期结果,是上级赋予的作战任务和对完成任务所达成效果的集中反映。通过会商研讨等形式组织作战目的的分析，在理解上级作战意图的基础上，通过与上级反复沟通、协调，并具体结合本级的作战能力实际，提出作战企图、作战目的、主要作战指标和终止状态等指导信息。

步骤2：分析作战任务。分析作战任务是依据上级防空作战命令或预先号令，在情况判断结论的基础上，结合自身实际，分析推导梳理出本级在防空作战中所要完成的全部任务。作战任务包括指定任务和隐含任务，首先需要将指定任务分解成若干具体明确、相互关联的子任务，并确定其中的主要任务；隐含任务是指上级未明确赋予，但为完成指定任务必须完成的相关任务。主要任务是指在指定任务和隐含任务中直接影响作战目的实现必须执行的任务，通常在指定任务、隐含任务综合分析的基础上确定主要任务。确定主要任务是一个去粗取精、由此及彼、由表及里的过程，重点要把直接影响作战任务实现必须完成的关键性全局性任务进行梳理，在此基础上分析预期作战效果，并形成相关任务理解清单。

步骤3：分析抗击重点。分析抗击重点，是根据作战目的和作战任务，分析完成任务可能需要抗击的重点方向和重点抗击目标，形成初选拦截目标清单，为确定和分配打击目标提供依据。分析选择防空作战目标通常与任务分析以及友邻部队协同防空作战同步开展，贯穿作战筹划全过程，并随着空防作战态势的发展演进对力量运用及行动设计不断调整及时修正。主要包括抗击重点方向、目标选择、目标清单和抗击效果等内容。

步骤4：分析任务条件。为确保防空作战任务顺利实现，应当综合分析完成作战任务所需的兵力以及完成任务的约束限制条件。分析兵力需求，主要是分析测算完成防空作战任务所需的兵力规模、结构以及相应的支援保障资源，结合所属的兵力配属实际，测算作战、保障力量资源缺口，并提出兵力需求、保障需求等需求信息。分析限制条件，主要是依据上级作战指示、要求以及作战法规、政策规定等，明确完成防空作战任务的行动方式、时空界限、交战规则、协同要求等方面必须遵守的作战限制与约束。

步骤5：提出关键信息需求。围绕指挥员作战筹划需关切和掌握的情报信息，提出重要敌情、重要我情和特定战场环境等决策关键信息需求，为指挥员准确掌握情况、正确定下决心提供基本信息依据。指挥员决策关键信息需求通常包括：①重要敌情，重点是围绕敌作战企图、行动征候、作战体系关键节点以及对我最具威胁的精锐力量、先进武器和行动部署等，分析得出敌空袭强点和弱点；②重要我情，重点是围绕我防空作战能力状态、作战保障能力、重要保卫目标区域情况、协同力量能力状态等，分析得出我强弱点；③特定战场环境信息，重点是围绕影响诸军兵种防空作战力量机动、部署、运用的自然环境以及影响防空作战行动的社会环境，分析得出战场环境对空防双方行动的有利和不利影响。指挥员决策关键信息需求如图3.6所示。

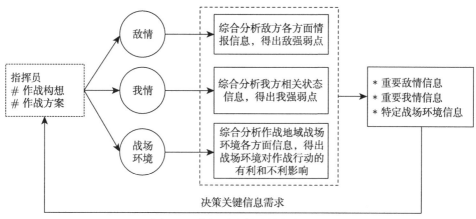

图 3.6 指挥员决策关键信息需求

3.3.2 任务理解清单化描述

任务清单因具有高效、简洁、明晰等特征,通过对各类任务理解清单定性分析和定量计算,可将作战任务、预期效果、作战限制等防空作战核心要素准确、规范、高效地传达和理解。美军《2020 联合作战构想》《陆军防空炮兵参考手册》《联合空中作战筹划手册》《美军联合作战计划流程》和《美国空军战役手册》等作战条令中都明确将标准化作战任务清单作为联合作战的核心因素之一。地面防空任务理解清单如图 3.7 所示。

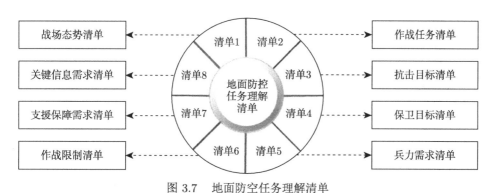

图 3.7 地面防空任务理解清单

1. 战场态势清单

战场态势清单,主要是根据情况判断结论,从当前初始态势开始,按照预测的空防对抗进程和敌我双方作战势能比的估算情况,对敌情、我情、对抗关系、战场环境、力量配置、作战势能比、时间进程等方面进行描述,通常配合战场态势图辅助说明,具体形式如表 3.1 所示。其中,态势类型、时间进程是地面防空作战指挥员重点关注的初始态势、关键性时节态势 (又称枢纽态势)、预期目标态势以及态势转换时间的预测，是指挥员进行作战构想和行动设计时的决策关键信息，通常可通过战场态势标绘系统快速生成。

表 3.1　战场态势清单

态势序号	态势类型	时间进程	敌情信息		我情信息		对抗关系	战场环境	作战势能比	备注
			力量状况	配置情况	力量状况	配置情况				

2. 作战任务清单

作战任务清单，主要是根据防空作战任务理解结论，梳理上级明确的作战任务条目、隐含的任务条目，并按照作战目标、时空顺序等将任务条目具体分解为若干子任务，依据防空作战行动阶段，对子任务名称、子任务目标、子任务描述、子任务兵力、子任务战法、预期效果、时限要求、优先等级等进行格式化描述。具体形式如表 3.2 所示。

表 3.2　作战任务清单

作战阶段	子任务序号	子任务名称	子任务目标	子任务描述	子任务兵力	子任务战法	预期效果	时限要求	优先等级	备注

3. 抗击目标清单

抗击目标清单，主要是根据情况判断结论，按照敌空袭作战体系特性，对敌空袭兵器来袭方向、目标类别、目标属性、毁伤标准等因素综合考虑并给出优先打击等级排序，提出战法运用和具体执行单元建议，并将抗击目标清单下达至防空火力执行单元。具体形式如表 3.3 所示。

表 3.3　抗击目标清单

作战阶段	抗击波次	预期任务	来袭方向	目标类别	目标属性	优先等级	战法运用	毁伤标准	执行单元
备注	在理解任务、形成构想时通常完成"预期任务""来袭方向""目标类别""目标属性"和"优先等级"各栏内容填写，拟制方案、制定计划时补充完善"战法运用""毁伤标准"和"执行单元"内容。								

4. 保卫目标清单

保卫目标清单，主要是根据保卫目标情况分析报告以及预测敌可能的打击目标，从保卫目标位置、保卫目标类型、保卫目标等级等提出保卫目标重要度排序，拟分配防空兵力、防空要求和兵力使用建议等保卫目标清单化描述信息。具体形式如表 3.4 所示。

表 3.4 保卫目标清单

保卫目标信息					目标价值分析		防空兵力	防空要求	兵力使用建议
序列	编号	名称	位置	类型	等级	重要度排序			

5. 兵力需求清单

兵力需求清单，主要是根据情况判断结论和上级下达的作战指标，估算完成作战任务所需的兵力规模、结构和配置需求，分析兵力兵器缺口，提出兵力需求申请和使用建议。具体形式如表 3.5 所示。

表 3.5 兵力需求清单

需求兵力		人员实力	主要装备	能力等级	战备状态	训练水平	责任区域	现驻位置	拟配置位置	机动方式	到位时限	备注
军种	番号											

6. 作战限制清单

作战限制清单，主要是根据上级下达的指示要求、作战法规和政策规定等，结合情况分析判断结论对所属作战单元执行子任务时的作战责任区界线、空域划设、敌我识别协同、电磁频谱管控以及交战规则、行动时限等方面的具体限制规定。具体形式如表 3.6 所示。

表 3.6 作战限制清单

行动名称	子行动	作战责任区界线	空域划设规定	敌我识别协同规定	频谱管控协同规定	交战规则	行动时限

7. 支援保障需求清单

支援保障需求清单，主要是围绕为防空作战行动顺利开展所需的作战保障、政治工作保障、装备保障、后勤保障等方面的保障资源需求，通常将支援保障需求清单下达至相关业务主管部门。具体形式如表 3.7。

表 3.7　支援保障需求清单

序号	主管部门	资源类别	需求项目	保障能力	保障建议	时限要求	备注

8. 关键信息需求清单

关键信息需求清单，是指挥员在筹划决策时重点关注的重要情报信息，包括重要敌情信息，如敌战争最新征候、兵力调动、体系要害和强弱点等；重要我情信息，如主战装备性能、部队训练水平、体系支撑条件和强弱点等；特定战场环境信息，如骨干交通道路、战场地形遮蔽、主要作战通道和战场电磁环境等对作战行动的影响。指挥机关应围绕关键信息需求清单内容，持续搜集、整理和分析相关重要情报信息，并及时提供给指挥员作为决策依据。具体形式如表 3.8 所示。

表 3.8　关键信息需求清单

作战阶段	信息类别	信息需求内容	内容要点	时限要求	责任单位	优先等级	备注

3.4　基于 HTN 任务分解法的任务理解清单生成

任务理解清单是地面防空作战任务理解的规范化、标准化表述，从作战任务理解到任务理解清单生成，有许多可以借鉴的科学理论与方法。根据地面防空作战的特点，这里采用基于 HTN 分解法生成地面防空作战任务理解清单，可大幅提升作战任务理解的工作效率。

3.4.1　HTN 任务分解法概述

扩展层级任务网络(hierarchical task network，HTN)，是 20 世纪 70 年代出现并逐步发展起来的基于领域知识推理的智能规划技术，HTN 任务分解法借助强大的领域知识表达能力对复杂的决策问题进行有效知识管理和规划，其主要由任务、子任务、元任务、复杂任务、任务网络和任务分解模型构成，本质是将复杂的系统问题进行分层分解。其基本思想是从初始任务开始，利用任务分解模型进行递归分解，将复杂任务分解为简单的子任务，最终生成由元任务组成的有序任务网络，并以任务树的形式呈现任务间的关系[31-32]，如图 3.8 所示。

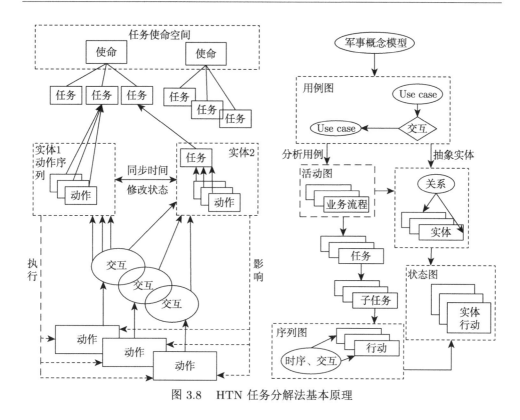

图 3.8 HTN 任务分解法基本原理

由于防空作战任务是由直接任务、隐含任务交织构成的复杂系统，HTN 任务分解法进行防空作战任务理解时，是以任务目标为导向，根据防空作战规律、作战目标、经验知识对任务目标进行分解和逐层细化，通过防空作战战场态势、作战规则、作战行动、指挥经验、作战限制关系等建模，并将其编译为决策辅助软件，可提高任务理解效率。同时，HTN 技术还可根据作战情况变化不断调整或作战经验积累而持续改进，具有较强的扩展性，容易被指挥员理解和接受。

3.4.2 任务理解清单生成

HTN 任务分解法对防空作战任务进行分解，主要通过三个途径：①任务层级式分解，即将上级作战任务细化为本级更具体的层级结构子任务，包括防空作战能力分解、作战目标分解和作战体系功能分解等；②任务模块式分解，即将有关联的任务优化聚合为同一任务模块，然后采用任务分解算法定量计算任务的分解过程；③任务匹配式分解，即根据防空作战经验和演习演练数据积累，采用一定分解策略将任务和经验库匹配，以实现作战任务分解。

HTN 任务分解法将复杂的防空作战任务合理分解成任务清单，根据 HTN 特性，将其基本构成元素描述如下。

(1)HTN 的六元组 $<V, C, P, F, T, N>$，其中，V 为变量集，C 为常量集，P 为谓词集，F 为防空作战任务集，T 为目标态势集，N 为任务标记集。

(2) 防空作战任务 (air defense mission)：

$$\text{do}\,[f(x_1, x_2, \cdots, x_k)] \tag{3.1}$$

其中，$f \in F$；$x_1, x_2, \cdots, x_k$ 为项 (terms)。

(3) 态势 (states) 是用谓词表示的逻辑任务集合，通常由谓词和常量构成。

(4) 动作 (take action) 是基本作战行为，描述防空作战任务的实现方式：

$$a = \langle \text{head}(\alpha), \text{preconditons}(\alpha), \text{effects}(\alpha) \rangle \tag{3.2}$$

其中，head(a) 为动作头，由动作名称和参数列表组成；preconditions(a) 为动作执行的前提条件；effects(a) 为动作执行的效果。

(5) 目标态势 (expected situation)：

$$\text{perform}\,[t(x_1, x_2, \cdots, x_k)] \tag{3.3}$$

其中，$t \in T$；$x_1, x_2, \cdots, x_k$ 为项。

(6) 任务清单 (task list)：

$$[(n_1 : t_1), (n_2 : t_2), \cdots, (n_s : t_s), \phi] \tag{3.4}$$

其中，$n_i \in N$ 为 t_i 的标记符；t_i 表示任务；ϕ 为约束条件的布尔表达。ϕ 包括以下内容：

① 变量赋值约束，$(v_1 = c), (v_1 = v_2)$，$v_1, v_2 \in V, c \in C$；② 时序约束，$(n \prec n')$ 表示以 n 标记的任务必须在 n' 标记的任务之前完成；③ 状态约束，(n, l)，$(l, n), (n, l, n')$，分别表示值 l 在 n 执行之后、n 执行之前、n 与 n' 执行之间的状态为真。

(7) 交互方法 (method)。

将防空作战任务分解为具体任务清单的规则：

$$\text{Me} = \text{method}(t, d) \tag{3.5}$$

其中，method 为方法名称；t 为防空作战任务；d 是 t 分解得到的任务清单，分解方法的构建需要凝聚指挥群体集体智慧和专业知识以及作战经验。

(8) 任务分解 (task decomposition)：

$$D = \langle \text{Ops}, \text{Mes} \rangle \tag{3.6}$$

其中，Ops 为算子集合；Mes 为方法集合。

(9) 任务分配 (task assignment)。

根据上级防空作战任务和情况判断结论,对生成的具体任务清单进行任务分配至各作战单元,定义为四元组:

$$P = \langle S_0, d, \text{Ops}, \text{Mes} \rangle \tag{3.7}$$

其中,S_0 为防空作战任务;d 为任务清单;Ops 为算子集合;Mes 为方法集合。任务分配就是根据所属各作战力量单元作战性能状况,将生成的子任务清单分配至最佳完成任务单元,即对 P 进行最优可行解 $\pi = (a_1, a_2, \cdots, a_n)$ 中 $a_1, a_2, \cdots, a_n$ 的计算求解。

3.4.3 子任务重要度排序

在任务清单生成的基础上,对任务清单中的所有子任务进行重要度排序,并根据子任务的重要度合理区分防空任务,以高效使用防空兵力。鉴于分析判断防空作战任务清单子任务轻重缓急和重要程度时难以直接给出用定量表述的选择决策矩阵,经典决策方法如线性分配法、SAW 法、Topsis 法等并不适用于解决此类主观逻辑判断思维的评估问题。基于 LOWA 算子和 LWA 算子的方法能够按照算子直接集结语言信息进行群体决策,能较好解决作战任务子任务重要度排序问题。

1. 建立模型

设经过任务理解分析形成具有 n 个子任务的任务清单,用集合形式表示为 $S = \{S_1, S_2, \cdots, S_i, \cdots, S_n\}$ $(n \geqslant 2)$,其中 S_i 表示第 i 个子任务,子任务的属性集为 $P = \{P_1, P_2, \cdots, P_j, \cdots, P_q\}$ $(q \geqslant 2)$,其中 P_j 表示第 j 个属性;专家集为地面防空作战指挥群体,包括指挥员和参谋人员,表示为 $E = \{E_1, E_2, \cdots, E_k, \cdots, E_m\}$ $(m \geqslant 2)$,其中 E_k 表示第 k 个专家,各专家意见的权重信息 $\boldsymbol{\lambda} = (\lambda_1, \lambda_2, \cdots, \lambda_k, \cdots, \lambda_m)^{\mathrm{T}}$,其中 λ_k 是从自然语言评估集 L 中选择的一个元素,作为对专家 E_k 的权威程度描述;专家 E_k 针对子任务属性集 P 给出具有语言形式的权重向量记为 $\boldsymbol{v}^k = (v_1^k, v_2^k, \cdots, v_j^k, \cdots, v_q^k)^{\mathrm{T}}$,其中 v_j^k 是专家 E_k 从预先定义好的自然语言评估集 L 中选择的一个元素,作为对子任务属性 P_j 的重要程度描述;专家 E_k 给出的具有语言形式的评估矩阵记为 $\boldsymbol{A}^k = \left(a_{ij}^k\right)_{n \times q}$,其中 a_{ij}^k 为专家 E_k 从自然语言评估集 L 中选择的作为方案 S_i 对应子任务属性 P_j 的决策值。

自然语言评估集 L 是由 7 个元素构成的集合,如表 3.9 所列。

约定评估集具有以下属性:

(1) 有序性,即当 $i \geqslant j$ 时,表示 "好于或等于";

(2) 存在逆运算算子 Neg;当 $j = T - i$ 时,有 $\text{Neg}(L_i) = L_j$,这里 $T + 1$ 表示评估集 L 中元素的个数;

(3) 极大化运算和极小化运算：当 $L_i \geqslant L_j$ 时，有 $\max(L_i, l_j) = L_i$，$\min(L_i, L_j) = L_j$。

表 3.9 权重及属性值信息表

序号	元素	关于属性权重的评估语言信息	关于属性值的评估语言信息
1	L_0	很低 (HD)	很差 (HC)
2	L_1	低 (D)	差 (C)
3	L_2	中低 (ZD)	中下 (ZX)
4	L_3	中 (Z)	中 (Z)
5	L_4	中高 (ZG)	中上 (ZS)
6	L_5	高 (G)	好 (H)
7	L_6	很高 (HG)	很好 (HH)

2. 基于 LOWA 算子的综合权重值

定义 v_j 表示第 j 个子任务属性的权重值，其计算方法为

$$\nu_j = \phi\left(\nu_j^1, \nu_j^2, \cdots, \nu_j^m\right), \quad j = 1, 2, \cdots, q \tag{3.8}$$

式中，$\nu_j \in L$；ϕ 为 LOWA 算子。具体计算方法描述为

$$v_j = \phi\left(v_j^1, v_j^2, \cdots, v_j^m\right) = \boldsymbol{W}^\mathrm{T} \boldsymbol{B} = \xi^m\left\{w_t, v_j^{\sigma(t)}, t = 1, 2, \cdots, m\right\}$$
$$= w_1 \otimes v_j^{\sigma(1)} \oplus (1 - w_1) \otimes \xi^{m-1}\left\{\beta_h, v_j^{\sigma(h)}, h = 2, 3, \cdots, m\right\} \tag{3.9}$$

式中，$\boldsymbol{W} = (w_1, w_2, \cdots, w_m)^\mathrm{T}$ 是一个权向量，满足

$$w_i \in [0, 1], \quad \sum_{i=1}^m w_i = 1, \quad \beta_h = \frac{w_h}{\sum\limits_{h=2}^m w_h}, \quad h = 2, 3, \cdots, m \tag{3.10}$$

$$\boldsymbol{B} = \left(\nu_j^{\sigma(1)}, \nu_j^{\sigma(2)}, \cdots, \nu_j^{\sigma(m)}\right)^\mathrm{T} \tag{3.11}$$

式中，$\nu_j^{\sigma(\beta)} \leqslant \nu_j^{\sigma(\alpha)}, \forall \alpha \leqslant \beta$。其中 σ 是对自然语言集 $(v_j^1, v_j^2, \cdots, v_j^m)$ 的一个排列；ξ^m 是对 m 个语言短语组合的算子。

当 $q = 2$ 时，ξ^m 可定义为

$$\xi^2\left\{w_i, v_j^{\sigma(t)}, t = 1, 2\right\} = w_1 \otimes L_j \oplus (1 - w_1) \otimes L_i = L_l \tag{3.12}$$
$$L_i, L_j \in L, j > i$$

式中，$l = \min(T, i + \mathrm{round}(w1(j-i)))$，round 为取整算子；$v_j^{\sigma(1)} = L_j, v_j^{\sigma(2)} = L_i$。

在多数情况下，权向量 $\boldsymbol{w} = (w_1, w_2, \cdots w_m)^{\mathrm{T}}$ 中元素 wi 的表达式为

$$w_t = \boldsymbol{F}\left(\frac{t}{m}\right) - \boldsymbol{F}\left(\frac{t-1}{m}\right), \quad t = 1, 2, \cdots, m \quad (3.13)$$

式中，$F(u)$ 为模糊量化算子，其表达式为

$$F(u) = \begin{cases} 0, & u < c \\ \dfrac{u-c}{e-c}, & c \leqslant u \leqslant e \\ 1, & u > e \end{cases} \quad (3.14)$$

其中，$c, e, u \in [0, 1]$。

3. 基于 LWA_v 算子的综合评估值

根据评估信息 α_{ij}^k 和得到的权重信息 $\boldsymbol{v}_1 = (v_1, v_2, \cdots v_{ij})^{\mathrm{T}}$，通过 LWA_ν 算子集分析方案 S_i 的综合评估值，即

$$\alpha_i^k = \max_j \min\left\{\left(\alpha_{i1}^k, v_1\right), \left(\alpha_{i2}^k, v_2\right), \cdots, \left(\alpha_{iq}^k, v_q\right)\right\}, \quad i = 1, 2, \cdots, m \quad (3.15)$$

式中，α_i^k 为专家 E_k 对方案 S_i 的语言综合评估值。α_i^k 的算法如下：

$$\alpha_i^k = \max_j \min\left(\alpha_{ij}^k, \quad v_j\right), \quad i = 1, 2, \cdots, n, \quad k = 1, 2, \cdots, m \quad (3.16)$$

4. 基于 LWA_λ 算子的综合评估值

通过 LWA_λ 算子将语言评估信息 α_i^k 和权重信息 $\boldsymbol{\lambda} = (\lambda_1, \lambda_2, \cdots \lambda_m)^{\mathrm{T}}$ 集结为语言综合评估值 α_i，即

$$\alpha_i = \mathrm{LWA}_v\left\{\left(\alpha_i^1, \lambda_1\right), \left(\alpha_i^2, \lambda_2\right), \cdots, \left(\alpha_i^m, \lambda_m\right)\right\} = \max_k \min\left(\lambda_k, \alpha_i^k\right), 1, 2, \cdots, n \quad (3.17)$$

5. 任务清单子任务重要度排序

根据 $\alpha_i (i = 1, 2, \cdots, n)$ 的自然语言评估值，可将任务清单内的所有子任务进行重要程度排序，从而选出对完成作战总任务最为重要的子任务，在兵力编组时应重点加强对担负重要子任务的兵力配备，避免因作战任务与兵力编组不匹配而影响防空作战任务的完成。

3.4.4 兵力需求清单生成

在 HTN 扩展层级任务网络分析结构中地面防空兵力是任务实体，任务理解首要是对任务实体需求进行分析，防空作战兵力需求可看成预期作战效果分析的

逆问题，即根据效果推算所需防空兵力。这里根据敌空袭作战体系总威胁指数与防空体系能力指数计算结果，在一定作战约束条件下推算所需地面防空兵力数量，并根据作战任务清单优化地面防空兵力的任务分配编组。

1) 敌空袭作战体系威胁指数的计算

空袭作战体系主要由侦察定位、指挥控制、干扰压制、火力打击和支援保障等子系统构成。假设有 g 种空袭兵器，其中第 i 种空袭兵器在 t 阶段的威胁指数用 $E_i(t)$ 表示，则

$$E_i(t) = \lambda_i(t) \times R_i \times W_i \times D_i \times T_i(t) \tag{3.18}$$

其中，$\lambda_i(t)$ 为第 i 种空袭兵器出动强度；R_i 为第 i 种空袭兵器作战半径；W_i 为第 i 种空袭兵器投送弹药当量；D_i 为第 i 种空袭兵器弹药毁伤威力；$T_i(t)$ 为第 i 种空袭兵器作战持续时间。因此敌空袭作战体系总威胁指数 $E(t)$ 可表示为

$$E(t) = \sum_{i=1}^{g} E_i(t) \tag{3.19}$$

在一定时间段 T 内，敌空袭作战体系的总威胁指数平均值为

$$\overline{E}(t) = \frac{1}{T}\int_0^T \sum E_i \mathrm{d}t = \frac{1}{T}\int_0^T \sum \lambda_i(t) \times R_i \times W_i \times D_i \times T_i(t) \mathrm{d}t \tag{3.20}$$

2) 地面防空群作战能力指数的计算

地面防空群作战能力是所属群内所有防空作战力量能力的叠加，现假设群所属 n 种类型防空武器，记为 $p = \{p_1, p_2, \cdots, p_n\}$，完成防空作战任务需达到的各项能力指标有 m 个 (如情报获取能力、拦截打击能力、机动能力、综合保障能力等)，记为 $I = \{I_1, I_2, \cdots, I_m\}$，其中 P_i 种类型武器的第 j 个指标 I_i 的值为 $\nu_{ij}(i = 1, 2, \cdots, n; j = 1, 2, \cdots, m)$，则 n 种类型防空武器的 m 个指标就构成矩阵 $[\nu_{ij}]_{n \times m}$。

由于每种防空武器型号不同，影响其作战性能发挥的因素也不尽相同，可按照通常指标值的规范化处理，这里统一按照极变差法处理可得

$$x_{ij} = (\nu_{ij} - \min_i \nu_{ij})/(\max_i \nu_{ij} - \min_i \nu_{ij}) \tag{3.21}$$

$$x_{ij} = (\max_i \nu_{ij} - \nu_{ij})/(\max_i \nu_{ij} - \min_i \nu_{ij}) \tag{3.22}$$

构建加权决策矩阵并按照相对贴近度指数法进行求解，可得地面防空群所属的单套防空武器装备作战能力指数 S_i 为

$$S_i = C_i \bigg/ \sum_{i=1}^{n} C_i, \quad i = 1, 2, \cdots, n \tag{3.23}$$

3) 基于兵力指数对比的防空作战兵力需求计算

为完成防空作战任务，充分发挥地面防空群所配属的防空武器作战能力，对 n 种类型防空武器的需求量进行决策，即所需 n 种类型防空武器数量。根据第 i 种型号防空武器作战能力评估值 S_i，兵力需求为 x_i 套，并设定地面防空所属作战地域总共可调配的防空武器数为 m，而 m_i 为第 i 种防空武器的配备数，要完成的防空作战任务有 k 种。t_{ij} 表示第 i 种防空武器完成第 j 种作战任务的能力指数，$t_j(j = 1, 2, \cdots, k)$ 表示所有 n 种防空武器完成第 j 种任务能力指数。以地面防空群作战能力指数相对空袭作战体系总威胁指数之比最大为目标函数，并依据上述假定建立约束条件，则地面防空作战兵力需求模型如下：

$$\begin{cases} \max \sum_{i=1}^{n} S_i x_i \bigg/ \sum_{i=1}^{g} E_i \\ \text{s.t.} \begin{cases} \sum_{i=1}^{n} m_i x_i \leqslant m, \\ \sum_{i=1}^{n} t_{ij} x_i \leqslant t_j, \quad j = 1, 2, \cdots, k \\ x_i \text{为非负整数}, \quad i = 1, 2, \cdots, n \end{cases} \end{cases} \tag{3.24}$$

通过分支限界法或切割平面法求解，可得出所需的各型防空兵力数量。

4) 地面防空群任务分配编组策略

通过前面求解得到地面防空群完成特定作战任务时的具体兵力需求，在已知每种防空武器数量基础上，确定完成防空作战任务中的 m 项子任务，每一项子任务所对应群内具体兵力兵器情况。

记第 j 项子任务相对防空作战体系的重要度为 ω_j，通过前面求解已知地面防空群配属 n 种类型防空武器 x 套，第 i 种型号防空装备有 x_i 套，第 i 种型号防空武器完成第 j 项子任务的效益为 p_{ij}，完成第 j 项子任务需编组至少 λ_i 套防空武器，第 i 种型号防空武器完成第 j 项子任务有 x_{ij} 套，则地面防空兵力优化分配为非线性整数规划问题，通过求解可得最佳兵力编组方案。从所有子任务到兵力编组的任务优化分配模型如下：

$$\begin{cases} \max \sum_{j=1}^{m} w_j \left[1 - \prod_{i=1}^{n} (1-p_{ij})^{x_{ij}} \right] \\ \text{s.t.} \begin{cases} \sum_{j=1}^{m} x_{ij} \leqslant x_i, i=1,2,\cdots,n \\ \sum_{i=1}^{n} x_i = x \\ \sum_{i=1}^{n} x_{ij} \geqslant \lambda_j, j=1,2,\cdots,m \\ x_{ij} \geqslant 0 \text{且为整数}, i=1,2,\cdots,n; j=1,2,\cdots,m \end{cases} \end{cases} \quad (3.25)$$

第 4 章　基于要素的地面防空作战情况判断

情况判断是作战筹划的前提和基础,并贯穿于作战筹划全过程。面对纷繁复杂的防空作战战场环境,指挥员及其指挥机关仅凭经验很难全面把握战场海量信息和准确研判战场态势。基于要素的地面防空作战情况判断,是指挥员及其指挥机关对与遂行防空作战任务有关的各种信息进行规范化描述、分析并得出情况研判结论的过程。要素化、规范化的情况判断对提高信息化条件下情况判断质量和效率具有十分重要的作用。

4.1　情况判断与情况判断要素

知彼知己,百战不殆。地面防空作战情况判断围绕综合处理分析各种战场情报信息,揭示空防体系对抗的演变特点规律,形成对当前战场情况和总体态势的准确认知,得出简洁、明晰的综合研判结论,为作战筹划的后续活动提供基础信息支撑。

4.1.1　情况判断

判断情况,是指挥员及其指挥机关对与遂行作战任务有关的各种情况进行分析并得出结论的活动。包括敌情、我情、地形、社情和气象水文情况等判断,是指挥员定下决心前的重要工作[1]。情况判断通常是在接到上级预先号令或作战命令后采取碰头会、党委会等多种形式组织。

1. 情况判断的作用

情况判断是作战筹划和指挥决策的基础。刘伯承元帅在作战筹划上有一句名言:"五行不定,输得干干净净"。他所说的"五行"即任务、我情、敌情、时间、地形。抗日战争时期,刘伯承元帅率部在山西省平定县七亘村打破思维定势,摆脱"胜战不复"的思维束缚,三日之内在同一地点两次成功设伏日军,创造了著名的"七亘村重叠设伏"战例[33]。刘伯承元帅在总结七亘村战斗时指出"研究判断情况要从任务、敌情、我情、地形和时间综合估计考虑而定下作战决心"。正确的情况判断不一定取得作战胜利,但错误的情况判断必败无疑。可见,情况判断对作战指挥的重要作用,需要指挥员及其指挥机关依靠丰富的经验和卓越的指挥艺术洞悉战争迷雾,准确预判战场情况,才能设计出克敌制胜的奇谋妙计。

情况判断本质是一种认知域作战，对作战筹划成败具有重要影响。美军将信息时代的网络中心战作战空间划分为物理域、信息域和认知域，物理域是指处于陆、海、空、天不同物理空间的各类作战平台，信息域主要指网络空间和电子战领域，认知域是指作战人员的感知、理解、决策等意识思维领域。认知领域的作战已上升为认知战。情况判断是在作战筹划阶段中，指挥员及参谋团队对当前战场态势的感知与理解，是认知战在作战筹划的体现形式。随着认知域地位作用的不断突显，认知优势逐渐成为作战的关键优势，直接以敌方认知为攻防目标的认知对抗，成为敌对双方决定胜负的主要对抗领域。决策是认知域的活动。情况判断是否准确、及时、全面将直接影响指挥员决策。美军"决策中心战"的核心思想就是通过阻断敌方对战场真实信息的有效获取，从而影响、迟滞或动摇敌指挥员及时作出决策，造成指挥员犹豫不决，进而获取决策优势。可见，要从认知战的高度去认识情况判断的重要地位作用，只有获取情况判断的认知优势，才能夺取作战筹划优势。

2. 情况判断的依据

情况判断的目的是围绕空防双方作战体系评估作战能力，找出作战重心、体系强弱点，得出胜算把握、风险代价、优劣利弊等评估结论，以获取认知优势。情况判断应以敌情为主，并贯穿始终，其主要依据包括平时掌握信息、战前动态信息和开源情报信息。

平时掌握信息。平时掌握信息是情况判断的基本依据。其中，敌情信息主要包括空袭作战思想、空袭基本观点，机场分布，所驻机场飞机型号、数量，空袭兵器战技术性能，空袭战术运用手段，演习动态情况等。我情信息包括防区内防空兵力数量、分布，武器装备性能，部队训练能力，保卫目标及其分布，体系支撑条件等。战场环境信息包括自然环境、人文环境、信息环境及其对防空作战行动影响。

战前动态信息。战前动态信息是平时掌握信息的更新信息，对情况判断的时效性、准确性具有重要影响。战前动态信息主要包括上级敌情通报、对当面之敌的侦察信息及内部敌情资料。在上级分析判断基础上，结合平时对敌情的掌握，作出本级对敌情的具体分析判断。

开源情报信息。开源情报信息是指从公开和可公开获得的资源中收集的数据和信息。通过对开源情报信息分析可以获得有价值的情报，是情报工作的重要组成部分。其来源包括互联网、报纸、电视、广播等。信息时代开源情报信息渠道多源、内容丰富、时效性强，是情况判断重要补充。

美军《联合作战计划制定流程》(*Joint Operation Planning Process*) 和美国陆军《防空与导弹防御战场情报准备》(*Air and Missile Defense Intelligence*

Preparation of the Battlefield)在联合情报准备中，对综合判断情况描述为从全局上明确作战环境特性，对作战行动影响，判断敌作战意图和预测作战行动，对比分析敌我在对抗环境中的优劣势，进而得出当前战场态势并预测态势发展趋势。其情报分析判断主要包括情报收集、情报处理与利用、情报分析与衍生产物、情报整编与分发。美军战场情报分析判断流程见图 4.1 所示。

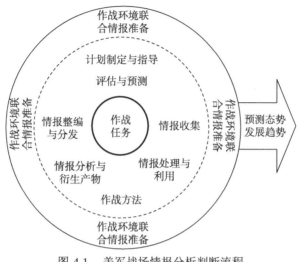

图 4.1　美军战场情报分析判断流程

3. 情况判断输入/输出

"兵胜之术，密察敌人之机，而速乘其利，复疾击其不意"。《六韬·兵道》指出，战争胜利的方法在于周密勘察，分析判断敌情，抓住有利战机，乘机出其不意击败敌人。通常采取定性研判和定量分析相结合方法，对上级下发和收集整理的情报信息如作战命令、敌我情况、战场环境等进行综合分析，判断敌作战企图、预测敌作战行动方式手段、评估敌我作战行动影响、敌我作战体系在对抗行动中的优劣势等，为指挥群体理解当前初始态势，预测态势发展趋势，洞悉战机以及形成作战构想、定下决心提供参考和依据。情况判断的输入与输出如图 4.2 所示。

敌我情重在研判强与弱。分析敌情我情并得出判断结论，目的是为后续分析任务、形成建议和拟制方案提供可靠依据。如果分析敌情没有判明威胁、分析我情没有找准短板，敌我强弱不清、能力对比不清、关联程度不清，就难以形成准确判断和正确预见。

战场环境重在分析利与弊。主要是通过分析预定作战区域内自然环境、人文环境、信息环境现实情况，掌握特定战场环境的特点规律，综合分析有利因素及不利因素，研判对我防空作战行动的影响，提出应对措施办法，并同时注重主动营造有利的战场环境。

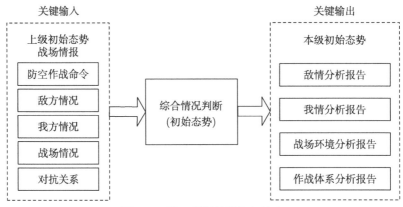

图 4.2　情况判断的输入与输出

研判结论重在把握简与要。运用逻辑推理对总体态势、敌情、我情、战场环境进行关联分析和解构，形成既有总体结论也有关键点判断，既有当前结论也有趋势分析的综合判断结论，牢牢把握简明扼要、重点突出的特点，为指挥员筹划决策提供重要依据。

4.1.2　情况判断要素

为更好分析判断防空作战情报信息，应当综合运用多种手段对海量情报信息按照要素进行筛选、整编和分析，有效把握综合情况判断思维脉络，为指挥员提供主次分明、重点突出、准确可靠的分析研判结论。防空作战情报信息要素可概括为敌情、我情、战场环境三方情况要素，以及空防对抗体系中力量对抗、交战格局、火力配系三种对抗关系要素，重点围绕三方情况要素和三种对抗关系要素分析判断情况，进而形成对各项情况的判断结论，并给出敌我双方的作战势能比[24]。地面防空情况判断要素的表现形式如图 4.3 所示。

1. 三方情况要素

三方情况要素是由敌、我和战场环境三个对立统一又相互联系的矛盾体构成。战场环境是敌我双方共同活动与争夺的空间，均可被双方利用和营造，三方情况要素体现的是对空防对抗双方作战企图、作战任务、作战力量以及作战行动等的总体描述和概略分析，进而能够对空防对抗双方力量对比、战场态势等形成理性认识，对它们之间相互影响以及未来可能的变化趋向做出判断。通常战场态势图是对敌、我、战场环境基本信息的综合描述形式。

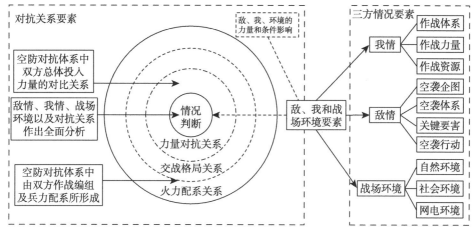

图 4.3 地面防空情况判断要素的表现形式

敌情要素。分析判断敌情要素，应根据平时对敌情空袭特点、规律的掌握，结合当前战场态势和战役进程，站在敌人的逻辑思维视角，从敌方空袭企图入手，采取科学的分析方法进行综合判断。首先，分析判断敌人空袭企图，即敌战役战术目的与总体行动策略；其次，分析当面敌空袭兵力编成和部署态势，空袭兵器类型、数量和战术技术性能，突防能力、突击能力、信息战能力和支援保障能力；再次，分析敌空袭重心、主要方向、兵力规模、进袭强度、进袭时机和重点突击目标；最后，分析敌可能采取的攻击手段和弹药类型。在分析敌情时一定要从敌方视角进行思维推理，由表及里、去伪存真，切忌"一厢情愿"和存有任何麻痹轻敌思想，以形成敌空袭企图、进袭方向、战术行动及强弱点情况的综合判断结论。

我情要素。分析判断我情要素，应在理解上级作战意图和分析作战任务基础上，根据地面防空力量编成、实力、部署等情况，综合分析自身作战能力、机动能力、防护能力和持续作战能力，最终得出我强弱点及完成任务能力。其中，作战能力包括兵器性能、指挥能力、训练水平、战斗经验等，机动能力包括兵器机动性能、输送方式、道路交通条件等，防护能力包括抗毁性能、伪装防护和地面防卫等，持续作战能力包括可携行弹药、器材、油料、粮秣数量以及战场抢修、后续补给能力等。其次，分析保卫目标情况。判断保卫目标情况关键是确定掩护重点，应根据上级命令、作战任务、敌威胁范围以及被保卫目标地位作用、隐蔽程度、抗摧毁能力等进行综合分析判断，提出保卫目标的优先顺序。再次，分析友邻兵力情况。包括作战地域内友邻歼击航空兵作战任务、作战空域、空中走廊以及空地协同规则；友邻地空导弹、高射炮、电子对抗、预警探测等防空力量作战任务、兵力编成、配置地域、装备技战术性能、作战分界线以及支援协同关系等[34]。

战场环境要素。分析判断战场环境要素,重点分析战场环境对作战行动有影响的各种因素,包括地形、气象、水文等自然环境,社会、交通等人文环境,电磁、网络、舆情等信息环境,以及弹药库、后勤保障库、通信设施等战场建设情况。其中,在自然环境方面:对于濒海及岛礁地区,应当重点关注地形、海浪、潮汐、台风、高温、高湿、高盐等的影响;对于高原地区,应当重点关注山地遮蔽、高寒低压低氧、气候多变、强紫外线等的影响;对于高寒地区,应当重点关注低温、冰雪、风沙、冻土等影响;对于热带山岳丛林地区,应当重点关注地形地貌、高温高湿、自然灾害等的影响;对于水网地区,应当重点关注季节性积水、泄洪、高温潮湿等的影响。在人文环境方面:在经济发达地区,应当重点关注保卫目标分布、可能附带损伤、防间保密等影响;在经济欠发达地区,应当重点关注道路交通、通信设施、后勤保障等影响;在少数民族聚集区,应当重点关注宗教信仰、人文风俗、敌特暴恐等影响。在信息环境方面:对于电磁环境,应当重点分析敌我用频装备电子对抗产生的复杂电磁环境,以及民用电子设备辐射、自然电磁辐射等方面的影响;对于网络环境,应当重点分析作战地域内网络系统节点分布、攻防手段、运行维护等方面的影响;对于舆论环境,应当重点关注新闻媒介、舆情动态、官兵心理反应等方面的影响[34]。运用所获取的环境状态与行动效应,分析战场环境要素变化规律及其对作战行动的有利和不利影响。

2. 对抗关系要素

空防对抗关系反映的是在一定战场环境下敌我双方对抗体系所表现出的相互关系。空防对抗体系关系可描述为"力量对比关系—作战格局关系—火力配系关系",通过分析判断战场对抗关系,构建防空作战数学模型,定量分析判断防空作战基本态势,为设计防空作战构想和运用制胜机理提供数据支撑。

力量对比关系。力量对比关系反映的是空防双方在总体力量的对比状态[24]。敌我双方根据作战目的,将一定数量作战资源投入到对抗环境,从而形成客观的力量对比关系,反映的是敌我双方在该态势条件下总体作战力量的静态对比,是作战体系中的初始对比关系。敌我双方均力求通过提高兵力质量、加大数量投入和优化力量结构等方法谋求作战体系优势。近几场局部战争表明,作战单元质量往往比数量更为重要,如何合理搭配和编组作战力量、支援保障力量,形成内聚融合、功能互补的防空作战体系是提升作战体系优势的必然要求。

交战格局关系。交战格局关系反映的是在每个局部战场或方向所形成的空防双方力量对比关系[24]。战争实践证明,数质量优势不一定完全取胜,防空作战力量运用的指挥艺术可通过兵力、兵器的科学编组和优化部署来实现。敌对双方通过对空防对抗力量的作战编组与配系形成战场力量布势,进而构成交战格局关系,尤其在关键性局部所形成的交战格局优势,更是体现指挥员高超的指挥艺术。

火力配系关系。火力配系关系反映的是空防双方在火力构成与配置上的对比关系。地面防空是由地空导弹武器系统、高炮武器系统、电子对抗系统、预警探测系统等兵力兵器组成,各型兵器功能和作用领域各不一样,通过合理利用地形、天候等环境因素,采取科学作战编组、合理兵力配置、优化目标打击策略可构建我方有效火力配系关系。对敌火力配系关系反映的是作战编组、兵力配置以及火力分配策略等影响因素,主要揭示了有效发挥己方战斗力、抑制敌方战斗力以及体系破袭制胜机理。

3. 作战势能比

防空作战筹划是通过"未战而庙算胜"而谋划"胜兵先胜而后求战"的制胜策略,以夺取作战筹划优势。空防对抗体系复杂,难以用统一量纲对情况判断要素进行细致描述,《孙子兵法·计篇》曰:"计利以听,乃为之势",物理学描述物体之间存在相互作用所具有的能量称为势能,哲学上将"势"理解为物质之间相对运动所产生的状态,我国古典兵学将"势胜"作为优势取胜的制胜之道。

为清晰描述敌、我、战场环境以及其对抗关系的综合对抗情况,这里引入作战势能的概念。《孙子兵法·势篇》指出"故善战者,求之于势",阐释"势"是兵力部署与运用状态所积聚而成的作战力量,防空作战中的"势"可理解为一种能够充分发挥诸军兵种体系作战能力的力量布局与行动状态,即对作战力量进行配置和运用形成的相对于另一方力量布局及其行动状态的能量对比,受力量、部署、行动三个方面影响。态势视为一种状态和形势,是事物运动剧烈程度的表述。作战态势,是在军事博弈中敌对双方在总体力量对比、兵力部署和作战行动等方面所形成的状态与形势。信息化条件下防空作战,势作为空防对抗体系双方作战力量、资源运用的状态,具有释放能量达成双方作战目的的强大作战能力,军事学上将势的表现用作战势能来度量。

作战势能是一种双方作战体系的能量对比关系,只有构成对抗关系才具有作战势能。军事问题研究习惯于双方力量对比分析,这里引入"作战势能比"来描述空防对抗双方作战势能的差距,即作战势能比 η 是我方作战势能 U 与敌方作战势能 V 的比值。计算式及含义如下:

$$\eta = \frac{U}{V} \begin{cases} 当\eta > 1, & 我方为优势 \\ 当\eta = 1, & 敌我为均势 \\ 当\eta < 1, & 我方为劣势 \end{cases} \tag{4.1}$$

作战势能比反映了敌我双方作战体系所营造出的战场总体态势与强弱关系。

当敌我双方体系作战能力总体为均势时 $\eta=1$，我方为优势时 $\eta>1$，我方处于劣势时 $\eta<1$。同时，作战势能比也不是一成不变的，会随着作战时间、空间两个维度的变化而发生改变。作战势能比动态对比分析，是敌我双方作战体系能力在时空轴线上的变化趋向分析，对作战势能比变化趋向的预判有助于指挥员理解战机与威胁，对指挥员形成作战构想和定下作战决心具有重要影响力。

4.2　情况判断的要求和基本方法

指挥员正确决心来源于对战场情况的客观分析和准确判断。空防战场情报信息巨量繁杂、影响因素变化莫测，情况判断需要从纷繁复杂的信息中提取有价值的情报，对情况判断提出了更高要求，情况判断分析方法直接决定了防空作战情况判断的工作效率和研判质量。

4.2.1　情况判断要求

情况判断重点是围绕上级作战意图和防空作战任务，对敌情、我情、战场环境作出全面分析，以形成对作战筹划决策有价值的综合分析判断结论。

全面掌握，聚焦关键。从防空作战全局出发，紧盯上级意图和作战目的，着眼发挥体系作战能力，高度关注政治、外交斗争与军事斗争的有机统一，高度关注对影响作战全局的关键性作战时节，高度关注敌体系重心和破击敌作战体系，聚焦敌主要进袭方向、主要进攻样式、空袭规模及兵力兵器可能采取的战术技术手段等指挥员决策关键信息需求，形成严谨的敌情情报分析逻辑链条。

敌情为主，贯穿始终。空防对抗体系纷繁复杂，战场信息变化迅速，情况判断应围绕指挥员决策关键信息需求，对不断发展变化的敌情、我情、战场环境信息进行连续跟踪掌握，利用静态与动态分析相结合的方式，持续搜集整理、处理分析情报信息，滚动式更新完善情况分析结论。判断情况应以判断敌情为主，切实从敌方角度思考分析问题，切忌把敌人想得过于单纯、把敌情想得过于简单，应从最困难、最复杂的情况出发去研究对手，按照敌最大可能情况、最小可能情况和最坏极端情况去预想战局，只有如此，才能为指挥员设计构想、拟制方案、制定计划和调整更改计划提供可靠、精准的情报信息支持。

准确预测，手段高效。通过对战场情报信息的不断搜集，重点分析敌我作战体系强弱、敌作战体系重心、敌作战行动方法手段及空防体系势能比变化趋向等，摸清掌握敌行动规律，并综合运用预测分析法、作战重心分析法、SWOT 态势分析法等高效情报分析预测手段，科学准确预测关键性局部态势和战场态势发展趋势，推理判断关键性局部态势出现的时机，形成对当前战场态势及其发展演变趋势的准确预判，为指挥员制定作战行动及预期作战效果提供高置信度决策依据。分析预测要深入剖析，拨开战场迷雾，不能被战场表象所迷惑。二战期间，英美军方为加强对战机的防护，调查了作战后幸存飞机上弹痕分布，决定哪里弹痕多就加强哪里。然而统计学家沃德认为，更应该注意弹痕少的部位。因为这些部位受到重创的战机，或许多数已经坠毁，没有机会返航，相关数据容易被忽略。这一对情报信息的反向假设和准确分析，后来被证明是正确的。

科学整编，结论清晰。防空作战体系要素庞杂、平台异构多样、跨域多维高度集成，造成战场情报信息繁杂海量，各类情报信息的作用范围和重要程度不一，必须通过标准化、规范化的信息架构模板进行科学分类和归纳整编，并辅以现代数据统计、智能分析等数据处理技术手段，以形成各类清晰、规范的情况判断报告，从而提高情况判断的工作效率，实现战场情况信息的发布共享。此外，不同指挥层级情况判断的关切范围和粒度不同，指挥层级越低，情况判断关切范围越小，关切粒度也越细。在情况判断时应力避不同指挥层级对情况判断"上下一般粗"问题，以满足不同指挥层级对情况判断的关切粒度要求，为后续作战筹划活动提供依据和支撑。

4.2.2 情况判断基本方法

1. 逻辑分析法

逻辑分析法，是指采用逻辑思维进行情况判断的方法。逻辑思维 (logical thinking)，是人们在认识事物的过程中借助于概念、判断、推理等思维形式能动地反映客观现实的理性认识过程。只有经过逻辑思维，人们才能达到对具体对象本质规律的把握，进而认识客观世界，是人的认识高级阶段，即理性认识阶段。运用逻辑分析方法进行情况判断，主要是依据相关现象材料和情报资料，通过比较、综合、概括、演绎、归纳、推理等逻辑思维方法，对空防战场情况作出客观准确的分析、判断和决策过程。

指挥员及其参谋团队只有具备优异的逻辑思维能力，面对战场迷雾确定好逻辑起点与指向，把握好逻辑规律与方法，才能作出客观分析、合理判断和科学决策。1983 年 9 月 26 日，莫斯科地下战略级指挥所铃声大作，苏联国土防空部队预警系统发出战略警报：美国发射的核弹正朝苏联上空飞来，如果警报准确，苏联必须迅即实施战略反击。此时，值班主管、空军中校斯坦尼斯拉夫彼得罗夫紧盯电子地图，沉思片刻之后，他判定这是一次错误警报。彼得罗夫的判断基于这样一个逻辑推理：美国清楚苏联的核反击规定，如果真要发动核攻击，必须用足够数量的核弹实施连续饱和打击，才能压制苏联的核防御系统而确保核打击成功，可战略警显示屏幕上只有 5 枚核弹飞来，既不符合军事常识，也不符合基本逻辑。他判断肯定是警报系统出了问题。就是这样一个简单而大胆的推理，避免了一触即发的核大战[35]。

常用逻辑分析方法包括归纳推理法、演绎推理法和类比推理法。归纳推理是由个别性的前提推理得到一般性的结论，演绎推理是由一般性的前提推理得到个别性的结论，类比推理是由个别性的前提推理得到个别性的结论。

归纳推理法，是从个别事物概括出一般原理的逻辑方法，即由一般性程度较小的知识过渡到一般性程度较大的知识，由特殊事例推导出普遍原理的逻辑方法。例如在对敌空袭时机和时间的分析判断上，运用归纳推理法，可根据历次局部战争的经验，发动战争的一方为达到战略空袭（或空袭行动）的突然性，实施空袭时机大都选择在节假日和暗夜，由此可推理出这是现代空袭的一个普遍规律，在运用归纳推理法对敌空袭时机进行研究时，能够反映出敌空袭时机的一般规律。

演绎推理法，是从一般原理推断出个别结论的逻辑方法。运用演绎推理法把一般原理运用于个别现象，可获得新的知识，能更深刻地认识个别现象，从而使原有知识得到扩展和深化。不仅如此，运用演绎推理方法进行敌情分析还能作出科学预见，为下一步综合分析判断敌情提供启示性线索，从而使敌情分析始终沿着正确的思维方向。例如，根据敌空中进攻原则或进攻思想，推断敌此次作战可能采取的主要战术技术手段。

类比推理法，是根据两个或两类对象之间在某些方面的相似或相同，推出它们在其他方面也可能相似的或相同的一种逻辑方法。这种方法不是从事实导出理论的方法，而是从事实出发，发挥思维的自由创造，提出一种假说、推测或猜测，以便对已有事实进行解释的方法。例如，根据敌作战准备情况研究敌空袭企图时，对敌在不同历史时期作战准备及活动情况运用类比推理法进行分析，就有助于判明此次敌空袭企图。

战争是充满偶然性的领域，信息域对抗日益激烈，双方极力隐真示假，使对方难以准确把握战场情况。在缺乏足够事实依据的情况下，要拨开战争迷雾，需要指挥员合理假设和严谨求证。通过合理假设以弥补认知局限，又通过严谨求证以评估假设合理性。正确把握两者关系，对提高情况判断的有效性至关重要。合理假设关键要满足三个要件：①合乎逻辑，对敌兵力部署、行动、意图的推测要符合对手作战理论、作战条令和作战惯例等；②切合实际，假设必须是建立在指挥员实时掌握战场态势基础上，综合运用归纳、类比、移植等方法而提出；③必不可少，即指挥员应慎用假设，其使用时机必须是解决关乎筹划活动能否持续进行的问题。严谨求证关键在于做好两个环节：搜集信息，指挥员应突出对敌空袭信息情报的多方位搜集整编；评估修正，尽快印证或否定假设，不断修正完善研判结论[22]。

用科学方法进行思维，有助于正确认识事物。但人的思维往往是一个复杂曲折的过程，在空防战场激烈对抗环境下，人的思维常常会犯这样或那样的错误。为此,要警惕和避免陷入以下常见思维误区:①定势思维,是按照一种固定的思路考虑问题的习惯性倾向,习惯用老一套思考问题、选择策略和处理情况,表现为故步自封、因循守旧、固执己见。②从众思维,即"随大流",跟着多数人意见走,缺乏决断力。这种思维模式由于缺乏主见,易被旁人建议所左右,易在巨大战场心理压力下迷失思维方向。③我向思维,是专受个人愿望和需要所支配的思维,是一种不顾现实、一厢情愿的极端唯我主义思维模式。④惰性思维,是对常见现象见惯不惊,习以为常,容易失去戒备,有时也表现为侥幸思想,盲目乐观,麻痹大意。例如上甘岭战役中,守坑道的志愿军战士,接连用空罐头盒发出声响,引诱美军打枪,到了 3 次以后,美军不再反应。这时早就组织好的志愿军突击小分队迅速跃出坑道,把坑道口 20 米处的两个美军掩体摧毁。⑤多变思维,是指见异思迁,朝三暮四,对战场情况变异过于敏感,思维缺乏足够的稳定性,对做出的决定朝令夕改。常见思维误区见图 4.4 所示。

图 4.4　常见思维误区

2. 预测分析法

预测分析法,是指根据已知的信息,运用各种定性或定量的分析理论与方法,对事物未来或未来某些特征、状况进行判断和推测的方法。预测分析法是军事问题运筹定量分析的一种重要方法,常用的有德尔塔预测法和回归分析法[36,36]。

1) 德尔塔预测法

德尔塔预测法是一种背靠背的专家集体预测法,是以专家为信息索取对象,通过反复征询调查的方式,将每次调查结果进行量化处理和分析,并反馈给专家,逐渐使专家意见趋于一致的预测方法。

德尔塔是希腊历史遗址,为传说中神谕灵验的阿波罗神所在地。德尔塔预测法是美国兰德公司于 20 世纪 50 年代创造的,其基本思想是通过有控制的反馈多次开启专家思路,并真正无所顾忌地畅所欲言,使最后集中起来的专家意见更为可信。德尔塔预测法具有较好汇聚专家群体智慧的典型特征,避免在群体预测分析时屈从于权威或盲目服从多数所带来的预测不准确问题。德尔塔预测法组织流程如图 4.5 所示。

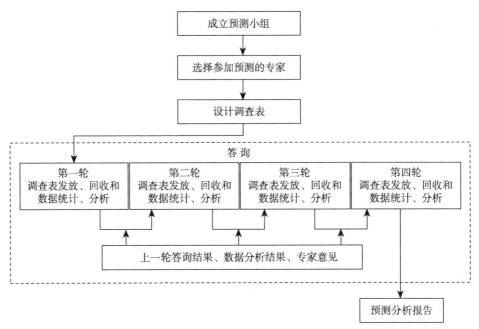

图 4.5　德尔塔预测法的组织流程

采用德尔塔预测法时,通常选择对所需预测问题具有较深研究的专家且人数控制在 10~20 人,并采取专家调查表方式索取专家对问题的预测信息。专家调查表内容尽量使用选择、判断或排序等问题咨询形式,在组织下一轮咨询前应当将上一轮的专家咨询统计结果通报给专家。在专家咨询环节经过四轮后,专家意见基本就能达成一致,最后形成预测分析报告。如果意见提前达成一致,可不必进行下一轮咨询。

2) 回归分析法

回归分析法,是指以事物发展的因果关系为依据,根据研究对象大量数据所表现出来的统计规律,建立数学模型进行预测。回归分析法实质是确定两种或两种以上变量间相互依赖关系的一种统计分析预测技术,通常用于预测分析、时间序列模型以及发现变量之间的因果关系。根据所涉及变量的个数,可分为一元回归和多元回归;按照自变量与因变量关系类型,可分为线性回归分析和非线性回归分析。如果在回归分析中,只包括一个自变量和一个因变量,且两者关系可以用一条直线近似表示,这种回归分析称为一元线性回归分析;如果在回归分析中,包括两个或两个以上自变量,且自变量之间存在线性关系,这种回归分析称为多元线性回归分析[38]。

回归分析是通过规定因变量和自变量来确定变量之间的因果关系,建立回归模型,并根据实测数据来求解模型的各个参数,然后评价回归模型是否能够很好地拟合实测数据。如果能够很好拟合,就可以根据新的自变量和所构建的回归模型做进一步预测分析。回归分析法的基本流程如图 4.6 所示。

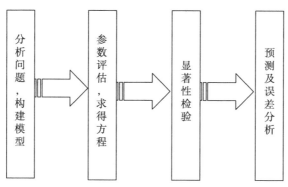

图 4.6　回归分析法基本流程图

回归分析法基本步骤如下。

步骤 1:根据研究问题的性质、要求构建回归模型。

步骤 2:根据样本观测值对回归模型参数进行估计,求得回归方程。

步骤 3:对回归方程、参数估计值进行显著性检验,并从影响因变量的自变量中判断哪些显著,哪些不显著。

步骤 4:利用回归方程进行预测及误差分析。

3. 重心分析法

重心分析理论源于德国军事家克劳塞维茨的作战重心思想,美军乔伊·斯特兰奇博士在克劳塞维茨作战重心思想的基础上,总结并提炼了重心分析理论及模型,为作战筹划过程中作战分析提供了科学理论指导,美军运用重心分析法在历次局部战争实践中得到成功检验并不断加以完善。重心分析法原理如图 4.7 所示。

敌作战体系重心对其实现空袭企图、发挥体系作战能力密切相关,也是直接决定防空作战目的能否顺利实现的关键性环节。作战重心分析法是通过对体系要素和体系结构的分析,找出敌作战体系中各系统物理关系、逻辑关系以及相互作用机理,判定敌空袭作战体系的高价值目标,分析敌作战体系中各力量要素的重要度和易毁度。对于防空方而言是分析敌空袭作战体系的要害和关节薄弱点,根据其体系作战能力发挥所需的条件、资源等关键支撑,判断破击或压制敌体系效能发挥的关键弱点和确定地面防空作战的主要作战方向、关键作战行动及战场态势转换点，进而提出破击瘫痪敌空袭作战体系的有效策略。

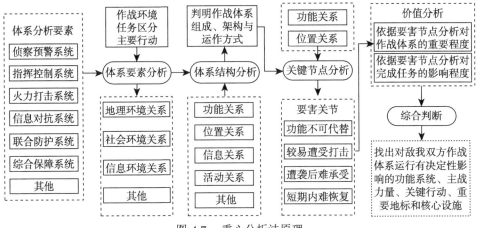

图 4.7 重心分析法原理

4. SWOT 态势分析法

SWOT 态势分析法是一种战略分析方法，也是一个技术分析工具。20 世纪 80 年代，美国韦里克教授提出道斯矩阵分析法，即 SWOT 态势分析法。SWOT 分别代表优势 S(strengths)、劣势 W(weaknesses)、机遇 O(opportunities) 和威胁 T(threats)，其中 S、W 是内部因素，O、T 是外部因素。SWOT 态势分析法是以矩阵形式列举出对抗体系或竞争关系中紧密联系的优劣、强弱、机会以及威胁等重要影响因素，并系统分析各因素间作用关系，可由内部因素 (优势 S、劣势 W) 和外部因素 (机会 O、威胁 T) 形成四种组合：战机 (S+O) 相持 (W+O)、危机 (W+T) 和势均 (S+T)，通过对四种组合的分析，摸清敌空袭体系弱点与劣势，准确把握防空作战体系能力释放的基本指向[39]。SWOT 态势分析法原理如图 4.8 所示。

SWOT 态势分析法基本思路是在敌、我、环境以及对抗关系研判的基础上，分析敌我作战体系优劣势及其契合关系，即强弱点相关性，然后通过对比我优势强点和敌劣势弱点，分析判断有利战机，通过对比敌优势强点和我劣势弱点，分析判断现实威胁，通过分析关键性局部态势时节，即有利战机，为形成作战构想提供依据。美军在 JP5-0《联合作战计划纲要》中引入 SWOT 分析法，用于引导指挥官思考如何科学分析敌我态势并合理进行作战设计。该方法能较为全面、系统地分析判断攻防双方对抗体系之间的强弱关系，为发挥我体系作战优势、克制敌作战效能和准确把握战机提供一种科学分析方法。

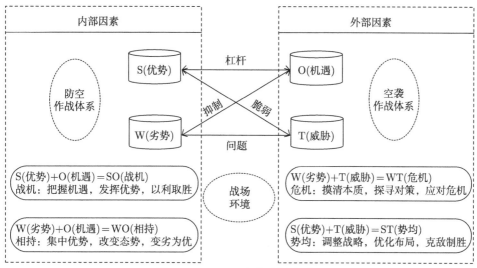

图 4.8 SWOT 态势分析法原理

4.3 情况判断流程及要素的构架描述

防空作战信息多源多样，时效性、准确性要求高，规范化的情况判断流程是确保情况判断科学、有效的重要保证，格式化情况判断要素架构对理解、沟通和共享战场情况信息具有重要作用。

4.3.1 判断情况基本流程

判断情况需要在充分理解上级作战意图的基础上，综合分析研判空防对抗体系中敌情、我情、战场环境以及体系对抗关系等要素，形成对战场态势认知，得出综合研判结论，以此为基本依据为作战构想设计、作战方案计划制定提供支撑。防空作战判断情况基本流程如图 4.9 所示。

1. 领会上级意图

上级作战意图通常通过防空作战命令或预先号令的形式下达，受领防空作战任务后，适时召开党委会深刻研究领会、准确把握上级作战意图，提出对作战全局重大问题和领域相关问题的理解认识。重点明确本级地面防空任务及在整个作战全局中的地位作用、具体作战任务、力量编成、保卫目标情况以及作战约束等情况。上级作战意图是整个作战筹划工作的直接指导，通常较为粗略或隐晦，需要从作战背景、作战目的、作战指导、作战底线、作战限制等方面进行分析领会并达成清晰一致的认识，最后形成作战意图理解简报。

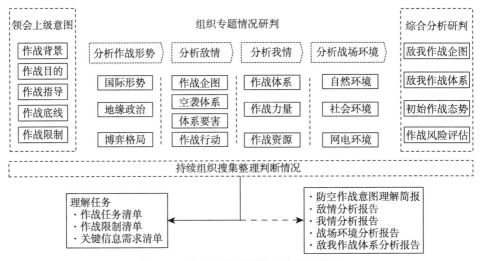

图 4.9　防空作战判断情况的基本流程

2. 专题情况研判

专题情况研判，是围绕作战任务由参谋团队按照职责分工分别对防空作战形势、敌情、我情、战场环境等进行分析研判，分析敌我双方在力量结构、作战能力、综合保障和作战环境等方面强弱点，预测敌可能采取的作战行动，最后整理形成敌情分析报告、我情分析报告和战场环境分析报告。在预测敌作战行动时，要沿着对手的逻辑思维，按照敌最大可能情况、最小可能情况和最坏极端情况进行全面分析。①最大可能情况。以长期跟踪掌握的敌作战思想、作战特点、演习实践、指挥员个性为基础，结合最新掌握的敌战略意图、战略底线、战役布势等信息综合分析研判，预判敌最有可能采取的行动及对我方行动的影响。②最小可能情况。注重逆向思维，设想敌可能打破常规、险中出招，以意想不到的方式手段实施作战，使我猝不及防、陷入被动的情况。③最坏极端情况。立足底线思维，设想敌使用极端手段或极端作战方式等可能使我陷入极端不利、极度被动的情况。

3. 综合分析研判

综合分析研判通常采取先敌情后我情、先静态后动态、先分析后对比、先专项后综合的方式，对作战形势、敌情、我情、战场环境进行全维度关联分析和解构。重点围绕四个方面：①敌我双方作战企图，即作战利益诉求、作战目的等；②分析敌我作战体系，即对比分析敌我对抗兵力兵器、体系作战能力以及战场环境影响等；③分析初始作战态势，重点分析敌情、我情、战场环境情况的最新变化，构设当前敌我双方态势；④评估作战风险，防空作战体系复杂、不确定因素多，分析判断作战时机和胜算把握，分析作战行动可能的风险。最后形成敌我作战体系分析报告，为作战构想设计、制定方案计划提供趋利避害的参考。

4. 持续搜集判断

空防对抗对战场情报信息依赖程度高，全面实时、精准高效的情报信息是正确分析判断情况、理解任务进而设计作战构想的基础，要连续不间断地组织情况搜集整理判断。首先明晰情报搜集需求。根据已经掌握的情况信息，分析情报信息缺口，提出情报信息需求，必要时可向上级提出情报信息支援。其次要分类整理分析情报。借助信息化技术手段对海量情报信息进行智能处理分析，通过信息化技术手段及时更新显示战场态势。

4.3.2 情况判断要素构架描述

防空作战信息多源多样，时效性、准确性要求高，在分析判断情况时应抓住判断情况要素，突出指挥员决策关键需求信息分析研判，按照先主要后次要、先概略后精确、先急需后周延的原则，优化情报分析研判环节和工作流程，规范情况判断要素构架描述，以形成统一情况判断分析系列报告，如图4.10所示。通过分析研判报告和直观战场态势信息图，辅助指挥员快速、准确掌握战场情况。

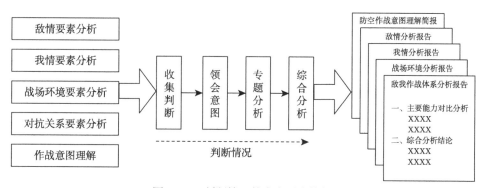

图 4.10 判断情况的内容要素构架

1. 敌情要素分析基本构架

敌情要素分析，包括分析空袭作战企图、作战体系、关键要害和作战行动。其中，敌作战企图，重点分析敌作战目的、作战目标、作战力量、预期效果等；敌作战体系，综合运用逻辑分析法和重心分析法，找出敌作战体系重心和作战能力强弱点；敌关键要害，主要分析敌空袭作战体系核心要害，破击敌作战体系需抗击的主要目标；敌作战行动，重点分析判断敌空袭主要进袭方向、可能攻击目标、主要突防突击战术战法、敌可能完成任务线及对我作战行动影响等。具体如表4.1所示。

表 4.1　敌情要素分析基本构架

基本要素	主要内容
作战企图	作战目的、作战目标、作战力量、预期效果等
作战体系	空袭兵器类型及数量、兵器作战性能及挂载武器、编队模式和规模、作战能力强弱点等
关键要害	指挥节点(预警指挥机)、高价值目标(电子战飞机、隐身飞机、轰炸机、弹道导弹)、体系支撑条件等
作战行动	主要进袭方向、可能攻击目标、主要突防突击战术战法、敌可能完成任务线、可能对我作战行动影响等

2. 我情要素分析基本构架

我情要素分析,包括对地面防空作战体系、作战力量、作战资源的综合分析,分析遂行作战任务的有利因素和短板弱项,为科学用兵、精准用兵提供支撑。其中,作战体系,重点分析侦察预警、指挥控制、拦截打击、信息对抗和综合保障等方面状况,判断体系关键要害、薄弱环节及体系外部支撑条件;作战力量,主要是地面防空所配属的防空兵器装备型号、数量,兵力编成,兵力部署,保障资源配置状况以及部队训练水平、士气等,重点分析作战力量的能力强弱点;作战资源,重点分析情报保障能力、信息通信保障能力、装备维修能力、后勤保障能力、网电对抗能力和兵员补充等作战资源能力底数,提出资源优化调配的保障方法。具体如表 4.2 所示。

表 4.2　我情要素分析基本构架

基本要素	主要内容
作战体系	侦察预警、指挥控制、拦截打击、信息对抗、综合保障等体系状况,体系强弱点,外部支撑条件
作战力量	武器装备型号、数量,兵力编成,兵力部署,保障资源配置状况,部队训练水平、士气等,力量强弱点
作战资源	情报保障能力、信息通信保障能力、装备维修能力、后勤保障能力、网电对抗能力、兵员补充等

3. 战场环境要素分析基本构架

战场环境要素分析,包括分析作战区域内自然环境、社会环境、信息环境情况,并研判对防空作战行动的影响。其中,自然环境,主要分析作战区域地形、气象、水文、道路、海空域及外层空间等情况及其变化规律,以及对作战行动的不利影响;社会环境,主要分析作战区域政治、经济、社会特点,当地人文科技、民族宗教、能源交通、水源供给、卫生防疫等情况及对作战行动的限制;信息环境,主要分析作战地域内电磁环境、网络资源、社会舆情等情况及对作战行动的影响。具体如表 4.3 所示。

表 4.3　战场环境要素分析基本构架

基本要素	主要内容
自然环境	地形、气象、海洋(水文)、道路、海空域及外层空间等情况,自然环境利用策略等
社会环境	政治、经济、社会特点、当地人文科技、民族宗教、能源交通、水源供给、卫生防疫等情况
信息环境	电磁环境、网络资源、社会舆情等情况

4. 对抗关系要素分析基本构架

对抗关系要素分析,主要由能力对比分析和综合分析结论两部分组成。其中,能力对比分析包括敌我双方侦察预警能力、指挥控制能力、机动投送能力、火力打击能力、信息对抗能力、综合防护能力、综合保障能力等方面;综合分析结论主要包括敌方体系要害及强弱点、我方关键强弱点、敌对我主要威胁及我方主要战机等方面分析结果。具体如表 4.4 所示。

表 4.4　对抗关系要素分析基本构架

基本要素	主要内容
能力对比	侦察预警能力、指挥控制能力、机动投送能力、火力打击能力、信息对抗能力、综合防护能力、综合保障能力
综合分析	敌空袭体系关键要害及强弱点,地面防空体系主要强弱点,对我主要威胁,我方主要战机等

5. 作战意图理解基本构架

作战意图是上级指挥员对达成作战目的的基本设想,是确定本级作战决心的基本依据,能否全面、系统、准确地理解上级作战意图对整个筹划方向和筹划质量具有重大影响。作战意图理解,主要是围绕上级赋予的防空作战任务,梳理总结本级作战目的、终止状态、主要任务、预期效果以及作战限制等方面内容。具体如表 4.5 所示。

表 4.5　作战意图理解基本构架

基本要素	主要内容
作战目的	作战背景、作战任务、作战指导、作战底线、作战限制
终止状态	我担负任务完成情况、我方战损情况、后续弹药补充情况及战役总体进程
主要任务	保卫目标、掩护区域、协同任务、打击目标等
预期效果	目标抗击率、保卫目标完好率以及我方作战资源消耗率、敌空袭体系破击程度、敌重要目标打击效果等
作战限制	作战空间限制、作战时间限制、打击目标限制、火力运用限制等

4.4　基于 SWOT 法的情况判断综合分析

古今中外善谋打仗的将帅总能准确洞悉战场态势,把握有利之势,因势利导,克敌制胜。基于 SWOT 法的优劣、强弱、机会和威胁思想,通过分析敌我作战能力强弱对比、主要威胁以及预测战机，并结合本级的作战能力和保障能力，寻求可能使敌空袭体系崩溃和作战意志瘫痪的最佳行动路径[39]。

4.4.1 基于模糊综合评判的空袭体系威胁分析

威胁分析是全面准确掌握情况、筹划作战行动的基础。其建模分析可采用层次分析法、模糊综合评判法、灰色关联度法和神经网络方法等，地面防空威胁分析需要从防空作战任务出发，准确判断初始态势并预测战局发展，由于防空作战力量多元、情报信息量大、不确定性因素多，很多因素很难具体量化。这里选用模糊综合评判法，能有效降低因素模糊性给评判带来的不利影响，较为客观地评价威胁程度，其分析流程如图 4.11 所示[40]。

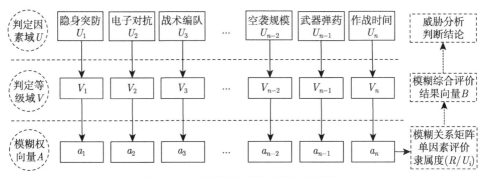

图 4.11 空袭体系威胁模糊综合评判

1) 建立空袭作战体系威胁影响判定因素域

空袭作战体系是一个复杂系统，对于防空方而言，评价其威胁程度的影响因素众多，分析时需要对影响因素重要度进行把握，结合作战重心分析法的分析思路，筛选出其关键性影响因素，确定判定因素域 U，构建空袭作战体系 n 个影响因素威胁度的评价指标

$$U = \{U_1, U_2, \cdots, U_n\} \tag{4.2}$$

2) 确定评定等级域

对空袭体系每一个模糊子集的威胁进行评价，确定评价威胁等级的集合，每一个威胁等级可对应一个模糊子集。根据防空作战经验和演练数据分析，综合考虑实用性与可行性，可将敌空袭威胁等级量化为 7 级：很大 (VG)、较大 (GR)、大 (GT)、中等 (MD)、较小 (ST)、极小 (TT)、无 (NT)，依次标识表示为 $0 \sim 6$ 级，对应的评定等级域 V 为

$$V = \{V_1, V_2, \cdots, V_m\} \tag{4.3}$$

3) 建立模糊权向量

由于 n 个因素威胁度评价指标对被评目标重要性的影响不完全相同,各指标对敌空袭体系的影响也是不同的,在分析判断威胁前要确定模糊权向量。在模糊综合评价方法中,权向量 $\boldsymbol{A}$ 的元素 a_i 是因素 u_i 对模糊子集的隶属度,需采用模糊方法来确定,在实际应用中可采用专家打分法和层次分析法,计算后对其进行归一化处理,模糊权向量 $\boldsymbol{A}$ 表示为

$$\boldsymbol{A} = (a_1, a_2, \cdots, a_n) \tag{4.4}$$

4) 建立模糊关系评价矩阵

根据威胁等级模糊子集对敌空袭体系中威胁因素域所含因素 $v_i(i=1,2,3,\cdots,n)$ 逐个量化,模糊关系矩阵是通过对应隶属度 $(R|u_i)$ 求得

$$\boldsymbol{R} = \begin{bmatrix} R|v_1 \\ R|v_2 \\ \vdots \\ R|v_n \end{bmatrix} = \begin{bmatrix} r_{11} & r_{12} & \cdots & r_{1m} \\ r_{21} & r_{22} & \cdots & r_{2m} \\ \vdots & \vdots & & \vdots \\ r_{n1} & r_{n2} & \cdots & r_{nm} \end{bmatrix}_{n \times m} \tag{4.5}$$

式中,r_{ij} 表示为某个目标相对因素 v_i 而言对评价集中威胁等级 v_j 的隶属度,而一个被评目标在某个因素 v_i 方面的表现是通过模糊向量 $(R|u_i) = (r_{i1}, r_{i2}, r_{i3}, \cdots, r_{im})$ 来描述的。

5) 模糊综合评价

利用模糊权向量 $\boldsymbol{A}$ 与被评目标的模糊关系矩阵 $\boldsymbol{R}$ 的列向量 $(R|u_i) = (r_{i1}, r_{i2}, r_{i3}, \cdots, r_{im})$ 计算得到模糊综合评价向量 $\boldsymbol{B}$,进而分析得到空袭体系总隶属度,可表示为

$$\boldsymbol{B} = (b_1, b_2, \cdots, b_m) = \boldsymbol{A} \circ \boldsymbol{R} = (a_1, a_2, \cdots, a_n) \begin{bmatrix} r_{11} & r_{12} & \cdots & r_{1m} \\ r_{21} & r_{22} & \cdots & r_{2m} \\ \vdots & \vdots & & \vdots \\ r_{n1} & r_{n2} & \cdots & r_{nm} \end{bmatrix} \tag{4.6}$$

式中,b_j 是由 $\boldsymbol{A}$ 与 $\boldsymbol{R}$ 的第 j 列计算得到,可理解为被评目标在威胁等级域 V_j 等级模糊子集的隶属程度。

6) 威胁分析判断

地面防空威胁分析,是对敌空袭作战体系威胁情况进行的判断,主要是从敌空袭体系强点和体系弱点威胁两个方面考虑。按照最大隶属度原则对模糊综合评价集 $\boldsymbol{B} = (b_1, b_2, \cdots, b_m)$ 对应评价等级域 V 进行威胁排序,根据威胁排序即可分析出敌空袭体系强点对防空体系弱点的威胁程度。

4.4.2 基于对策矩阵的战机分析

战机是适合用兵作战的有利时机。空防对抗体系中,由于空袭作战企图、规模、样式等诸多不确定因素,防空方主要是依据有限的情报信息分析判断进行预测。只有审时度势,因势利导,准确分析预判和把握战机,才能克敌制胜。

战机的形成由作战双方多种因素和条件决定,通常稍纵即逝。组织指挥作战时要善于把握、捕捉和创造战机。防空作战战机是地面防空优势强点契合敌空袭作战体系劣势弱点的最优策略组合。依据对策矩阵分析法,构建空防对抗体系模型进行对策分析就可以分析判断有利战机。

1) 构建对策矩阵

为便于问题描述,这里假设空防体系对抗为有限零和对策,将对抗要素用一个对抗矩阵表示。在空防对抗体系有限零和对策中,防空方的取胜(战损)就是对抗体系中空袭方的战损(取胜),对策双方的取胜函数仅相差一个负号。可利用矩阵将问题描述为:如果防空作战体系 A 有 m 种策略 $\alpha_1, \alpha_2, \cdots, \alpha_m$,空袭作战体系 B 有 n 种策略 $\beta_1, \beta_2, \cdots, \beta_n$,当 A 采取策略 α_i,B 采取策略 β_j 而形成局势 (α_i, β_j) 时,B 的战损代价(或 A 的取胜)是 c_{ij},即 A 的取胜函数 f 在局势 (α_i, β_j) 处的函数值为 c_{ij},$f(\alpha_i, \beta_j) = c_{ij}$。由此可以构建 B 的战损矩阵(或 A 的取胜矩阵)如下 [40]:

$$\begin{array}{c} \\ \alpha_1 \\ \alpha_2 \\ \vdots \\ \alpha_i \\ \vdots \\ \alpha_m \end{array} \begin{array}{c} \begin{array}{cccccc} \beta_1 & \beta_2 & \cdots & \beta_j & \cdots & \beta_n \end{array} \\ \left[\begin{array}{cccccc} c_{11} & c_{12} & \cdots & c_{1j} & \cdots & c_{1n} \\ c_{21} & c_{22} & \cdots & c_{2j} & \cdots & c_{2n} \\ \vdots & \vdots & & \vdots & & \vdots \\ c_{i1} & c_{i2} & \cdots & c_{ij} & \cdots & c_{in} \\ \vdots & \vdots & & \vdots & & \vdots \\ c_{m1} & c_{m2} & \cdots & c_{mj} & \cdots & c_{mn} \end{array} \right] \end{array} \quad (4.7)$$

2) 问题建模

根据前面对战机的理论分析,构建空防对抗体系对策矩阵,用数学描述可理解为寻求一种最优策略,即空袭作战体系 B 寻求 $\beta_1, \beta_2, \cdots, \beta_n$ 中的一个策略 β_r 使得 B 具有最小战损,而同时防空作战体系 A 在 $\alpha_1, \alpha_2, \cdots, \alpha_m$ 中寻求一个策略 α_s 使得这时 A 的取胜概率最大。即空防对抗体系中防空作战体系 A、空袭作战体系 B 的策略集分别为

$$S_1 = \{\alpha_1, \alpha_2, \cdots, \alpha_m\} \quad (4.8)$$

$$S_2 = \{\beta_1, \beta_2, \cdots, \beta_m\} \quad (4.9)$$

将空防对抗体系过程中双方战损情况用战损矩阵描述为 $\boldsymbol{C} = (c_{ij})_{m \times n}$，则可以将矩阵对策问题记为

$$G = \{S_1, S_2; \boldsymbol{C}\} \tag{4.10}$$

其中，矩阵 $\boldsymbol{C}$ 称为对策 G 的战损矩阵 (或取胜矩阵)。式 (4.1) 称为对策矩阵的数学模型。

3) 分析求解

对策论中关于对策矩阵的求解通常通过求解最优纯策略，根据对防空作战战机的理论分析，对于对策矩阵 $\boldsymbol{G} = \{\boldsymbol{A}, \boldsymbol{B}; \boldsymbol{S}_1, \boldsymbol{S}_2; \boldsymbol{C}\}$，若存在态势 $(\alpha_i{}^*, \beta_j{}^*)$ 满足

$$c_{ij*} \leqslant c_{i*j*} \leqslant c_{i*j}, i = 1, 2, \cdots, m; j = 1, 2, \cdots, n \tag{4.11}$$

则称态势 $(\alpha_i{}^*, \beta_j{}^*)$ 为对策矩阵 $\boldsymbol{G}$ 的纯策略解或鞍点。策略 $\alpha_i{}^*$、$\beta_j{}^*$ 分别称为空防对抗体系中敌我双方 A、B 的最优纯策略。c_{i*j*} 称为对策 G 的值，记为 VG，即 $V_G = c_{i*j}$。

通过求解对策矩阵，防空作战体系 A 采用策略 αi 时的最小胜率为 $\min\limits_{j} c_{ij}$，防空作战体系总期望选择一个策略 $\alpha_i{}^*$，使得最小胜率 $\min\limits_{j} c_{ij}$ 中取最大值 $\max\limits_{i}\min\limits_{j} c_{ij} = c_{i*j}$；同理，敌空袭作战体系 B 总期望选择一个策略 $\beta_j{}^*$，使得最大战损 $\max\limits_{i} c_{ij}$ 中取最小值 $\min\limits_{j}\max\limits_{i} c_{ij} = c_{ij*}$。当出现两者相等时，则形成对策矩阵鞍点，这对攻防双方均是最佳策略。只要空袭方未选择其最佳策略，地面防空就能获得较高胜率而构成有利战机。

4.4.3 基于作战势能比的体系优劣分析

情况判断除了对敌、我、战场环境及对抗关系等要素进行定性描述外，要准确分析判断敌我双方作战体系的强弱还需做进一步定量分析。敌我作战体系定量化建模分析，能够揭示空防对抗体系作战效能和力量运用间的变化规律。这里采用基于作战势能比的分析方法，用以反映敌我作战体系优劣对比情况，实现对空防作战体系的定量化分析。

1) 建立作战势能比函数

空防对抗双方的毁伤系数矩阵可通过投入的兵力兵器、挂载武器、战术战法等要素构建，并简化为多兵种武器系统直瞄交战的兰彻斯特方程规范交战模式进行求解。

设定空袭作战体系投入 m 型兵器，数量规模为 $y_i (i \in [1, m])$，地面防空所配属的防空兵力为 n 型兵器混编，数量为 $x_j (j \in [1, n])$，通常 x_j 作为己方为已知。假设敌我双方的交战毁伤系数矩阵为 $\boldsymbol{A}$、$\boldsymbol{B}$，火力配置矩阵为 $\boldsymbol{\varPhi}$、$\boldsymbol{\varPsi}$，则用于描述防空作战杀伤过程的兰彻斯特方程如下：

$$\begin{cases} \dot{\boldsymbol{x}} = -(\boldsymbol{B}*\boldsymbol{\Psi})\boldsymbol{y} \\ \dot{\boldsymbol{y}} = -(\boldsymbol{A}*\boldsymbol{\Phi})\boldsymbol{x} \end{cases} \tag{4.12}$$

其中，$\boldsymbol{x}$，$\boldsymbol{y}$ 为双方实力向量；$\boldsymbol{\Phi}$、$\boldsymbol{\Psi}$ 均为列和不超过 1 的非负火力分配矩阵；$\boldsymbol{A}$、$\boldsymbol{B}$ 是非负的毁伤系数矩阵；"$*$"表示矩阵对应元素相乘。且满足

$$\begin{cases} \boldsymbol{x} = (x_1,\cdots,x_n)^{\mathrm{T}} \\ \boldsymbol{y} = (y_1,\cdots,y_n)^{\mathrm{T}} \end{cases}, \boldsymbol{\Phi} = \begin{bmatrix} \phi_{11} & \cdots & \phi_{1n} \\ \vdots & & \vdots \\ \phi_{m1} & \cdots & \phi_{mn} \end{bmatrix}, \boldsymbol{\Psi} = \begin{bmatrix} \psi_{11} & \cdots & \psi_{1n} \\ \vdots & & \vdots \\ \psi_{m1} & \cdots & \psi_{mn} \end{bmatrix},$$

$$\boldsymbol{A} = \begin{bmatrix} a_{11} & \cdots & a_{1n} \\ \vdots & & \vdots \\ a_{m1} & \cdots & a_{mn} \end{bmatrix}, \boldsymbol{B} = \begin{bmatrix} b_{11} & \cdots & b_{1n} \\ \vdots & & \vdots \\ b_{m1} & \cdots & b_{mn} \end{bmatrix}$$

2) 建立空防体系对抗模型

按照规范交战模式要求，构造防空作战规范交战模式，可得到双方最优的火力配置矩阵 $\boldsymbol{\Phi}$、$\boldsymbol{\Psi}$ 和双方各型兵器的作战指数向量 $\boldsymbol{v} = (v_1, v_2, \cdots, v)$ 和 $\boldsymbol{u} = (u_1, u_2, \cdots, u)$。空防对抗双方的作战势能变量为 V、U，并记载 V、U 初始态势时刻 t_0 时为 $V_{t_0} = V_0$、$U_{t_0} = U_0$，则有

$$\begin{cases} V_0 = \sum_{i=1}^{m} v_i y_i \\ U_0 = \sum_{j=1}^{n} u_j x_j \end{cases} \tag{4.13}$$

空防对抗双方的总作战势能函数 V、U 演变过程服从兰彻斯特平方律，即

$$\begin{cases} \dot{U} = -\lambda V \\ \dot{V} = -\lambda U \end{cases} \tag{4.14}$$

其中，λ 为空防对抗的激烈程度。通过式 (4.14) 可以看出，空防对抗双方所投入作战力量资源越多，空防对抗越激烈，λ 值越大，敌我双方总作战指数下降越快，符合信息条件下空防对抗的客观规律。

3) 基于空防对抗模型的作战势能比求解

根据式 (4.1) 定义的作战势能比 $\eta = U/V$，空防对抗态势中敌我优劣强弱问题就是求解 η，亦即求解 (U, V)，这需要知道 $\boldsymbol{x}$、$\boldsymbol{y}$、$\boldsymbol{A}$、$\boldsymbol{B}$ 等相关因子和相应空防对抗过程，根据前面建立的分析模型，空防对抗体系在战场态势演变进程中的

作战势能可表示为

$$\begin{cases} \dot{U} = \sum_{j=1}^{n} u_j \dot{x}_j = \boldsymbol{u}^{\mathrm{T}} \dot{\boldsymbol{x}} \\ \dot{V} = \sum_{i=1}^{m} v_i \dot{y}_i = \boldsymbol{v}^{\mathrm{T}} \dot{\boldsymbol{y}} \end{cases} \tag{4.15}$$

再将式 (4.15) 代入式 (4.14)，得到

$$\begin{cases} \dot{U} = -\boldsymbol{u}^{\mathrm{T}} \left(\boldsymbol{B} * \boldsymbol{\Psi} \right) \boldsymbol{y} = -\sum_{j=1}^{n} \left(\sum_{i=1}^{m} u_i b_{ij} \psi_{ij} \right) y_j \\ \dot{V} = -\boldsymbol{v}^{\mathrm{T}} \left(\boldsymbol{A} * \boldsymbol{\Phi} \right) \boldsymbol{x} = -\sum_{i=1}^{m} \left(\sum_{j=1}^{n} v_j a_{ji} \varphi_{ji} \right) x_i \end{cases} \tag{4.16}$$

则地面防空 X_i 类防空武器系统 (火力单元) 对敌空袭作战体系总作战势能 V 的毁伤贡献率为

$$\Pi_{x_i}(V) = \sum_{j=1}^{n} v_j a_{ji} \phi_{ji} \tag{4.17}$$

敌空袭作战体系中 Y_j 类空袭作战平台 (空袭兵器) 对地面防空总作战势能 U 的毁伤贡献率为

$$\Pi_{y_j}(U) = \sum_{i=1}^{m} u_i b_{ij} \psi_{ij} \tag{4.18}$$

则空防对抗体系作战势能比 η 为

$$\eta = \frac{U}{V} = \frac{\boldsymbol{u}^{\mathrm{T}} \boldsymbol{x}}{\boldsymbol{v}^{\mathrm{T}} \boldsymbol{y}} = \frac{\sum_{i=1}^{m} \lambda \left(\sum_{j=1}^{n} v_j a_{ji} \phi_{ji} \right) x_i}{\sum_{j=1}^{n} \lambda \left(\sum_{i=1}^{m} u_i b_{ij} \psi_{ij} \right) y_j} \tag{4.19}$$

在不考虑空防对抗体系其他复杂因素对作战效能影响的前提下，则 u_i、ν_j、ϕ_{ji}、ψ_{ij} 可视为待求量，其他参量均已知；若考虑空防对抗体系对兵力配置的影响，则 u_i、ν_j、ϕ_{ji} 为待求量，其他参量均已知。空防对抗敌我双方作战势能比 η，可按照规范交战模式的求解方法，用经过修正后的火力毁伤系数矩阵 $\boldsymbol{A}$、$\boldsymbol{B}$，求解出火力分配矩阵 $\boldsymbol{\Phi}$、$\boldsymbol{\Psi}$，计算 $\boldsymbol{G} = \boldsymbol{A} * \boldsymbol{\Phi}, \boldsymbol{H} = \boldsymbol{B} * \boldsymbol{\Psi}$，求得矩阵 $\boldsymbol{HG}$ 归一化处理后的特征向量 $\boldsymbol{u}^{\mathrm{T}}$ 以及矩阵 $\boldsymbol{GH}$ 归一化处理后的特征向量 $\boldsymbol{u}^{\mathrm{T}}$，这样 u_i、ν_j、ϕ_{ji}、ψ_{ij} 均可有效求解。

4) 作战势能比分析

为进一步细化评判标准，定义 α、β，其中 α 是形成决定性优势基准，β 为较大优势基准，α、β 对于不同空防对抗情况其取值也不一样。可根据求解情况，分析某时刻敌我优势强弱，当拥有绝对优势时 $\eta > \alpha$，拥有较大优势时 $\alpha > \eta > \beta$，微弱优势时 $\beta > \eta > 1$。相反，地面防空处于绝对劣势时 $\eta < 1/\alpha$，较大劣势时 $1/\alpha < \eta < 1/\beta$，微弱劣势时 $1/\beta < \eta < 1$，均势时 $\eta = 1$。通过上述作战势能比的定量化计算可分析得到敌我作战体系的优劣强弱。

4.4.4 综合分析判断

通过把握敌我双方作战势能比的动态变化规律，在分析关键性局部态势时，应把握态势的有利因素，避免不利情况出现，科学确定或调整力量使用方式，创造性地运用战术战法，努力促成防空作战优势，力争有利态势，力避不利态势，将局部优势转化为全局优势，致空袭之敌于劣势，以优势克敌取胜，遏制其作战企图，瘫痪其作战体系，最大限度地降低我方损失。关键性局部态势分析流程如图 4.12 所示。

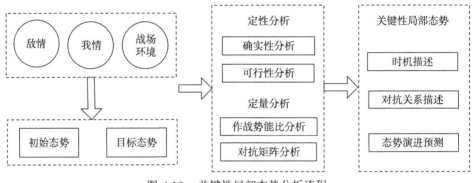

图 4.12 关键性局部态势分析流程

随着战争进程的发展，空防对抗优劣关系并非一成不变，通过双方兵力投入和系列作战行动，存在着此消彼长的动态关系。通过情况判断，可精准预测战场态势发展，准确判断影响作战行动全局的关键性时节态势，进而构想多种巧妙的欺敌、制敌之策，制定出符合战场实际的防空作战计划。

在敌空袭作战体系威胁分析和空防对抗体系强弱点分析判断基础上，通过矩阵对策分析，在空防对抗演变进程中会出现一个或多个影响战局的关键性时节，把握住关键性时节态势，就是把握住有利于地面防空作战体系效能发挥和作战任务完成的关键性局部态势。敌我强弱点是情况判断综合分析的关键，可从敌我双方的结构、能力、保障、精神、环境和转化等方面进行综合分析，如图 4.13 所示。

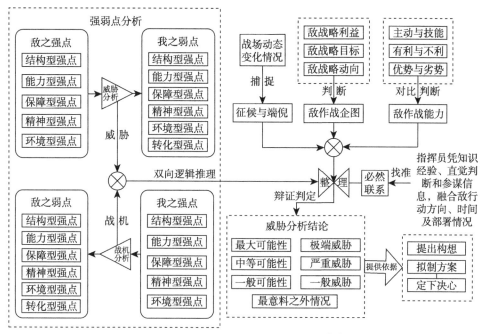

图 4.13　情况判断综合分析示意图 [24]

其中,结构型强弱点,主要指所配属的防空作战力量、资源等要素组成体系的完整性,如信火一体化程度、体系作战效能等;能力型强弱点,主要指拦截打击能力、机动能力以及防护能力等,体现在对隐身飞机、高超声速飞行器、弹道导弹、巡航导弹等防空体系威胁较大目标的抗击能力;保障型强弱点,主要指支援保障力量、资源、手段的完备性,如弹药补给、装备抢修、物资器材运输补充等,由于空防对抗投入的武器装备技术含量高、对抗激烈消耗大,双方作战体系效能发挥的好坏很大程度上依赖综合保障;精神型强弱点,主要指空防对抗双方战斗人员的心理、意志和士气,包括参战人员战斗意志、敢打必胜品质、作战经验以及心理素质等;环境型强弱点,主要指空防对抗双方对自然环境、社会环境、信息环境等战场环境的利用、营造程度;转化型强弱点,主要指空防对抗双方通过一系列作战方法手段将之前的强弱点促使其按照自己意愿所发生的转化,如调整战斗部署、优化作战编组、灵活运用战术战法,以及加大信息对抗手段等 [24]。

基于 SWOT 法的情况判断综合分析,可以得出有关空袭体系威胁、地面防空战机和敌我双方体系强弱点的结论,这一结论可作为作战构想中目标态势设定和关键节点设计的重要依据。

第 5 章 基于策略集的地面防空作战构想设计

作战构想是指挥员对作战行动的构思和设想,包括对作战目的、作战方向、战法和行动步骤等的概略设想[1]。作战构想设计是作战筹划活动承上启下的关键环节,决定着整个作战筹划是否"做正确的事"。作战构想本质上是一种提要式作战预案,作战构想设计的核心是解决如何由当前初始态势向作战目的所期望的最终态势演进的思维过程,充分体现指挥员的指挥艺术与谋略水平。

5.1 作战构想及其策略集

主将必集思广益,而后可以制胜。作战构想是指挥员谋划作战行动的思维起点,最能体现其作战筹划创新能力与谋划水平。要充分认识作战构想设计在作战筹划中的重要地位,把握作战构想设计的特点和时机,厘清作战构想设计的逻辑链条,通过构建策略集,为指挥员及其参谋团队提供规范化、标准化的作战构想设计参考素材。

5.1.1 防空作战构想

1. 作战构想设计的地位

作战构想设计决定着整个作战筹划工作"做正确的事"。作战构想是将指挥员谋划思维转化为决心意志,是后续作战方案拟制、作战计划制定的顶层设计,决定着作战筹划的方向。从作战构想设计、作战方案拟制、作战计划制定到部队行动的过程,类似一部小说从最开始构思、小说成稿、剧本改编到电影拍摄的过程,如图 5.1 所示。其中,作战构想设计类似小说作者根据撰写小说初衷对小说人物、情节、关系等小说关键要素的总体构思;作战方案拟制类似根据小说构思进行人物、场景、活动具体描述,但小说成稿后无法直接用来拍摄电影,需要编剧将小说改编为电影剧本或镜头脚本以便于导演、演员拍摄;作战计划制定则类似将作战方案"改编"为可用于指导部队行动的"剧本"过程。可见,在整个过程中作战构想设计是作战筹划最为重要的环节,直接决定作战筹划的成效,在作战筹划流程上起到承上启下的"桥梁"作用。

可见,"作战构想 → 作战方案 → 作战计划"是一个从前至后、一以贯之、逐步发展不断明晰的过程[41],如图 5.2 所示。作战构想是在任务理解和情况判断基础上,对涉及作战行动中重大问题的总体要点式设想,是解决"做正确的事"问题；作战方案是对作战构想的具体明晰，是在作战构想解决了重大作战问题后，对一系列作战目标和作战行动的具体设计，是解决"把正确的事做正确"问题，作战构想与作战方案在数量上通常是一对多关系；作战计划是对作战方案中行动设计的进一步细化和完善，重点明确不同作战行动的时空次序、联动协同和综合保障，具有明确、详尽、可执行特点，是解决"具体怎么做"问题，作战方案与作战计划在数量上通常是一对一关系。可见，作战构想、作战方案到作战计划是一个描述粒度从大到小、由粗至细的渐进过程，作战构想本质上是一个提要式作战方案，作战方案是作战构想的具体化，而作战计划则是一个可执行作战方案。因此，作战构想和作战方案均是作战筹划的过程产品，而作战计划是部队组织作战行动依据，是整个作战筹划的最终产品和成果。

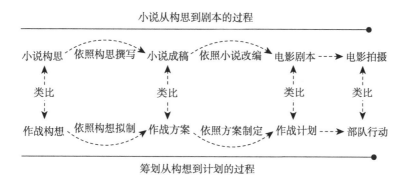

图 5.1　作战筹划与电影制作过程的类比示意图

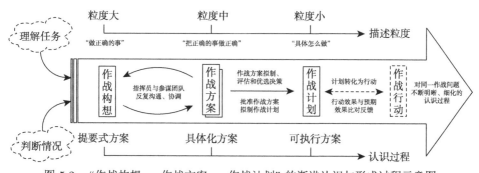

图 5.2　"作战构想 → 作战方案 → 作战计划"的渐进认识与形成过程示意图

由于作战构想设计是作战筹划中最为重要的环节，是指挥员对作战全局的初步构想和前瞻性、连续性的思维活动，反映了指挥员对战场态势认知程度和对作战行动的规划能力，集中体现了指挥员理性思维和指挥艺术水平，作战构想一旦出现设计性偏差，后续所有的筹划工作都将推倒重来。

2. 作战构想设计的特点

框架性。作战构想是指挥员基于对上级作战意图、本级任务、作战能力及对战场态势综合分析判断基础上，对作战行动进行的总体设计和概略设想。著名法国兵学大师若米尼(1779—1869年)曾提出："军事准备会议的唯一职责应该是通过一般的作战计划，而这种计划不应对整个战局的进程规定过细，不应束缚将领们的行动自由，否则必然会导致失败。"作战构想设计是对作战行动大致轮廓上的总体考虑，而不是详细的作战行动描述，更不是作战方案，体现的是高屋建瓴、突出重点和把握关键，注重的是概略性和要点式设计[42]。当然，作战构想内容也不能过于笼统，否则容易使后续的作战方案拟制迷失方向，也就失去了作战构想设计的实际意义。

主动性。将作战构想设计作为作战筹划的一个独立环节，强化了战争设计在攻防对抗中的主导地位，推动了作战筹划由传统被动应对向主动设计转变，根据初始战场态势、敌我双方强弱点和特殊战场环境的利弊影响，着眼我方作战体系优势的有效发挥，主动构设战局、合理预设进程、全程掌控节奏。这种"以我为主"的主动战争设计，从作战准备阶段就主动谋局、设局并全程主导战局发展，需要指挥群体拨开"战争迷雾"，综合运用类比思维、发散思维、逆向思维、聚合思维等思维方法，充分发挥群体想象力和创造力，设计谋划战术战法，以争夺作战筹划优势。

全局性。作战构想设计是对作战行动的初步考虑，虽然不需要详细描述和细节追求，但对作战指导、作战重点、主要战法、关键阶段、主要力量运用等关键行动要素必须综合考虑，并体现指挥员对主要作战阶段、主要作战力量及关键作战行动的总体思路和全局设计。通过作战构想设计，可以在作战行动发起之前就营造出有利战场态势，确保部队能够在有利战场态势环境下更加果断、自觉地采取作战行动。

艺术性。作战构想是指挥员对作战行动的预先设计，具有前瞻性和预测性特点，体现的是指挥员富有创造性的思维活动，突显了作战构想设计的艺术性。之所以将作战构想设计称之为一门艺术，是因为它不像任何一门科学那样具有程式化特征，没有可以直接用来研习和遵循的设计公式，也很难提炼总结出某种设计规律，反映的是指挥员指挥素养，讲求的是"运用之妙、存乎于心"的独到见解和独特思维。

3. 作战构想设计的时机

根据作战筹划程序，作战构想通常情况下是在理解任务、判断情况基础上，以召开党委会的形式组织并提出确定。作战构想作为作战筹划的关键环节，在作战筹划活动中起着承上启下的作用，关乎整个作战筹划质量和时效。为此，作战构想除了在形成作战构想阶段重点考虑外,其酝酿时机也可适当前移或后延,如图 5.3 所示。

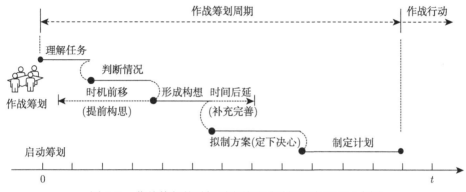

图 5.3　作战构想的时机适当前移或时间适当后延示意图

设计时机适当前移。指挥员在理解任务阶段,结合领会上级意图和明确本级任务工作时,就应着手考虑和酝酿作战构想,粗线条地勾勒出对作战行动的基本想法。在情况判断环节,可结合对敌情、我情、战场情况的分析研判,进一步构思完善设想,力争形成初步的作战构想。之后在形成作战构想阶段,在参谋团队的辅助下提出并形成构想,并报上级党委审批[43]。这样把作战构想的形成时机前移,有利于构思的连续性、完整性和形成构想的快速性。

设计时间适当后延。时间后延并不是延缓构想形成速度和上报时限,而是考虑到战场情况可能发生的各种变化,可将作战构想的补充完善过程向后延伸至作战方案拟制环节。因为作战构想并不下发部队,只是作为指挥机构拟制作战方案、定下作战决心的指导和依据,指挥员可在机关拟制方案的同时继续思考和完善作战构想[43]。当然,尽快确定构想能够将更多的筹划时间留给参谋团队拟制方案,无论作战构想确定时机前移还是时间后延,都是为了提高作战筹划质量和及时正确地定下行动决心,避免作战构想出现设计偏差。

5.1.2　作战构想策略集

信息化空袭与防空作战,作战体系结构复杂,作战进程演变迅速,加剧了防空作战构想设计的难度,只有主动预测战争发展趋势、设计谋划战争走向,才能实现从"被动应对"到"主动设计"的理念跨越。"故善战者,求之于势,不责于人,故能择人而任势"就是强调战场态势主动营造和设计的重要性。

美军 2016 年版《美军行动计划—战役概念和工具》(Planning for Action: Campaign Concepts and Tools) 中,将作战构想 (operational approach) 定义为指挥官理解当前态势和设定预期最终态势,并提出由当前态势达到最终态势作战方法的思维过程。其中，最终态势是指挥官期望达成的作战效果所形成的双方战场态势，应当与作战目的、上级赋予的作战任务保持吻合。为此，美军指挥官作战构想的形成过程：一是分析当前形势，即指挥官通过任务分析、敌情分析、作战环境分析，明确当前态势的状态，确定期望的最终状态；二是提出作战方法，即在确定所期望的最终状态之后，指挥官需要设想从当前状态转为最终状态的作战方法；三是构想作战结局，即指挥官确定的最终理想状态。美军作战构想形成过程如图 5.4 所示。

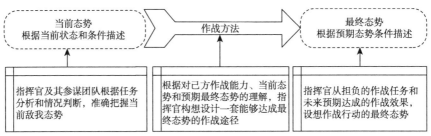

图 5.4 美军"当前态势—作战方法—最终态势"的作战构想形成过程示意图

为此，地面防空作战构想设计应当是把目标、环境、方法、手段、效果等有机关联起来，将复杂作战行动转化为清晰场景和演进路径的过程。在充分判断情况和理解任务基础上，指挥员根据防空作战目标和敌我初始态势，勾勒设计系列防空作战行动，界定战场态势发展和作战进程演变的逻辑推理，以形成有利态势，达成预期作战效果。通过谋求"先胜而后求战"，以夺取"致人而不致于人"的防空作战主动权。地面防空作战构想形成过程如图 5.5 所示。

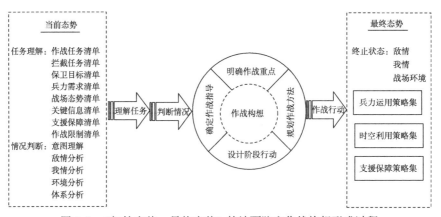

图 5.5 "初始态势—最终态势"的地面防空作战构想形成过程

可见，作战构想设计的逻辑链是如何通过设计合理的作战方法实现由当前态势达到预期最终态势的一个思维过程，该逻辑链构成要素：起点为当前态势或初

第 5 章　基于策略集的地面防空作战构想设计

始态势，中间连线为作战方法，终点为最终态势或目标态势。当前态势是战前空防双方的兵力部署、武器装备及相关战场环境等，最终态势为指挥员所期望达成的最终状态，该状态依据作战目的可由多个期望达成的作战目标组成，作战方法特指通过设计作战行动将当前态势到最终态势的相关节点或决定点连接在一起的逻辑线。通过作战构想设计的逻辑链结构，指挥员及其参谋团队更容易理解作战构想要素间的相互关系，更好地把握作战构想的整体框架和局部景象。

防空作战构想设计所涉及的要素多、范围广，其设计方法主要集中在指挥员逻辑推理思维层面，有必要将指挥员作战构想设计思维从头脑风暴式的隐性推理中抽象、塑形和规范，通过构建作战构想策略集，将复杂多样的设计思维问题简化降维，可为指挥群体快速聚焦、合力设计完备、有效、巧妙的防空作战构想提供规范化、标准化参考素材。

为此，作战构想策略集是指挥员及其指挥机关为实现从初始态势到最终态势选用的作战方法策略集合，所预设的每一条具体信息、行动、样式等内容都是策略集中的具体指标。《美军联合筹划纲要》将确定实现最终状态和效果的信息称为指标，是具有推导出条件、状态和提供可靠方法手段查明执行效果的信息集，并赋予效果评估指标(measure of effectiveness，MOE)和执行评估指标(measure of process，MOP)，以效果评估指标和执行评估指标将任务、目标和最终状态联系起来。地面防空作战构想策略集，由兵力运用策略、时空利用策略、支援保障策略等策略子集构成，是指挥谋略艺术在防空作战构想设计中的物化以及辅助指挥群体设计最佳作战构想的信息集合，如图 5.6 所示。

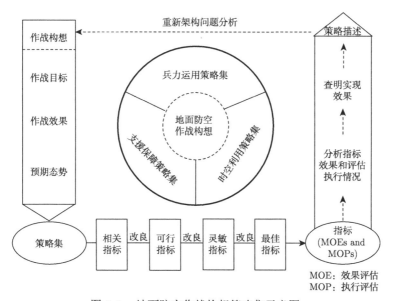

图 5.6　地面防空作战构想策略集示意图

5.2 作战构想设计的要求和方法

作战构想是在信息不完备情况下对未来战争的设计。只有实现作战构想胜敌一筹,才能争取行动主动,赢得制胜先机。提升防空作战指挥员作战构想设计能力,是胜任作战指挥岗位、有效履行作战指挥职能的必然要求。作战构想设计分为设计组织方法和设计思维方法,具体包括党委会、思维导图法、批判性思维法和风险分析法等。

5.2.1 作战构想设计要求

防空作战所具有的被动属性,迫切需要防空作战构想设计由"被动应对"向"主动设计"转变,这不仅需要规范的程式化线性作业解构战争,更需要运用非线性方法对防空战法进行创造性设计[21]。只有注重发挥人的主观能动性,创造性地认识战争、设计战争,不拘一格灵活用兵、扬长避短用兵、趋利避害用兵,积极营造有利战场态势,打破敌空袭行动规划,才能达成挫败、遏制和迟滞敌空袭行动之目的。

聚焦任务,主动谋局。局部战争实践反复证明,空防对抗已经上升到国家战略高度,对战争全局和局势演变有着重大影响。地面防空作战行动应服从战争全局,准确把握信息化战争的特点规律和制胜机理,创造性地达成上级作战意图,出色完成上级赋予的作战任务。地面防空作战构想要正确处理好局部与全局的关系,根据上级整体作战意图,从利害关系出发,抓住对全局有决定性意义的关键节点,围绕战争全局演进诉求构思地面防空作战行动、作战进程和预期效果。同时,集中优势力量、精锐利器于敌空袭主要方向、体系关键性节点和主要作战行动,贯彻攻势防空思想,由传统内线被动防御转向外线积极进攻,以创造性思维设计具备应对多样化空天安全威胁的防空作战行动样式和制胜手段,有效遂行多样化的地面防空作战任务。

把握枢纽,精准控局。善战者,致人而不致于人。战争实践表明,卓越的指挥者总是能够把握战争和战役的主动权,根本原因就是能够把握谋求致胜的战局枢纽。防空作战枢纽对战局发展具有决定性的牵引作用,抓住关节、扭住核心就是牵住了防空作战的"牛鼻子"。把握防空作战枢纽,抓住主要矛盾和矛盾的主要方面,集中解决实现防空作战目标的关键性问题,将精兵利器用于最能发挥其作用的位置和时节,在具有决定意义的作战空间和作战时节形成有利于我不利于敌的战场态势,才能促使战场态势不断向有利于我的方向转化。同时,充分利用大数据、人工智能、云计算等先进技术支持下的指挥信息系统和任务规划系统,将智能技术与谋略思维创造性结合,指挥艺术和科学方法有机融合,使决策思维推理的庙算、谋算与智能化算法的精算、深算、细算相契合,提高作战构想对战局枢纽、关键节点把握的科学性和精确性。

奇谋巧设，灵活设局。空防对抗战场态势发展演变迅猛，应通过灵活运用兵力、资源和战法争取防空作战时空行动的主动与优势。瞄准空袭体系要害，积极探寻敌作战体系弱点和可乘之隙，有机融合信息与火力，积极创造战机和创新战法，寓防于攻、动静结合，灵活变化、虚实结合，多法并举、奇正结合，充分运用构设假目标、战术佯动等欺敌诱敌手段，择机而动，乘虚而动，化被动为主动，变劣势为优势，创造条件夺取防空作战主动权。同时，作战构想应具备一定应变性，留出足够的行动回旋空间，一旦战场态势突变或无法按照既定设想推进时，能够对作战行动灵活调整。

多域协同，体系破局。空袭与反空袭作战是敌我双方体系的整体博弈，面对日益复杂残酷的空防对抗形势，任何单一军兵种防空力量都难以有效应对新型安全威胁。防空作战构想，要以利于形成体系防空作战能力为基点，依托数据链、星链、信息网络等信息化手段的助力作用，将分属于诸军兵种的防空作战兵力、资源、信息等体系要素有效聚合，优化结构、科学编组、资源共享、体系支撑和灵活运用，构建多平台、多维度、多手段的预警探测，网络化、分布式的指挥控制，信火一体、空地一体的火力配系，塑造基于高速信息网络的多域一体化联合防空体系。

5.2.2 作战构想设计方法

单凭指挥员"运用之妙、存乎一心"的经验、直觉和推理思维往往难以设计出系统全面又巧妙精准的作战构想。只有将作战构想设计方法进行规范，汇聚指挥群体的智慧和力量，找准作战设计各要素之间的内在逻辑联系，寻求作战构想设计的科学思维方法，才能形成符合防空作战制胜规律的作战构想。作战构想设计方法包括设计组织方法和设计思维方法[44]。

1. 设计组织方法

作战构想决定作战筹划方向，直接影响作战筹划成败，是战时典型的重大作战问题。为此，确定作战构想当属战时党委会的重要议题之一，应当提交党委会讨论决定，并上报上级党委批准。按照战时党委会的议事规则，确定作战构想的组织实施可分为提出作战构想、提交党委会讨论确定和报上级党委批复三个步骤。

步骤1：提出作战构想。在提交党委会讨论前必须要有一个作战构想预案供会议决策，预案的提出通常有三种途径：一是指挥员提出概略构想。指挥员在作战筹划中处于主导地位，具有丰富的理论和实践经验，应在理解任务、判断情况基础上，依据上级作战意图和本级作战任务，抓住作战行动关键问题作出概略设想，直接形成概略构想。这种方式要求指挥员必须具备较强的战局预见能力和较高的运筹谋划水平，便于临机处置和抓住战机。二是参谋团队辅助提出。通常由指挥员提出作战要点和大致设想，参谋团队按照指挥员思路和指导思想形成基本作战构想，并经过反复磨合最终形成作战构想。这种方法由于参谋人员深度介入，参谋人员能够更好地领会作战构想实质，便于按照指挥员意图拟制方案计划。三是集体研讨提出。主要用于平时筹划或时间充裕情况下的临战筹划，通常先由指挥员提出作战基本设想，之后通过集中召开研讨会议方式，组织相关指挥要素和下级指挥员共同讨论研究后提出。由于指挥员、参谋团队共同参与研究，更有利于下级从全局上理解把握任务和筹划下级作战行动。

步骤2：提交党委会讨论确定。党委会是党的会议，一般按照会前酝酿准备、组织民主讨论、形成党委决议的程序召开。党委会贯彻民主集中制，重大问题集体决定，并按照少数服从多数原则，通过民主表决形成会议决策。召开党委会的目的是把关定向，在组织民主讨论时，应当在领会上级意图、理解作战任务、分析研判形势基础上，重点就作战构想所提出的作战指导、主要作战方向、主要力量使用、主要行动设计以及作战阶段转换等原则性问题进行讨论。如果时间不允许，也可视情采取分头协商、书记合议、临机处置等方式进行决策。在作战准备阶段，只要情况允许，应当按照规定要求召开党委会议；在作战实施阶段，应当充分运用信息化手段，由军政主官征求常委意见后，按多数人的意见作出决定。情况紧急时可由首长临机决断，事后及时向党委报告。

步骤3：报上级党委批复。本级党委会形成的决议应报上级党委批准，上级党委批复后按照党委统一集体领导下的首长分工负责制组织作战方案拟制工作。

作战构想设计是一个创造性思维的过程，要形成对对手的作战筹划优势，作战构想设计必须坚持问题导向，聚焦关键要害，跳出细节谋全局，提高谋划站位，在对抗博弈上占据思维先机，才能牵引作战筹划深远谋划、整体布势。为此，在提出或讨论作战构想时应重点把握以下思维视角：

(1) 以对手思维提高作战构想设计的针对性。对手思维就是要站在对手的视角，结合其作战理论、武器装备、战术手段和作战能力筹划我方作战行动的思维。作战构想必须始终瞄准对手，聚焦对手，以强敌为靶，密切关注其兵力部署新动态，紧密跟踪其战术运用新变化，切实把敌情研究透，充分认清敌我双方的优势和不足，警惕"眼中无敌"和一厢情愿地臆想作战场景，对敌人能力强点视而不见，这是极其危险的[45]。

(2) 以长板思维发扬作战构想设计的优长性。长板思维就是要充分发扬我先进武器装备的优长，利用好战场环境，激发体系效能，占据战略主动。作战构想要以创造非对称作战优势为重点，全面掌握当前所处的战略环境、自然环境、社会环境、信息环境，扬长避短、趋利避害、避敌锋芒、出奇制胜，力求规避敌人擅长领域，立足自身兵力、装备优势追求作战方式的非对称，形成对作战对手的技术战术突袭，创造"以能击不能"的制胜手段，谋取局部的制胜优势，从而起到辐射带动效应[45]。

(3) 以计算思维增强作战构想设计的定量性。计算思维是一种量化的思维模式，它基于数据，按照一定规则和程序探寻事物本质，通过对数据的计算对比，揭示军事实践活动中的关系、模式、趋势和规律。这就要求作战构想在思想上重视作战计算，增强计算意识，以计算思维精拟、精算、精评作战构想，算好时空账、火力账和资源账，实现资源最佳配置和作战最小损耗。

(4) 以求异思维塑造作战构想设计的创新性。求异思维是打破经验化、程式化思维定势，实现出奇制胜的思想方法。作战构想设计断然不能脱离战场客观实际，需要立足自身实际，勇于提出新的作战理论和方法，创新发展灵活自主、克敌制胜的战术战法，先敌形成筹划优势，先敌形成作战优势，从而达到超越对手、抢占主动的目的。

2. 设计思维方法

作战构想设计是人机结合、脑机结合的系统性和创造性活动，需要科学的思维方法提供设计思路。这里主要介绍思维导图法、批判性思维法和风险分析法。

1) 思维导图法

当我们需要对某一议题征询群体创新性建议或设想时，通常采用头脑风暴法(brain storming)。头脑风暴法是由美国创造学和创造工程之父亚历克斯·奥斯本提出的，该方法是通过在不受任何拘束的氛围中以会议形式组织专题讨论，打破常规，敞开思路，畅所欲言，当一人提出想法时，会引发其他人的想象，彼此之间的思维碰撞能够产生一系列连锁反应，从而激发和汇集群体智慧。其组织基本步骤包括：确定中心议题，确定参会人员(应该是对该议题了解或感兴趣的人)和人数(一般5~6人为宜)，组织研讨，对发表的各种观点进行整理归纳。为便于群体想法梳理和逐步聚焦，通常需要经过若干轮回。为充分激发群体的智慧，头脑风暴法应把握四个原则：鼓励每个人独立思考，广开思路，不要屈从于权威或大多数人意见；不对别人发表的观点做任何正面或负面评价；可在别人观点基础上补充完善；在允许时间内，尽量收集更多观点。头脑风暴法的目的在于创造一种畅所欲言、自由思考的氛围，诱发创造性思维共振和连锁反应。但头脑风暴法存在着意见层次各异、形式上很难统一，研讨结论松散，观点难以聚焦等问题。

思维导图(MindMap)是一种快速梳理头脑风暴法发散性思维的有效图形工具。思维导图是1970年由英国著名心理学家托尼·博赞创造出的一种学习方法，具有快速归纳和清晰表述各种不同观点的优势，是表达发散性思维的一种可视化工具。该方法利用其整体性、非线性结构化的表述特点和清晰、直观、形象化的读图方法，对各种事物、知识之间的逻辑关系进行有效梳理，对人的思维过程完整呈现，将原本复杂的逻辑思维用简单的线条和图画表示，帮助人们从大量繁杂的信息中迅速掌握重点，提升注意力，并进一步启发联想力与创造力。在作战构想设计时，运用思维导图法有助于梳理、归纳群体的发散性和创造性思维，提高作战构想设计的工作效率，是一种指导和规范作战筹划的科学工具。

思维导图主要由中心主题、次主题、小主题构成，采用图文并茂的形式，把各级主题的关系用相互隶属和相关的层级图表现出来，把主题关键词与图像、颜色等建立记忆链接，充分运用左右脑机能，协助人们在科学与艺术、逻辑与想象之间平衡发展，从而激发使用者的发散性思维和创新型思维能力。思维导图的建立过程是从中心主题开始，随着思维的不断深入逐步形成一个有序图。同一层次的节点数目代表思维的广度，一个分支长度代表思维的深度。离中心节点越近，表示内容的包容度越高；反之，表示包容度越低。思维导图绘制步骤：首先将项目"中心主题"画在底图中央，其次由中心主题向外扩张分枝标注"次主题"，再由"次主题"向外扩张分枝标注更为详细的"小主题"或"要点"，最后在分枝上标注"关键词"表达次主题与主题间的关系[46]。常用的思维导图软件主要有 Xmind、Mindmaster、亿图图示 Edraw、MindManager 等，其主要功能见表 5.1。

表 5.1 常用思维导图软件功能

软件名称	主要功能特点
Xmind	一款易用性很强的软件，可随时开展头脑风暴，帮助人们快速理清思路，通过绘制思维导图、鱼骨图、二维图、树形图、逻辑图、组织结构图等结构化方式展示具体内容
MindManager	一个创造、管理和交流思想的通用标准，具有直观、友好用户界面和丰富功能，可帮助用户有序组织思维、资源和项目进程，其优势是与 Microsoft Office 无缝集成，可将数据快速导入或导出
亿图图示 Edraw	一款跨平台的全类型图形图表设计软件，可创建专业水准的思维导图、流程图、组织结构图、工作流程图、方向地图、数据库图表等
Mindmaster	一款国产跨平台思维导图软件，可在 Windows、Mac 和 Linux 操作系统上使用，具有智能布局、多样性幻灯片展示模式、精美设计元素、预置主体样式、手绘效果思维导图、甘特图视图等功能，可绘制单项导图、甘特图、组织结构图、鱼骨图、水平时间线、S 型时间线、垂直时间线、圆圈图、气泡图及扇状放射图等

使用 Xmind 软件绘制的作战构想思维导图示例如图 5.7 所示。

思维导图的本质在于放射性发散，从一个节点向四周进行放射性思考。这种放射性思考真实反映了大脑自然逻辑思维过程，使人的思想能够快速扩展开，这一特点与头脑风暴法的创造性想象力完全一致。将思维导图运用于头脑风暴法，可将头脑风暴中那些思维碰撞的火花和奇妙想法及时记录下来，使整个发散思维导图过程脉络清晰，并通过对思维导图的不断修订、完善，避免因思维混乱造成遗漏、断裂等问题。

思维导图的应用可极大提高头脑风暴法的研讨效率和质量，主要体现在：以问题为中心的思维导图使问题更加明确；统一的研讨设计和实施使研讨组织更加系统；作为交流工具使会议效率更加高效；结构化的意见展示和表达使意见表述更加规范；以思维导图来表现结论使结论更加直观；图形化的方式使专家思维和记忆更加深刻[47]。

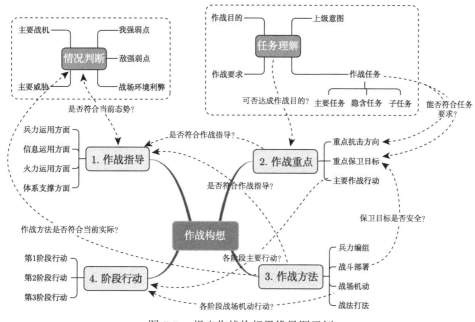

图 5.7 提出作战构想思维导图示例

2) 批判性思维法

古人云：疑则思，思则谋。战争是一个充满诡诈和不确定性的领域。面对错综复杂的战场情况，指挥员要善于见异识疑、以疑促思、以思出谋，拨开战场各种"面纱"和"迷雾"，洞察敌人的真实意图，进而创新奇谋良策，掌握战场主动权。美军在作战设计时十分强调批判性思维和创新性思维的运用，力求克服作战设计僵化保守的思维定式，批判性思维已成为美军高级指挥官必须掌握的一种思维技巧[48]。

批判性思维 (critical thinking) 是一种基于充分的理性和客观事实而进行理论评估与客观评价的能力与意愿，并不为感性和无事实根据的言论所左右，包括思维过程中洞察、分析和评估的过程。批判性思维强调反思和质疑，侧重于推理与论证，具有批判性思维的人能在问题辨析中发现漏洞，并能抵制毫无根据的想法。"批判"并不代表恶意，不是毫无理由地否定，而是根据事实合乎逻辑地评判。批判性思维有三种主要思维模式：批判–分析性思维 (critical-analytic thinking)、创造–综合性思维 (creative-synthetic thinking) 和实用–情景性思维 (practical-contextual thinking)。批判性思维是一种思维技能，其核心技能包括：解释 (interpretation)、

分析 (analysis)、评估 (evaluation)、推论 (inference)、说明 (explanation) 和自我校准 (self-regulation)。在批判性和创造性思维的基础上进行连续的对话和协作，不仅有利于克服常见的个人思维缺陷，而且在理解战场态势和作战环境方面也有利于形成一致意见。批判性思维有助于从海量信息中提取所需要信息，并确定其中的哪些信息对战场态势的影响最大。当上级的相关指导未能充分反映战场环境的复杂性时，这种思维对于降低作战风险是非常重要的。同时，批判性思维还有助于搞清上级命令的实质，使指挥官在对当前态势和预期最终状态的理解上与上级保持一致。批判性思维法模型具体见图 5.8[48]。

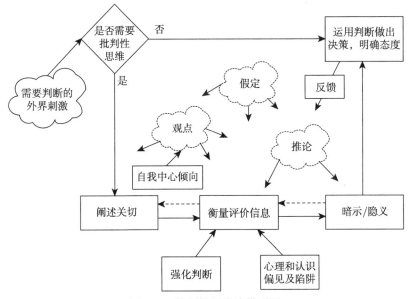

图 5.8　批判性思维法模型图

批判性思维作为一种有目的的、经过深思熟虑的判断和推理活动，对于作战设计的适应原则是非常重要的。面对战场不断涌现的新情况、新问题，仅凭以往经验去对待和解决显然不行，必须有针对性地提出新思路、拿出新解法，善于运用批判性思维抓住问题要领、遵循逻辑规律、善于质疑反省传统思维方式，自觉摆脱思维定式、转变思维方式，打破条条框框、善于推陈出新，在作战构想设计中实现创新突破。

3) 风险分析法

空防对抗态势瞬息万变，进程演变让其充满不确定性和风险性，对防空作战行动风险的辨识、评估与控制是指挥员作战构想设计时必不可少的重要内容。在达成作战目的的前提下，通过对作战构想的解析，寻求风险与收益的平衡点，避免采取不必要的高风险鲁莽行动。德国陆军元帅埃尔温·隆美尔专门就作战风险有过精辟阐释"针对行动中出现的未知威胁和风险,如果指挥官在作出决策后,能够重新主导、影响局势及行动的发展,那么他是在作出风险决策,否则其行为就与赌博无异"。

作战风险分析法,又称不可行性分析法,是指发现作战构想设计中潜在的风险,为指挥员提供正反两面的评估信息,辅助指挥员权衡利弊,最大限度地降低决策失误,做到对作战风险的预测、规避与管控[16]。在作战构想形成阶段通常采取"分析判断风险—推演评估风险—调整防范策略—持续管控风险"的方法,力求使防空作战行动收益超过潜在的代价或损失。没有风险的作战构想是不存在的,作战风险对于防空作战而言既是威胁也是机遇,指挥员在通过认知、经验和直觉设计防空作战行动时,应尽可能消除或降低风险带来的潜在危害。作战风险分析本质是帮助指挥员在利弊权衡中做出正确的抉择,两弊相衡取其轻,使收益大于风险,以小代价换取大胜利。

锦州战役中,塔山是锦州和华北联系的唯一通道,塔山阻击战是最大风险点,敌增援部队必将不惜代价猛烈攻击,加之地势平坦,易攻难守,塔山一旦失手,我军将陷于敌南北夹击之中[33]。为此,东北野战军总部高度重视塔山之战,除派出4纵、11纵等精锐部队坚守塔山,更是撂下前所未有的狠话"守住塔山,胜利就抓住一半,塔山必须守住。""不要伤亡数字,我只要塔山。"正是指挥员准确预见、果敢决策、全程掌控,守住了塔山这个影响全局的风险点,将危机转化为战机,赢得了锦州战役胜利。

战争实践表明,作战风险往往与行动收益成正比,指挥员在科学分析研判风险的基础上应大胆创新战法,果断筹划决策,以奇正制胜。鱼骨图是一种用于发现问题根本原因的分析方法,又称因果图,有助于指挥员对潜在风险原因进行剖析,通过改进措施降低潜在风险发生概率。基于鱼骨图的地面防空作战筹划风险分析如图 5.9 所示。

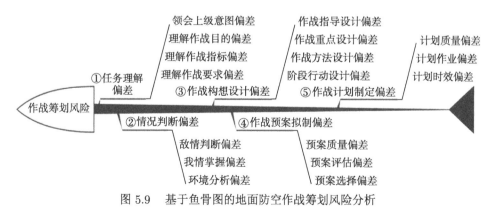

图 5.9 基于鱼骨图的地面防空作战筹划风险分析

5.3 作战构想设计的内容及其策略集描述

善谋者得势，寡谋者失势。空防对抗在一定程度上反映的是敌我双方指挥机关思维层次的智勇对决，成功的作战构想往往能够根据敌情变化而灵活创新变换战法，不断把控战场态势朝着有利于我方作战预期态势生成方向发展。

5.3.1 作战构想设计主要内容

作战构想是指挥员对作战行动的基本设想和总体考虑，是有关作战行动关键环节的系统设计，具有相对完整性和框架性。地面防空作战构想的内容通常包括作战指导、作战重点、作战方法和阶段行动等基本要素，各要素间互为条件和前提，共同支撑起作战构想的核心框架，如图 5.10 所示。

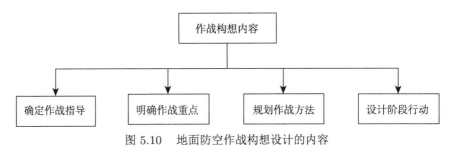

图 5.10　地面防空作战构想设计的内容

1) 确定作战指导

作战指导是指对作战筹划与实施的原则性指示和引导[1]。作战指导是在上级作战意图、本级作战任务充分理解以及敌情、我情、战场环境综合研判的基础上，对作战构想设计和规划下一步作战行动方案的一个总体原则性思路，对整个作战筹划具有全局性、方向性指导作用，属于作战构想顶层设计和首先要解决的问题，其本质是提出此次作战"基本思路"或"基本想法"，通常涉及兵力运用、信息运用、火力运用、体系支撑和综合保障等方面的原则性思路，并用简洁、明晰的语言予以表述。例如，对某一次作战任务确立"集中用兵、前伸压制、信火一体、破敌体系、持续作战"的作战指导。作战指导的确立受敌我双方当前作战势能比影响较大，不同作战势能比条件下应当采取不同的作战指导。例如科索沃战争中，北约空袭力量完全夺取了制空权，从作战态势上处于绝对优势，南联盟地面防空部队在作战势能比处于弱势的背景下，总体采取以防护为重点，伺机寻求战机的地面防空作战指导是相对合理的。地面防空作战指导设计的思维导图示例见图 5.11 所示。

这里需要强调的是，作战指导不同于作战方针，作战方针是指导作战全局的纲领和原则[1]。例如辽沈战役中毛泽东确定的"关起门来打狗"、平津战役提出的

"割而不围,围而不打,先打两头、后取中间"、淮海战役提出的"吃一个,夹一个,看一个"以及炮击金门时确定的"只打蒋舰,不打美舰"等均属于指导战役全局的作战方针[33]。同时,作战指导也不等同于作战原则,作战原则是作战行动的基本准则和作战实践的经验总结,是某一次具体作战行动作战指导的上位概念,确立的作战指导显然不能违背基本作战原则。

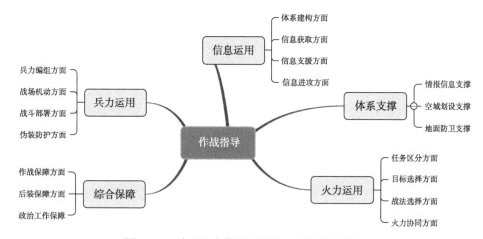

图 5.11　地面防空作战指导设计思维导图示例

2) 明确作战重点

作战重点是解决对作战成败起到关键性作用的重点方向、重点环节问题,在作战构想设计时需要给予明确。地面防空作战重点通常包括主要抗击方向、重点保卫目标和主要作战行动,这是指挥员关注的作战重心,主要解决"打什么""保什么"的问题,是组织指挥筹划的基本问题。主要抗击方向,是在对敌空袭作战企图、战术运用以及保卫目标、防空兵力分布和战场环境综合分析基础上,综合考虑联合防空战役总体布局,对敌空袭兵力的主要进袭方向、次要进袭方向及其空袭战役运用的基本判断,对作战筹划起着十分重要的导向作用。第三次中东战争中,以色列空军在对埃及空军机场的空袭行动中,其进袭航线并未选择从西南方向直接进入埃及,而是绕道地中海从埃及西北方向突然进入,造成埃及空军猝不及防,损失惨重;重点保卫目标,是依据对上级作战意图的分析以及对本级作战任务的理解,从众多需要保卫目标中排序、筛选出来的最重要目标,是评判是否准确理解上级赋予作战任务的重要指标。重点保卫目标的筛选直接影响地面防空兵力配置、战法选择和行动规划,是作战构想设计重要内容;主要作战行动,是指完成防空作战主要任务所涉及的主要作战兵力关键行动、难点行动或紧迫行动等。

3) 规划作战方法

作战构想设计阶段的作战方法是指达成作战目的的主要途径或力量运用的概

略方法，应当围绕确立的作战指导和作战重点，提出科学、合理的力量运用策略。地面防空作战方法是对地面防空的兵力部署、时空行动、火力运用、作战协同以及综合保障等作战要素的整体考虑与设计，主要包括地面防空兵力编组类型、兵力配置样式等作战部署，战场机动、示形诱敌、隐真示假等兵力运用战法，以及信火一体抗击、空地火力协同、网电一体攻防等作战协同战法的总体考虑。作战方法设计决定了防空作战样式及兵力运用、火力运用基本形式，是规划地面防空作战行动的关键性内容。

4) 设计阶段行动

地面防空行动通常是联合战役行动的有机组成部分，地面防空阶段行动主要是依据联合战役所划定的战役阶段及各阶段的主要任务，明确地面防空各参战兵力在战役各阶段的任务重点、主要行动、主要战法及相关要求等，以确保战役行动按节奏顺利推进。当地面防空独立遂行作战任务时，也可根据态势、任务或行动变化划分作战阶段。联合战役不同阶段的战役任务和重心是不同的。地面防空阶段行动设计，是围绕整个联合战役行动阶段转换、不同空袭波次间隙或某一次抗击行动结束后的快速战斗转换等枢纽环节，对地面防空作战行动有序推进的一个总体考虑，重点明确在各转换阶段地面防空行动的主要任务、转换时机、转换方式以及主要行动等，注重捕捉和创造有利实施转换的战机，抓住有利于我不利于敌的"时间窗口"，注重采取多种战略伪装欺骗措施隐蔽转换企图，迅速调整作战重心、作战部署和作战行动，力求达成枢纽转换的突然性，以契合联合战役行动节奏，为组织实施地面防空阶段转换行动提供基本思维框架和行动指导。地面防空作战阶段行动设计内容具体见图5.12。

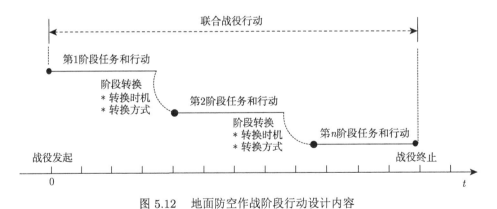

图 5.12 地面防空作战阶段行动设计内容

作战构想本质是一个提要式作战预案。"纲举"方能"目张"，如果说下一步要拟制的作战预案是"目"的话，那么作战构想就是"纲"。为此，作战构想内容的表述应当简洁、明晰和准确，便于参谋人员理解和把握重点，切忌长篇累牍，通常可采用标准化表格进行作战构想内容表述。其式样如表 5.2 所示。

表 5.2 地面防空作战构想式样

序号	构想内容		构想要点	备注
1	主要作战任务			
2	总体作战考虑			
3	提出作战指导			
4	明确作战重点	重点作战方向		
		重点保卫目标		
		重点作战行动		
5	规划作战方法	需动用兵力		
		编组与任务区分		
		战斗部署类型		
		兵力投送方式		
		主要战法		
		作战协同		
		综合保障		
6	设计阶段行动	第 1 阶段		
		第 2 阶段		
		...		
		第 n 阶段		
说明：				

5.3.2 作战构想设计策略集描述

进行作战构想设计时，凭指挥员自身难以将所有要素考虑齐全，需要汇聚指挥群体集体智慧，充分发挥各指挥主体的积极性、能动性和创造性，而统一规范的构想设计指标对于辅助指挥员形成、完善作战构想意义重大。根据防空作战构想的设计内涵，其策略集主要包括兵力运用策略集、时空利用策略集和支援保障策略集。基于策略集的地面防空作战构想设计如图 5.13 所示。

1. 兵力运用策略集

兵力运用策略集，是指对编成内的防空兵力所作的任务区分、兵力编组、作战配置及行动链的策略集合。兵力运用策略是作战构想形成中最复杂、最富于创造性的设计环节，已由传统兵力数量优势取胜律演进为基于指挥信息系统的体系胜战优势律。将重兵利器科学编组，部署于关键性位置，集中优势作战力量，构建有利防空作战态势，综合运用多种战术战法，优化从初始态势到目标态势的兵力行动链，重点打击敌空袭作战体系核心目标，瘫痪其作战体系，可最大限度降低敌方整体作战效能。兵力运用策略指标集见表 5.3。

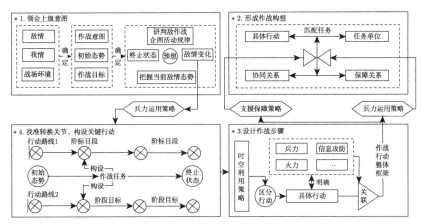

图 5.13　基于策略集的地面防空作战构想设计示意图

表 5.3　兵力运用策略指标集

策略子集		策略内容	指标描述
任务区分	作战方向	根据情况判断结论和保卫目标实际,将敌进袭方向划分若干扇区至各作战单元	作战方向、作战扇区、打击波次、进袭规模、进攻样式等
	作战区域	根据所属防空兵力作战能力及与友邻协同关系,合理分配作战单元作战区域	作战高度范围、作战距离范围、责任射界范围等
	保卫目标	根据上级防空作战命令指示,确定担负的具体防空任务	保卫目标数量、目标分布、幅员大小、重要程度、地理位置、地形条件等
兵力编组	编组形式	根据防空作战任务和敌情判断结论,将各型兵器混合编组使用	低空补充型编组(补充低空火力)、火力加强型编组(提高火力重叠和火力密度)、自卫掩护型编组(提高主战兵器生存力)、信火一体型编组(火力单元与电子对抗单元混编)、机动设伏型编组(简装快速机动)等
	火力配系	根据任务和敌情,分析防空兵力配系比例及火力衔接方式	近界衔接(高炮、电磁武器、激光组合)、远界衔接(各型远程导弹)、近远衔接(导弹、高炮、电子对抗)等
兵力配置	环形配置	将各防空武器编组围绕保卫目标呈环状展开配置,视情可多层配置	主要方向火力密度、火力纵深、火力覆盖范围、有效抗击次数等
	扇形配置	将各防空武器编组围绕保卫目标呈扇状展开配置,视情可多层配置	扇面掩护角度、火力密度、火力纵深、火力覆盖范围、有效抗击次数等
	线形配置	将各型防空武器呈一字型横向队形展开配置,根据需要也可以纵向线形配置	有效拦截宽度、火力纵深、配置间隔、有效抗击次数等
	集团配置	为增强火力密度,提高保卫目标安全系数,将各型防空武器集中配置	火力重叠区域、火力纵深、掩护范围、最小配置间隔、电磁互扰程度、有效抗击次数等
行动链设计	任务分配	根据敌情判断和我情分析,将任务清单优化分配并下达至作战力量单元	侦察预警、信息对抗、威胁判断、拦截打击等
	战术战法	在不同作战类型、战斗样式和条件下的作战方法,是实现防空作战目的基本途径和方法	对不同类型目标的战法打法、在不同条件下的战法打法

2. 时空利用策略集

时空利用策略集是围绕行动时空要素,营造防空作战有利时机和空间条件的策略集合,对整个空防对抗进程有着重要的决定性影响,分为防空作战时间利用策略子集和空间利用策略子集。时间利用策略子集包括作战阶段设计、关键时节选取和作战进程优化等,空间利用策略子集主要包括空域划设、火力空间规划、电磁空间规划、兵力机动区域等。时空利用策略指标集见表5.4。

表 5.4 时空利用策略指标集

	策略子集	策略内容	指标描述
时间利用	作战阶段	防空作战时间约束决定战争节奏,各阶段防空作战任务必须在进程框架内进行	防空作战阶段划分、各阶段时间限制等
	关键时节	作战进程中关乎防空作战成败的时间节点	首次交战时节、攻防转换时节、战场机动时节、结束战斗时节等
	作战进程	对作战进程具体分析和计算,使防空作战行动进程更加科学、合理	缩短/延长任务时间、调整进程节奏、优化任务时刻、更改打击时间、变更反击时间等
空间利用	空域划设	根据任务和作战能力创造有利作战目标实现的空间条件	独立抗击空域划分(自由射击区、限制射击区、禁射区等)、协同作战区域划分(防空识别区、协同交战区、空中待战区和空中走廊等)、指挥线、重点抗击方向等
	火力空间规划	各火力单元火力使用空间预置规划	作战分界线、作战高度、作战距离、火力扇面等
	电磁空间规划	电磁频谱划设与管理,防止自扰互扰	电磁频率、辐射方向、辐射功率、辐射时段等
	兵力机动区域规划	各作战单元空间地理位置动态变更	预备阵地、行军路线、输送方式、机动时机等

3. 支援保障策略集

支援保障策略集,是政治工作、作战勤务和综合保障等支援保障方面的策略集合。支援保障策略是指挥员及其指挥群体设计作战构想、拟制方案的重要支撑,应根据任务理解和情况判断结论,对保障力量资源要素科学配置与综合运用。支援保障策略指标集见表5.5。

表 5.5 支援保障策略指标集

	策略子集	策略内容	指标描述
政治工作	"三战"工作	舆论法理心理攻防工作	舆论战、法律战、心理战,宣传动员,战场纪律,安全保卫,群众工作等
	兵员补充	保持战勤岗位满额,确保持续作战能力,补充兵员损耗	党组织调整健全、人员调配补充、预备役人员召回等

续表

策略子集		策略内容	指标描述
作战勤务	情报保障	确保情报全面、连续、及时	情报源,情报源配置,侦察责任区划分,情报获取、传输、融合方式等
	通信保障	确保指挥、沟通信道畅通和作战信息流通顺畅	通信手段(有线、无线通信)及配置,通信平台(电台、卫星、接力装置及配置),电磁频谱管控,网络防护,通信保密、抗通信干扰措施等
	伪装防护	隐蔽我方作战企图、行动和部署,迷惑欺骗敌作战行动设置	伪装方法手段(光学、红外、电磁等)、防护方法手段(核生化防护、防精确打击、反无人机等)、地面防卫
综合保障	装备勤务 装备抢救抢修	保持武器装备处于良好状态,组织检查、检修	装备抢修、器材保障、故障检测与部件更换、装备送修等
	装备勤务 弹药器材供应	保持装备持续作战能力,消耗弹药、器材的补充和储备	弹药分配与输送,器材筹措与供应,弹药、物资器材的贮存等
	后方勤务 物资保障	物资器材的补充、供应和储备	军需物资油料保障、经费保障、宿营保障、战场保障等
	后方勤务 卫勤保障	确保作战人员处于健康状况,恢复、后送伤病员,保持人员战斗能力	阵地防疫、核生化防护、伤员抢救与后送等

5.4 基于策略集的作战构想 BN 设计法

作战构想策略集为地面防空作战构想科学、规范设计提供了统一基础,可实现作战构想设计从个体化向群体化递进,将存在于指挥员头脑中的隐性推理变为指挥机关共同的显性设计流程,从而形成系统、规范且兼具谋略性、创造性的防空作战构想。根据地面防空作战构想特点要求,这里给出基于策略集的作战构想贝叶斯网络 (Bayesian network,BN) 设计法[49]。

5.4.1 BN 设计法概述

贝叶斯网络通过模型化描述任务阶段、态势转换以及力量运用,为定量化分析作战构想设计策略集提供思路。贝叶斯网络是一种基于概念推理的图形化网络,能够较好地描述和解决防空作战态势分析所存在的复杂性、不确定性和关联性,在不确定认知条件下进行推理,并通过贝叶斯网络模型体现战场态势和任务阶段的层次关系。

在贝叶斯网络图形中,圆形代表战场态势,方形代表任务阶段,每个结点都表示一种战场预测态势,态势结点下面是作战任务结点,一个作战任务结点有限集 $E_i = \{E_{i1}, E_{i2}, \cdots\}$,其中 $E_{i1}, E_{i2}, \cdots$ 互斥。结点之间通过设计态势转换、任务阶段和作战行动三种关系互相连接,如图 5.14 所示。

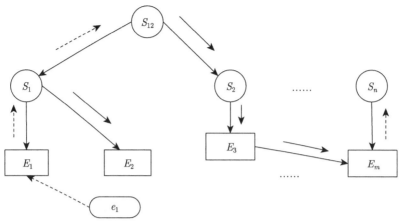

图 5.14　地面防空作战构想 BN 设计法构架

5.4.2　作战构想设计的 BN 设计法分析架构

根据情况判断和任务理解的结论，地面防空指挥群体综合运用思维导图法、批判性思维法、风险分析法以及其他构想设计方法，对防空作战任务阶段、力量运用、态势转换以及作战进程进行构思和设想。通过贝叶斯网络分析架构，能够规范作战构想设计程序内容，提高设计效率。

1. 设计态势转换

地面防空作战构想需要在充分理解任务、判断情况基础上，对当前态势以及预期态势有清晰的界定和认识，对态势发展趋势有一定的预测。在贝叶斯网络分析架构中设计态势转换，表示态势结点之间的关系。态势结点 S_{1N} 的各态势子集 $S_1, S_2, \cdots, S_N$ 相互独立，可用树状结构表示态势结点关系，且

$$\mathrm{Bel}(S_{1N}) = \sum_{i=1}^{N} \mathrm{Bel}(S_i) \tag{5.1}$$

其中，$\mathrm{Bel}(S_i)$ 表示第 i 个态势结点信任函数。态势结点转换可以理解为树状网络，构想作战行动 e 直接作用某种预测态势 S，有似然率

$$\lambda = P(e|S)/P(e|-S) \tag{5.2}$$

其中，λ 表示作战行动 e 对应实现战场态势 S 的可行性程度。在作战行动 e 情况下战场态势 S 的置信度表示为

$$\mathrm{Bel}'(S) = \alpha \lambda \mathrm{Bel}(S) \tag{5.3}$$

其中，α 为归一化因子，有

$$\alpha = [\lambda \mathrm{Bel}(S) + 1 - \mathrm{Bel}(S)]^{-1} \tag{5.4}$$

战场态势 S 向其他预测态势转换，预测作战进程中后续态势结点传播 $m^- = \alpha\lambda$；向前一阶段态势传播 $m_1^+ = \mathrm{Bel}'(S)$，$m_2^+ = \alpha$。

2. 设计任务阶段

防空作战任务阶段划分的设计，能够帮助指挥员更好的将任务分析下达至各个时节点，促使防空作战态势朝着预测方向发展。在贝叶斯网络分析架构中，任务阶段连接表示了各作战任务阶段之间的逻辑关系。如果两个不同任务阶段的转换可以通过一系列作战行动实现，则这种连接可通过一个 $m \times n$ 维的概率矩阵 $[P_{mn}]$ 来表示。每个元素 $P_{ij} = P(E_j|E_i)$，$1 \leqslant i \leqslant m$，$1 \leqslant j \leqslant n$ 表示作战任务阶段 E_i，则另一作战任务阶段 E_j 发生的概率为 P_{ij}。

任务阶段划分可由单连通网络实现。网络中结点 B 表示有限集 $B = \{B_1, B_2, \cdots, B_n\}$，其中 $B_1, B_2, \cdots, B_n$ 相互排斥，则 $B_i = (1 \leqslant i \leqslant n)$ 的置信度可表示为

$$\mathrm{Bel}(B_i) = \alpha \lambda(B_i) \pi(B_i) \tag{5.5}$$

其中，α 为归一化因子；$\lambda(B_i) = P(D_B^-|B_i)$，$D_B^-$ 表示网络中结点采用的构想策略集指标；$\pi(B_i) = P(B_i|D_B^+)$，D_B^+ 表示网络中除去 B 结点的其他构想策略集指标。

将结点 B 任务阶段所采用的策略集指标在该任务阶段处进行融合。假设上面的 D_B^- 可分为 r 个子集 $D^{1-}, D^{2-}, \cdots, D^{r-}$，根据条件独立性的定义，有

$$\lambda(B_i) = P(D_B^-|B_i) = \prod_k p(D^{k-}|B_i) \tag{5.6}$$

根据指挥员构想的任务阶段给结点参数 λ 和 π 取值，假定结点 E 是结点 B 的第 k 个任务阶段，计算式 (5.6) 中的第 k 个被乘数，有

$$\lambda_E(B_i) = P(D^{k-}|B_i) = \sum_j P(E_j|B_i) \lambda(E_j) \tag{5.7}$$

式 (5.7) 表明每个被乘数 $P(D^{k-}|B_i)$ 可理解为防空作战任务第 k 个任务阶段出现的概率。

3. 设计力量运用

在贝叶斯网络分析架构中，力量运用代表实现战场态势 S 与其相联系的任务阶段 $E_1, E_2, \cdots, E_M$ 的因果关系。任务阶段 E_i 可能会有 l 种战场态势，描述为

$l \times 2$ 的概率矩阵，通过求解对应的概率矩阵即可得到战场态势 S 在任务阶段 E_i 的出现概率：

$$\boldsymbol{P}(E_i|S) = (P_{1i}, P_{2i}, \cdots, P_{li})^{\mathrm{T}} \tag{5.8}$$

$$\boldsymbol{P}(E_i|-S) = (P_{12}, P_{22}, \cdots, P_{l2})^{\mathrm{T}} \tag{5.9}$$

根据预计任务阶段的态势发生概率，综合考虑作战企图、作战底线、作战代价、作战风险等因素，选用最佳兵力运用策略指标。根据敌空袭可能规模、样式、主要方向和可能使用的兵力兵器以及保卫目标数量、分布及重要程度，对编成内防空兵力进行任务区分、编组和配置，通过选用合理战术战法以实现作战目的和预期目标态势。

5.4.3 基于时间利用策略的作战进程分析

空防作战节奏转换快，战机往往稍纵即逝。作战构想要解决从初始态势到目标态势的作战行动链设计，需要在时间上科学统筹，通过时间链串联行动链，借助时间链规划区分态势阶段，从时空上形成完整的防空作战构想。时间利用策略对作战构想的实现有着重要作用，甚至决定性影响。

作战行动时间是时间参数计算的基础和作战构想时间策略实现的前提。通过时间策略估算与设计，可估计防空作战进程、关键性态势出现时刻，优化并调整作战节奏。

1. 防空作战行动时间 β 估计

作战行动时间，即完成某项作战行动所需的时间。这里采用 β 时间估计法。通过数据统计分析，实际生活中工作时间分布大多符合 β 分布，引用 β 时间估计法确定防空作战行动任务时间相对比较科学可靠。其基本步骤：首先对防空作战行动估算最有利时间、最不利时间、最可能时间，再根据计算结果加权平均，即求得作战行动时间[37]。

1) 最有利时间

在最顺利情况下完成防空作战任务的最短时间。通常认为这种情况出现的可能性不大于 1%，这个时间是最乐观估计的时间，记为 a。

2) 最不利时间

在最不利情况下完成防空作战任务可能需要的时间。通常认为这种情况出现的可能性也不大于 1%，最不利时间估计应当将影响防空作战行动过程中各种不利因素充分考虑，这个时间是最悲观估计的时间，记为 b。

3) 最可能时间

在正常情况下，最有可能完成该项防空作战任务的时间。由于空防对抗复杂性、效益性和不可重复性决定了不可能采取传统统计学方法获取最可能时间 m，可借助作战仿真实验、兵棋推演等方法对最可能时间进行概略性求解。

4) 行动时间 t 估计

将最有利时间、最不利时间、最可能时间采用加权平均方法计算行动时间 t 的值。令 a、b 以 $1/6$ 为权，m 以 $4/6$ 为权，其行动时间 t 计算公式为

$$t = \frac{a + 4m + b}{6} \tag{5.10}$$

数学家华罗庚教授曾对上述计算公式做过经典解释：假如 m 的可能性两倍于 a 的可能性，则 m 和 a 的加权平均值是 $(2m+a)/3$。同理，则 m 和 b 的加权平均值是 $(2m+b)/3$。这两个加权平均值各以 $1/2$ 的可能性出现，则总的加权平均值为

$$\frac{1}{2}\left(\frac{2m+a}{3} + \frac{2m+b}{3}\right) = \frac{a+4m+b}{6} \tag{5.11}$$

用该估算法得出的防空作战行动时间 t 符合 β 分布。

2. 防空作战行动进程分析

对防空作战进程时间进行精准估算分析，是调整优化防空作战行动进程的依据。在防空作战行动中，通过判断关键性局部态势出现的时间节点，以关键性局部态势出现的时刻为终点计算防空作战行动时间。当防空作战出现一边倒的非对称作战时，由于没有关键性局部态势出现，则以整个作战行动结束时间为终点计算防空作战时间[37]。常用的防空作战行动时间参数表示，如图 5.15 所示。

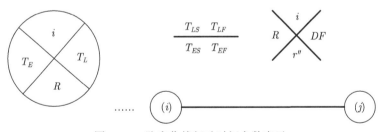

图 5.15 防空作战行动时间参数表示

1) 防空作战行动最早开始时间

防空作战行动最早开始时间可理解为在战前各项准备工作均已完成，防空作战事件不可能发生战争行动开始之前。防空作战行动最早开始时间以 $T_{ES}(i,j)$ 表示，其中 T_{ES}、i、j 是作战计算时间约定符号，具体表示为

$$T_{ES}(i,j) = \begin{cases} 0, & i = 1 \\ \max_{k}\{T_{ES}(k,j) + t_{ki}\} = T_E(i), & i \neq 1 \end{cases} \tag{5.12}$$

2) 防空作战行动最早结束时间

防空作战最早结束时间是按照作战构想最有利情况下结束作战的时间，记 $T_{EF}(i,j)$，等于防空作战预计最早实现时间加防空作战行动所需时间，可表示为

$$T_{EF}(i,j) = T_{ES}(i,j) + t_{ij} \tag{5.13}$$

3) 防空作战行动最迟开始时间

防空作战行动最迟开始时间是为了完成防空作战任务最晚发起作战行动的时间，记 $T_{LS}(i,j)$，等于预计防空作战行动最迟实现时间减作战行动所需时间，可表示为

$$T_{LS}(i,j) = \min_{k} \{T_{ES}(j,k) - t_{ij}\} \tag{5.14}$$

4) 防空作战行动最迟结束时间

防空作战行动最迟结束时间是为了完成防空作战任务最晚进行作战行动至任务结束时刻的时间，记 $T_{LF}(i,j)$，等于最不利情况下完成任务时间，具体表示为

$$T_{LF}(i,j) = \begin{cases} T_{EF}(i,n) \text{或指定}, & j = n \\ T_{LS}(i,j) + t_{ij} = T_L(j), & j \neq n \end{cases} \tag{5.15}$$

5) 防空作战行动总时差

防空作战行动总时差是指在不影响防空作战预期效果情况下，完成防空作战任务的富裕时间，又称为总机动时间，记为 $R(i,j)$，可理解为作战行动允许迟缓的时间，总时差表达式为

$$R(i,j) = T_{LS}(i,j) - T_{ES}(i,j) = T_{LF}(i,j) - T_{EF}(i,j) \tag{5.16}$$

6) 防空作战行动局部时差

第一类局部时差，又称第一类局部机动时间，是防空作战总时差减防空作战行动开始时间的时差，可表示为

$$r'(i,j) = R(i,j) - R(i) \tag{5.17}$$

第二类局部时差，又称第二类局部机动时间，是防空作战总时差减防空作战行动结束时间的时差，可表示为

$$r''(i,j) = R(i,j) - R(j) \tag{5.18}$$

独立时差，又称自由机动时间，是在不影响前、后各行动持续时间和机动时间的情况下，完成该行动在时间上的富裕量，可表示为

$$DF(i,j) = R(i,j) - (R(j) + R(j)) \tag{5.19}$$

7) 防空作战行动时间分析

防空作战总时差,是可利用的最大机动时间,总时差包含第一、第二局部时差和独立时差,其关系如图 5.16 所示。

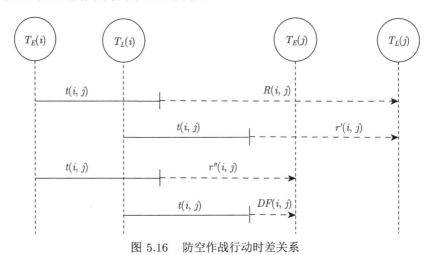

图 5.16 防空作战行动时差关系

利用时间策略优化防空作战构想,就是通过调整防空作战行动时差来优化任务执行时间。通过计算防空作战行动链路时间,分析判断关键行动链路,即找到完成防空作战任务所需时间最长的链路,或者说防空作战行动集合中总行动时差为零的行动链,并对该链路进行优化设计。确定关键行动链路是调整优化兵力运用和战法打法的时间策略决策基础。

5.4.4 基于兵力运用策略的防空兵力配置

在贝叶斯网络分析构架力量运用设计中,选用最佳兵力运用策略可提高预期态势及各阶段预期效果的实现概率。为应对多样化防空作战任务,地面防空群通常配备各型地空导弹武器系统、高射炮武器系统、弹炮结合武器系统、高功率微波武器系统及电子对抗装备,通过对不同作战功能、不同杀伤机理的防空兵力科学编组,构建完备火力配系,可最大程度地发挥防空装备体系的作战效能。

1. 主战型兵力编组配系计算模型

在执行防空作战任务时,通常以中远程地空导弹武器系统为骨干装备,根据作战任务和保卫目标清单,通过合理编配一定数量的近程地空导弹武器系统、高射炮或弹炮武器系统等辅助型装备,可实现防空火力高、中、低搭配,远、中、近衔接。

在计算所需中远程地空导弹武器系统兵力数量时需要得到其对保卫目标的掩护能力,通常用掩护角表示。地空导弹武器系统对保卫目标的掩护角,是一个以保卫目标中心为顶点的扇面角，配置在保卫目标周围的地空导弹武器系统 (火力单元) 可将从该扇面角范围内临近保卫目标飞行的空中飞行器消灭在其可能完成任务线之前。掩护角通常用 2φ 表示，如图 5.17 所示。计算掩护角的目的在于分析地空导弹部队对保卫目标形成的掩护能力，以及确定在规定的责任射界内需要配置地空导弹武器系统火力单元的数量。

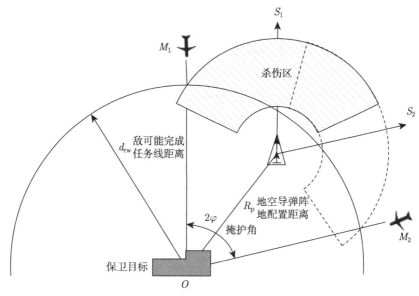

图 5.17 地空导弹武器系统对保卫目标掩护角 2φ 的物理意义

掩护角大小与敌空袭兵器可能完成任务线到保卫目标中心的水平距离 d_{rw}、杀伤区远界水平距离 d_{sy}、最大航路角 q_{max} 和地空导弹武器系统 (火力单元) 相对于保卫目标中心的水平配置距离 R_p 有关。其中 d_{rw}、d_{sy}、q_{max} 大小与目标飞行高度 H_m、目标飞行速度 V_m 有关[50]。

地空导弹武器系统对保卫目标最大掩护能力，通常用最大掩护角 $2\varphi_{max}$ 表示。最大掩护角取决于 d_{rw}、d_{sy}、q_{max}。只要给定这三个参数，就可以计算出相应的最大掩护角 $2\varphi_{max}$、所需主战型号数量 N 和地空导弹武器系统 (火力单元) 距保卫目标中心的水平距离 R_{jp}，即最佳配置点距保卫目标的水平距离。

当计算出最大掩护角 $2\varphi_{max}$ 后，所需主战型号数量 N 的计算公式为

$$N = \text{Int}(2\pi/2\varphi_{max}) + 1 \tag{5.20}$$

式中，N 取整数；Int 为向下取整函数。当 $2\varphi_{max}$ 等于 2π 时，N 取 1。

根据 d_{rw}、d_{sy}、q_{max} 之间关系，主战型号最大掩护角 $2\varphi_{max}$ 和最佳配置距离 R_{jp} 可分为以下三种情况进行计算。

1) 最大杀伤距离可全方位覆盖保卫目标

最大杀伤距离可全方位覆盖保卫目标，是指地空导弹武器系统 (火力单元) 最大杀伤距离大于完成任务线与保卫目标半径之和 (即 $d_{sy} \geqslant d_{rw}$)。在这种情况下，将地空导弹武器系统 (火力单元) 配置在保卫目标边界附近时，能够在敌完成任务线之前抗击从各个方向 (即全方位) 进袭的空中敌机，所需主战型号地空导弹武器系统的数量 $N=1$，如图 5.18 所示。

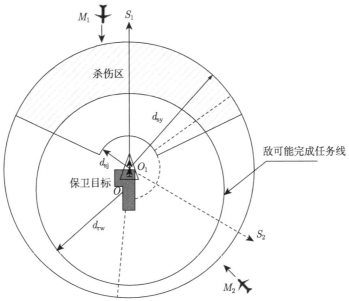

图 5.18　当 $d_{sy} \geqslant d_{rw}$ 时确定 $2\varphi_{\max}$ 和 R_{jp} 的方法

由图 5.18 可得，当 $d_{sy} \geqslant d_{rw}$ 时，最大掩护角 $2\varphi_{\max}$ 和最佳配置距离 R_{jp} 的计算公式为

$$\begin{cases} 2\varphi_{\max} = 360° \\ R_{jp} \leqslant d_{sy} - d_{rw} \end{cases} \tag{5.21}$$

2) 最大杀伤距离可部分方位覆盖被保卫目标

最大杀伤距离可部分方位覆盖被保卫目标，是指地空导弹武器系统 (火力单元) 最大杀伤距离小于敌完成任务线距离，但大于完成任务线距离与最大航路角余弦的乘积 (即 $d_{rw} > d_{sy} \geqslant d_{rw}\cos q_{\max}$)。在这种情况下，将地空导弹武器系统 (火力单元) 配置在以 d_{rw} 为半径的圆内，长度为 $2d_{sy}$ 的弦中点时，其形成的掩护角最大[50]，如图 5.19 所示。

由图 5.19 可得，当 $d_{rw} > d_{sy} \geqslant d_{rw}\cos q_{\max}$ 时，最大掩护角 $2\varphi_{\max}$ 和最佳配

置距离 R_{jp} 的计算公式为

$$\begin{cases} 2\varphi_{\max} = 2\arcsin\dfrac{d_{sy}}{d_{rw}} \\ R_{jp} = \sqrt{d_{rw}^2 - d_{sy}^2} \end{cases} \quad (5.22)$$

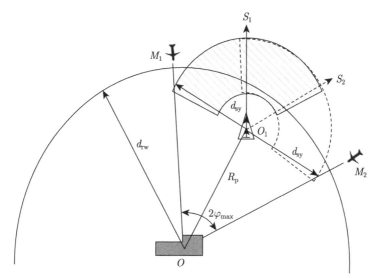

图 5.19 当 $d_{rw} > d_{sy} \geqslant d_{rw}\cos q_{\max}$ 时确定 $2\varphi_{\max}$ 和 R_{jp} 的方法

3) 最大杀伤距离不能覆盖被保卫目标

最大杀伤距离不能覆盖被保卫目标,是指地空导弹武器系统 (火力单元) 最大杀伤距离小于完成任务线距离与最大航路角余弦的乘积 (即 $d_{sy} < d_{rw}\cos q_{\max}$)。在这种情况下,将地空导弹武器系统 (火力单元) 配置在通过敌机可能完成任务线上的某点 M_1 与过该点径线 OM_1 夹角为最大航路角 $q_{\max}$ 的直线上,截取长度为 d_{sy} (即 $M_1O_1 = d_{sy}$) 的点上时,其形成的掩护角为最大,如图 5.20 所示[50]。

由图 5.20 可得,当 $d_{sy} < d_{rw}\cos q_{\max}$ 时,最大掩护角 $2\varphi_{\max}$ 和最佳配置距离 R_{jp} 的计算公式为

$$\begin{cases} 2\varphi_{\max} = 2\arctan\dfrac{d_{sy}\sin q_{\max}}{d_{rw} - d_{sy}\cos q_{\max}} \\ R_{jp} = \sqrt{d_{rw}^2 + d_{sy}^2 - 2d_{rw}d_{sy}\cos q_{\max}} \end{cases} \quad (5.23)$$

2. 辅助型兵力编组配系计算模型

辅助型装备主要用于对主战装备型号进行火力加强或补充,体现为两者火力区的叠加或补缺,也可采用高功率微波武器、定向能武器以及高速炮武器加强保

卫目标低空防卫能力。根据地面防空作战任务，从体系作战效能角度考虑，要计算辅助型防空装备与主战型装备混编比，可先依据火力衔接处主战型装备拦截宽度和辅助型装备最大拦截宽度计算混编时的横向上混编比，再计算纵向上混编比。

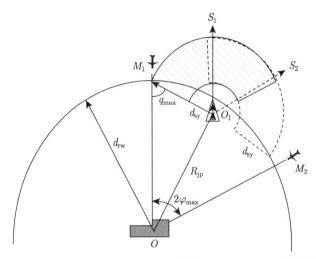

图 5.20　当 $d_{sy} < d_{rw}\cos q_{\max}$ 时确定 $2\varphi_{\max}$ 和 R_{jp} 的方法

假设 B 为辅助型装备与主战型装备混编比，B_H 为横向上辅助型装备与主战型装备混编比，B_Z 为纵向上辅助型装备与主战型装备混编比，L_g 为主战型装备火力衔接处拦截宽度，$P_{f\max}$ 为辅助型装备可射击目标最大航路捷径，λ 为空袭目标流密度，μ_g 为主战型装备火力密度，μ_f 为辅助型装备火力密度。

当 $\mu_g + \mu_f \geqslant \lambda$ 时，横向上辅助型装备与主战型装备混编比为

$$B_H = \frac{L_g}{2P_{f\max}}, \quad \mu_g + \mu_f \geqslant \lambda \tag{5.24}$$

当 $\mu_g + \mu_f < \lambda$ 且需要进行兵力梯次配置时，由于 $\lambda = \mu_g + B_Z \mu_f$，可得纵向上辅助型装备与主战型装备混编比为

$$B_Z = \frac{\lambda - \mu_g}{\mu_f}, \quad \mu_g + \mu_f < \lambda \tag{5.25}$$

综上，当 $\mu_g + \mu_f \geqslant \lambda$ 时，辅助型装备与主战型装备混编比 $B = B_H$；当 $\mu_g + \mu_f < \lambda$ 时，辅助型装备与主战型装备混编比 $B = B_H B_Z$。

第 6 章 基于评估优选的地面防空作战预案拟制

作战预案是依据作战构想形成的指挥员决心方案,是拟制作战计划的依据。地面防空作战预案评估优选是指挥机关在充分理解任务、判断情况的基础上,围绕作战构想形成数个可行方案并经过评估优选,最终由指挥员决断定下决心方案的过程。作战预案评估优选本质上是指挥员定下作战行动决心的过程,科学的评估优选方法对于提高指挥员定下作战行动决心质量具有重要影响。

6.1 作战预案拟制

作战预案(也称作战方案)拟制是在作战构想框架内,以指挥机关为主体对作战构想的具体化设计过程。作战预案拟制应在深刻理解作战构想的基础上"正确地做事",在作战预案拟制过程中参谋团队应与指挥员反复沟通、协调并形成共同的理解,充分体现为达成作战构想的不同作战行动实现途径。通常一个作战构想需拟制数个作战预案以供指挥员决断。

6.1.1 作战预案拟制要求

作战预案拟制是一个不断设定问题、具体分析问题、针对性解决问题的过程,需要持续跟踪掌握战场情况发展变化,充分预想各种有利条件和不利因素,真实反映敌空袭体系及作战能力状况,合理假设敌方可能行动和对抗方式。为更好地适应空防对抗体系态势发展变化,拟制的多套作战预案既要确保与作战构想的一致性、行动方案的适应性,又要体现各案之间的差异性,由此拟制的方案方经评估后构成用于指挥员决断优选的可行方案集[51]。

一致性。作战预案是作战构想的具体实现途径和对作战行动的具体化设计,更是下一步制定作战计划的依据。为此,作战预案拟制应以指挥员作战构想为根本着眼点,充分体现指挥员作战意图和行动总体构想,作战预案的主体内容必须与作战构想保持一致,决不允许随意曲解或偏离作战构想框架,这是作战预案拟制应当把握的基本要求和原则。

适应性。防空作战行动涉及作战力量、保障力量、作战资源、时空约束等诸多体系要素,参谋团队应当在作战构想的框架下,综合敌情、我情和战场环境,对指挥员作战构想进行反复核定、比较、筛选,严谨细致地进行作战计算与评估,形成一套完整、科学、切实可行的作战预案。否则,提出的作战预案将失去应用价值。同时，方案还应保持一定的弹性空间，在力量、空间、时间和保障资源上留有余地，防止满打满算，确保在战场实际情况与预想发生变化时，通过微调计划方案，快速形成新的作战体系。

差异性。信息化战场情况复杂多变，设计一种方案就能够应对瞬息万变的空防对抗进程是不现实的，拟制方案时应在作战构想基本框架下紧紧围绕作战目的，抓住体系攻防主要矛盾和矛盾的主要方面，在充分考虑地面防空主要作战任务、主要作战阶段和关键要素运用基础上，拟制可达成作战目的的多种备选方案，《道德经》曰："道生一，一生二，二生三，三生万物"，故备选方案通常以 3 个为宜。同时，多个备选方案在具体内容设计上要具有一定的差异化，要体现为达成同一作战目的的多种作战行动设计思路和实现途径，力避作战预案间的相似性和雷同化现象。

创造性。兵者，诡道也。作战预案凝结着指挥群体的集体智慧、经验和指挥艺术，应围绕信息化战争防空作战制胜机理，综合运用各种思维方式和技术手段创造性地实现指挥员作战构想。把握好正兵布势与奇兵制胜的关系。凡战者，以正合，以奇胜。有"正"无"奇"，作战布局将在对手预料范围之内，容易陷入被动；有"奇"无"正"，一旦遇到风险，没有后盾支撑，必定遭遇失败。要把握好两者之间的辩证关系，立足常规用兵，凭借敏锐洞察力，充分把握战机。同时，又要充分利用新理论、新装备、新战法创造出奇效果，形成奇正互补的聚合力。

6.1.2 作战预案拟制内容

地面防空作战预案拟制，是在理解任务、情况判断基础上，依照作战预案内容要素对作战构想的具体化，主要是以防空作战行动为主线，对任务、兵力、指挥、协同、保障等作战要素进行统筹规划。其主要内容包括：

(1) 情况判断结论。主要是对敌情、我情和战场环境的研判结论，重点是敌空袭企图、空袭规模、空袭兵器、主要进袭方向、主要空袭目标和突防突击手段，以及我防空作战能力和地形、水文等战场环境对我防空作战行动影响。

(2) 防空作战任务。依据对上级作战意图、指示要求和本级作战任务的理解，将作战任务进一步细化分解为具体明确、相互关联的子任务，形成防空作战任务清单，结合防空作战目的和作战力量实际，明确各子任务的具体行动效果指标。

(3) 防空任务编组。任务编组，是为达成作战目的，依照任务清单将建制内和配属的参战兵力临时组合而形成的有机整体。防空任务编组应以作战任务清单为牵引，进行"任务—兵力"对照设计，形成与任务清单相匹配的信息对抗、火力抗击、机动设伏、佯动诱敌、综合防护等不同编组形式，明确各任务编组的主要任务及预期任务效果。

(4) 防空兵力部署。根据上级作战意图和本级担负的作战任务，综合考虑联合防空战役总体布局，明确主要作战方向和重点保卫目标。依照作战构想对作战部署的总体考虑，通常先确定中远程防空武器配置位置，以达成所期望的地面防空总体态势，再确定中近程防空武器和电子对抗兵力配置位置，在此基础上围绕防空火力对预警探测范围的需求，计算预警探测系统配置位置，最后确定指挥所位置，以构成高中低空、远中近程火力配系。当战役行动划分为若干任务阶段时，应根据不同任务阶段防空任务和对战场态势演进的预想，分别提出各任务阶段的防空兵力部署方案。

(5) 防空作战行动。根据作战构想提出的阶段行动与任务，明确各阶段兵力、行动、战法、效果及特情处置方法，提出各阶段行动转换的时机与方式，确保各阶段转换行动链连贯、顺畅。

(6) 指挥协同关系。根据上级明确的指挥关系，科学编组指挥机构。根据所配属防空武器作战性能及兵力分布情况，构建作战指挥体系，明确指挥控制手段、指挥方式、射击规则和特情处置方法。明确与友邻部队协同兵力、时空协同关系、协同方式、敌我识别规则、协同空域划设及协同行动规则等。

(7) 综合保障措施。围绕主要作战行动，由政治工作部门明确"三战"工作、宣传动员、调整健全党组织、调配补充人员等政治工作保障预案，由综合保障部门明确物资器材、弹药补充、装备抢修、技术支援、伤员救治等综合保障预案，形成支援保障需求清单。

(8) 作战约束事项。明确关键行动节点完成时限及要求；依据上级指示，明确相关作战空域、电磁频谱使用规定；特殊地域作战时，应当依据相关国际法、作战政策法规，明确作战行动限制条件和具体行动应对措施，提出需重点规避或把握的事项。

6.1.3 作战预案拟制流程

地面防空作战预案是对指挥员作战构想的细化和落实，应当体现指挥员的决心意图。规范化的作战预案拟制流程可集智集谋、技艺合一，高效完成作战预案拟制，辅助指挥员科学定下作战决心，避免指挥机关主观臆断而造成作战预案偏离指挥员决心意图。通常按照草拟预案、评估预案、优选预案和上报批复的工作流程。如果只是对已有方案进行修订(即修案)，则只需要分析方案、局部修订和推演评估，如此反复直至得到满意方案。防空作战预案拟制基本流程如图 6.1 所示[41]。

1. 草拟预案

草拟预案，主要是依照作战构想对作战任务、作战目标、力量运用、战术战法、保障工作等方案要素进行具体细化所形成的初步作战方案。由于防空作战具有相对被动性和预测性特点，应根据战场客观实际充分预想，分析各种有利条件和不利因素,创造性运用各种战术战法,在作战构想框架下拟制多套作战预案。可行性是草拟作战预案的基本要求,预案应具有能够适应战场情况变化的弹性空间,各作战预案间还应当保持一定的差异性,避免预案雷同。预案间的差异性主要体现在:兵力编组和体系构建上的差异性、作战部署上的差异性、作战行动上的差异性、战术战法上的差异性和综合保障上的差异性等。

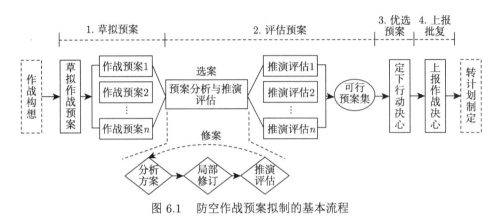

图 6.1　防空作战预案拟制的基本流程

2. 评估预案

评估预案是作战预案拟制的重要一环,重在检验作战预案的目的性、可行性、协调性和风险性,为指挥员预判作战效果、验证作战方案和有效规避风险提供参考,为优选、完善、选定方案和定下决心提供支撑。评估预案主要是对已草拟好的多套方案,综合采取定性分析、定量计算、仿真推演等形式进行评估,验证方案的有效性,筛选出所有可行方案,剔除掉不可行方案或对不可行方案进行修改完善,形成可行方案集,在此基础上提出方案优选建议,为指挥员定下作战决定提供支撑。验证方案的有效性主要体现为:达成作战目的的可能性、有效完成任务的概率、战果或战损的可接受性以及作战方案的完整性[41]。

作战预案评估分析通常分为四个步骤:①根据作战目的和任务,确立评估目的,构建作战预案评估指标体系;②通过定量计算、仿真推演、对抗演练等多种方式对诸作战预案进行评估分析,生成方案评估分析报告;③根据评估结果,修改完善可行作战预案,形成可行预案集;④分析各套方案的优缺点、风险性、适应性等供指挥员比较决断。具体如图 6.2 所示。

3. 优选预案

优选预案是指挥员定下行动决心的过程,是作战预案拟制的重要环节。定下行动决心是指挥员的主要职责,更是体现指挥员在作战筹划中的主导地位和作用。指挥员定下行动决心通常是以召开作战会的形式组织,在经过充分酝酿和权衡利弊基础上，需要指挥员对多套可行方案进行优选决断，最终定下作战决心。由于作战决心直接决定了后续防空作战计划制定并作为部队作战行动的依据，指挥员应慎重、果断又准确恰当。

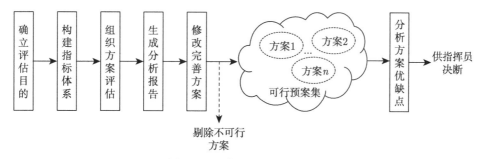

图 6.2　预案评估分析的流程

指挥员定下行动决心需要重点把握：①紧盯重点，把握枢纽。将关注点放在影响作战全局的枢纽关节上，包括主要作战方向、主要兵力部署、主要作战行动和战术战法运用等。②发扬民主，凝聚智慧。空防对抗要素多、信息量大，指挥员要集思广益，发挥集体智慧，力求作战决心符合战场实际。③深思熟虑、果断决策。作战决心直接影响后续作战行动，指挥员要始终围绕上级作战意图，高度负责，深入分析、综合权衡。④可将其他未被选中的作战预案作为预备方案[52]。

4. 上报批复

指挥员定下行动决心后，指挥机关应拟制并上报决心，待上级批复后随即下达作战命令，并迅速组织拟制或修订作战计划。

6.2　作战预案优选决策方法

"以算而立、以术为要"。作战预案优选决策，是决策者运用科学决策理论方法，从可行预案集中选择满意方案的决策过程。正确的行动来源于正确的决策，决策是指挥员核心职能。由于防空作战的高对抗性和作战决策的高风险性，指挥员在决策过程中应当运用科学决策方法，趋利避害，避免决策失误，以期带来最大决策效益。优选决策方法常用的有军事决策分析法、兵棋推演评估法和研讨会审决策法。

6.2.1　军事决策分析法

军事决策分析法，是军事领域优选和决断的系统科学方法。其目的是提高指挥员军事决策质量、降低行动风险和缩短决策时间。最常用的军事决策分析法包括风险型决策法、不确定型决策法和多目标决策法。

1. 风险型决策法

风险型决策法，是决策者对决策问题中各备选方案所面临的各种自然状态发生概率可预知情况下的决策。风险型决策的前提是对自然状态发生的概率可通过统计分析、定量计算或仿真实验等途径获得。决策者在决策过程中，应当采用科学决策方法，尽量降低决策风险系数，最大限度地减少风险损失，从而实现理想的决策目标。

风险型决策所处理的决策问题，通常应具备以下五个条件[38]：

(1) 存在着决策者希望达到的目标，如效益最大或损失最小，其决策效益期望值用 E 表示；

(2) 存在着可供决策者选择的两个以上可行备选方案，用 A_i 表示 (i 是方案序号)；

(3) 存在着两种或两种以上不以决策者主观意志为转移的自然状态，用 θ_j 表示 (j 是自然状态序号)；

(4) 各种自然状态的发生概率可以预先计算或估计出来，自然状态 j 的发生概率用 $P(\theta_j)$ 表示；

(5) 各可行备选方案在各个自然状态下的相应益损值可计算出来，用 E_{ij} 表示。

风险型决策问题的模型可表示为益损表或决策树形式，对应的分析方法称为决策表法和决策树法。两种方法均是根据自然状态的可能出现概率 $P(\theta_j)$，计算出各个可行备选方案的效益期望值 E_i，然后根据目标要求，从效益期望值中选择最大 (或最小) 值所对应的方案作为最优决策方案。

第 i 个方案的效益期望值 E_i 计算公式为

$$E_i = \sum_{j=1}^{n} E_{ij} P(\theta_j) \quad (i = 1, 2, \cdots, m) \tag{6.1}$$

式中：j 是自然状态序号；n 是自然状态总数；i 是备选方案序号；m 是备选方案总数。

1) 决策表法

决策表法以益损表为基础，分别计算各个方案在不同自然状态下的效益期望值，然后选择效益期望值最大 (或最小) 的方案作为最优方案，如表 6.1 所示。例如，防空方在经过敌情综合分析判断后，得出敌空袭兵器可能从高空、中空和低空进袭的概率分别为 0.3、0.2 和 0.5，为此防空方提出了三种对空搜索方案，每个方案针对不同高度进袭兵器的发现概率已计算出来，问哪一种搜索方案最优？

由式 (6.1) 可计算出 3 种搜索方案益损期望值 E，分别为 0.34、0.32 和 0.36，由于 E_3 最大，搜索方案 3 则为最优搜索方案。

2) 决策树法

决策树法是以决策树图为分析手段的一种风险型决策方法。其主要特点是整个决策分析过程直观、简洁和清晰,是一种形象化的决策方法。对于不宜用矩阵表示的多阶段顺序决策问题,决策树法显得更加便捷,不仅能表示出不同决策方案在不同自然状态下的结果,而且还能显示决策过程,决策思路清晰,可随时进行修改和补充,是辅助决策的有力工具。决策树的一般结构如图 6.3 所示。

表 6.1 决策益损值表示例

E_{ij} A_i θ_i $P(\theta_j)$	目标空袭方式			E_i
	高空	中空	低空	
	0.3	0.2	0.5	
搜索方案 A_1	0.6	0.3	0.2	0.34
搜索方案 A_2	0.4	0.5	0.2	0.32
搜索方案 A_3	0.1	0.4	0.5	0.36

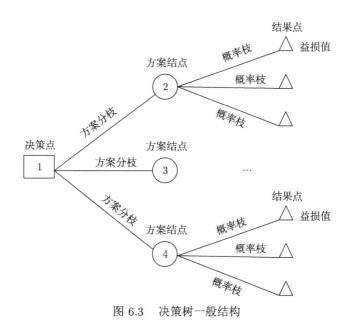

图 6.3 决策树一般结构

图中:
□——表示决策点,从它引出的分枝称为方案分枝,分枝数反映备选方案数量;
○——表示方案点,从它引出的分枝称为概率枝,概率枝上标注自然状态及其出现的概率值,分枝数反映自然状态数;
△——表示结果点,它旁边标注的数值是该方案在相应自然状态下的益损值。

一般决策问题具有多个可行备选方案,每个方案又面临不同发生概率的多种自然状态。因此,决策树图形都是由左向右、由简入繁展开的一个树形网络图[38]。

在应用决策树进行决策分析时，首先是从结果点开始，根据结果点标注的益损值和概率枝上标注的概率，计算该方案在该种自然状态下的益损值，并写在相应的方案结点上。然后，逐一比较各方案结点上的益损值，并根据目标要求进行方案取舍。在被舍弃的方案分枝上标记"×"，称为修剪分枝，该方案被称为剪枝方案。在决策点留下的最后一条方案分枝，即为最优方案。

2. 不确定型决策法

不确定型决策，是决策者对决策问题中各备选方案所面临的各种自然状态发生概率不可预知，只能凭决策者主观倾向进行的决策。即如果风险型决策中缺少第 4 个条件，也就是无法确定自然状态的发生概率时，此时的决策为不确定型决策。

对于不确定性决策，不能笼统地说哪种方案最优，而要根据决策者偏好和具体问题的性质先确定决策准则，然后再根据选定的准则选择方案。不同的决策准则，其评价标准不同，会产生不同的决策结果。这些准则通常包括乐观准则、悲观准则、等可能准则和后悔值准则等。各准则的基本思想和适用场合，如表 6.2 所示。

表 6.2　常用决策准则的基本思想和适用场合

准则类型	基本思想	适用场合
乐观准则	又称最大最大准则。决策者对客观情况总是抱着乐观态度，喜欢追求最大效益	不计风险，只求最好
悲观准则	又称最大最小准则。如果决策者对客观情况总是持保守态度，处事追求稳妥可靠，会先了解每个备选方案中的最坏情况，然后再从中找个好一点的方案	不求最好，但求不差
等可能准则	又称拉普拉斯准则，决策者既然无法确定每个自然状态的发生概率，那么就认为每个自然状态发生的概率均相同，则可以按照风险型决策进行益损值计算	犹豫不决，折中选择
后悔值准则	又称最大最小后悔值准则。决策者在确定方案时，当某一自然状态实际发生时，往往会为没能选择这一状态下的最高效益值的对应方案而后悔。为减少后悔程度，可将每种自然状态下的最高效益值定为该状态的理想目标(后悔值为 0)，并将该状态下的其他效益值与最高效益值之差称为后悔值，由此建立后悔矩阵。决策者在后悔矩阵中，先求出每个方案的最大后悔值，再求出最大值中的最小值，该值所对应方案则为所有方案中后悔值最小的方案	不求最好，但求保底

备注：为避免出现指挥员偏好准则选择困惑，在决策时也可同时运用上述准则对方案进行选择，最终选择入选次数较多的方案作为最优方案。

3. 多目标决策法

多目标决策是指决策模型中含有多个目标函数的决策，又称多准则决策。由于决策目标多，且各目标之间存在各种不同关系，往往很难找到一个对所有目标都是绝对最优的方案,只能在诸方案之间做相对的综合权衡[38]。层次分析法是一种最常用的多目标决策法。

层次分析法,又称 AHP 法 (analytic hierarchy process),是美国运筹学家萨蒂 (Saaty) 于 20 世纪 70 年代提出的,是一种定性与定量相结合的多目标决策方法。AHP 法通过两两比较和综合整理人们对定性问题的主观判断,能有效地解决那些难以用定量方法解决的决策问题,已成为决策者广泛使用的一种多目标决策方法。

层次分析法把一个多目标决策问题按照"目标—准则—方案"的顺序分解为递阶层次结构,然后利用求判断矩阵特征向量的办法,求得每一层次各因素对上一层次某因素的优先权重,最后再用加权求和的方法递阶归并出各备选方案对决策目标的最终权重,最终权重最大者即为最优方案[38]。层次分析法的层次结构如图 6.4 所示。

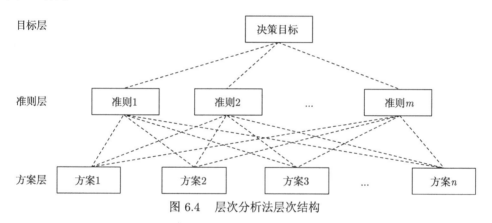

图 6.4　层次分析法层次结构

6.2.2　兵棋推演评估法

防空作战因素复杂、信息量大、情况多变、随机性强,单靠指挥员经验、知识和洞察力常常难以做出优选决策,需要借助仿真实验手段对作战预案进行定量分析与效能评估,以增强作战预案选择的科学性。兵棋 (war game) 是各方使用代表战场的棋盘和军事力量的棋子,依据从战争实践经验中总结出的作战行动与交战规则,对作战过程进行对抗推演的工具。其形式可分为传统手工兵棋和计算机兵棋,随着信息技术发展,使用计算快速、数据统计精准的计算机系统进行推演成为兵棋推演发展的主要方向[53]。美军在《联合作战计划制定流程》(JOPP)中明确规定,要利用作战计划与实施系统 (JOPES) 中的行动方案分析与兵棋推演子系统,对行动方案进行详细的作战模拟推演评估,帮助计划人员查明行动方案的强点和弱点、相关风险以及资源短缺等情况,从而对作战方案进行评估和优化,该过程已成为作战方案拟制过程中的必要环节[53]。

计算机兵棋推演评估法，是依托计算机信息和仿真技术，构建作战兵力和武器系统等仿真模型，采用人在回路、人在旁路以及交战规则判断等方式进行决策指挥，驱动作战兵力模型的仿真运行，完成作战场景模拟展现和作战过程仿真推演。计算机兵棋推演是一种特殊的战争模拟方式，具有综合性、实用性、经济性、逼真性强、无破坏性、可重复使用等优点，通过建立防空对抗体系虚拟战场环境，推演、评估作战行动时空关系、预期效果，可检验、评估作战预案的可行性和有效性，并为进一步优化作战预案提供定量化依据。

1. 系统总体框架

兵棋推演系统总体框架如图 6.5 所示[55]。兵棋推演前，利用模型开发与组装子系统构建仿真模型，并利用想定编辑子系统部署作战实体和规划作战任务及行动；推演过程中，仿真引擎根据想定实现仿真模型的加载和运行调度，同时基于数据分发服务实现与其他仿真成员的信息交互，以及实验数据的采集和实时处理与显示。

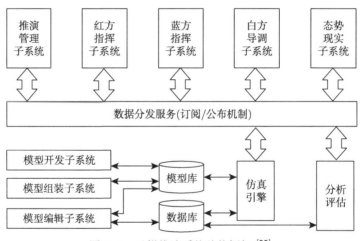

图 6.5　兵棋推演系统总体框架[55]

模型开发子系统，利用组件化思想开发作战实体基本组件类型 (如平台、传感器、火力和通信等组件) 的程序模型，包括接口和处理逻辑，并将组件模型执行体和形式化描述文件等存入模型库。作战实体指在空间上独立，具有完整行为功能的作战单元或节点，如防空导弹、预警雷达和作战飞机等。组件指从不同作战实体抽象出的共性功能组成部分，如多用途作战飞机包括机动、传感器、武器、通信等组件。

模型组装子系统，针对作战实体建模对象，选择基本组件类型进行参数化建模，并进行组装配置，形成战场实体仿真模型，存入模型库，作为想定编辑的基础。

模型库和数据库存储支撑推演的模型和数据资源。模型库存储组件、作战实体仿真、交战判决和任务等模型，数据库存储装备性能、作战规则、战场环境、实验想定、实验采集和分析评估等数据。

仿真引擎是整个兵棋推演系统的核心，负责仿真时间推进、事件队列管理和模型调度运行，向态势显示和分析评估子系统推送实验数据，接受和响应推演管理、红蓝指挥和白方导调等子系统的推演控制、态势导调和作战指挥等指令。

推演管理子系统通过给仿真引擎发送指令，控制推演进程，包括初始化、开始、暂停、回退、恢复、加速、减速和结束等，此外还监视仿真成员接入和工作状态是否正常。

2. 实体组件化构建

作战实体是进行兵棋推演的基础要素，而组件又是形成作战实体仿真模型的基础要素，通常以动态链接库的形式存在。作战实体包括装备组件、行为组件和辅助组件，装备组件从物理结构组成角度对作战实体进行分解，行为组件反映实体的任务、计划和处理逻辑与规则等，辅助组件主要用于毁伤评估和自然环境、人工环境的构建。

组件模型由属性、方法和接口组成，属性表明组件能力和特性，包括静态和动态属性；方法反映组件业务领域功能；接口用于组件与其他组件、实体模型和仿真引擎的交互。通常包括 6 类接口，以六元组 $<T, \text{Init}S, SO, SI, EO, EI>$ 表示。其中，T 为仿真时间推进接口，用于仿真引擎控制组件时间推进；$\text{Init}S$ 为初始化接口，用于仿真开始前组件参数配置；SO 和 SI 分别为组件状态输出接口和外部实体状态输入接口，用于组件实体间状态交互；EO 和 EI 分别为事件输出接口和事件输入接口，用于反映组件实体间行为交互[55]。

根据真实作战实体组成结构，组装相关的通用组件，构造模拟作战实体的组合模型。其中，作战实体模型基于一个承载容器，利用组件管理器组织和调度容器内组件，对外表现为一个组合后的作战实体整体模型，并配以行为组件，从而具备行为能力[55]。基于组件的作战实体模型组装示意图如图 6.6 所示。通过对组件配置不同属性参数，可组装出同一种类不同型号的作战实体仿真模型。

3. 仿真推演引擎

仿真引擎是兵棋推演的总调度器，主要功能为：从仿真初始化到仿真结束的整个过程中，推演引擎按照一定规则有序调度模型处理和推进仿真时钟，组织模型开展复杂的信息交互，驱动仿真系统在遵循客观世界因果逻辑关系前提下，经历一系列状态更迭，实现作战态势的推演展示。仿真推演引擎的核心包括模型管理、事件管理、时间管理和数据管理等[55]。基于离散事件的仿真推演引擎运行机理示意图如图 6.7 所示。

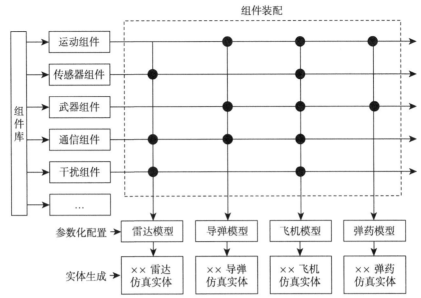

图 6.6　基于组件的作战实体模型组装示意图[55]

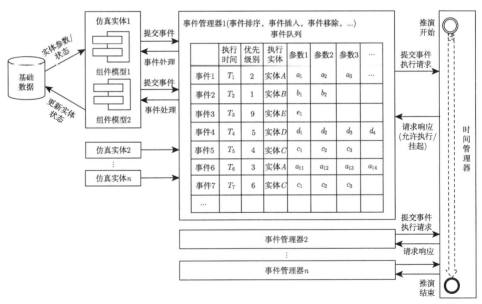

图 6.7　基于离散事件的仿真推演引擎运行机理示意图[55]

仿真引擎的基本运行过程为[55]

(1) 仿真初始化时,推演引擎根据想定脚本文件,映射出仿真实体的初始状态,生成初始事件存入事件表,事件管理器按照事件的时间戳和优先级对事件进行排序。

(2) 仿真过程中,事件管理器循环提取事件列表中第 1 个事件,并向时间管理器发出执行请求;时间管理器接受所有事件管理器提交的事件执行请求,根据事件的时间和优先级进行裁决 (比较事件时间与当前仿真时间),确定哪些事件执行以及哪些事件挂起,通知符合执行条件的事件管理执行其请求的事件。

(3) 事件管理器接到时间管理器的事件执行通知后,将该事件从事件列表中移除,调用相关仿真模型处理该事件,仿真模型在处理该事件时,更新相关实体状态,同时将可能产生的新事件提交给事件管理器并插入事件列表。

(4) 随着仿真事件的不断执行以及新事件产生,推动仿真时间前进,不断更新仿真模型的状态和战场态势,直至仿真结束。

4. 推演评估分析

作战预案推演评估通常按照方案的实施步骤和具体内容,以时间为基本参照轴线,基于作战模型、交战规则和基础数据对作战预案中涉及的各类行动进行仿真,用交战结果来评价衡量作战方案的优劣。在推演过程中,根据"人"是否进入推演回路,可分为人在回路推演评估模式和人在旁路推演评估模式。人在回路推演评估模式,是"人"深度参与推演评估的一种模式,推演中信息流必须经过"人"的环节,经过人的分析、处理后再次进入推演进程环节。人在回路推演评估模式可提升推演评估的科学性、增加推演评估的作用和加深对作战对手的认知;人在旁路推演评估模式,是"人"不加入推演评估的流程环路中,不参与指挥信息回路中作战行动决策和信息行动的交互,处于一种旁观状态。人在旁路推演评估模式由于人的干预大量减少,推演依托模型、算法和规则自动运行,具有较高的运行效率[41]。

防空作战预案评估是以一定的标准对方案集可行性、优劣性、创造性等方面综合分析、评估和优选的过程,同时还应考虑战场态势演变对作战预案评估的影响。地面防空作战预案推演评估分为推演准备、推演实施和评估分析三个阶段,如图 6.8 所示。

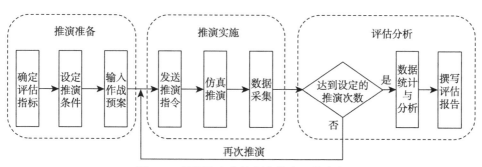

图 6.8 地面防空作战预案推演评估流程

推演准备阶段，主要完成确定效能指标、设定推演条件、输入作战预案数据等工作。推演实施阶段，主要完成兵棋系统指令录入、仿真推演和数据采集。推演后的评估分析阶段，主要是对推演结果和采集到的数据进行梳理、统计和分析，得出评估结论。为尽可能多地获取统计数据，通常对一个作战预案需进行多趟仿真，根据多趟仿真所采集的数据进行统计分析，并按照评估指标进行综合排序，依据排序结果完成作战预案优选。

6.2.3 研讨会审决策法

研讨会审决策法，是由指挥员确定会审主题、发起会审流程、组织会审总结，通过构建前台集中研讨、后台同步作业的分布式会商环境，以相关知识库、认知库和战法库为支撑，运用指挥员、参谋人员和军事专家的经验和直觉，高效完成态势分析、情况判断、决心建议、推演评估和决策优化过程，实现作战筹划定量化和行动决策科学化，是一种充分发挥群体智慧、定性定量有机结合的辅助决策有效方式。在平时筹划中，可依托相对独立的任务筹划系统，通过组织情报会商、专家论证和作战会形式，开展以指挥员为核心、各类参谋和专家参与的集中研讨式会审、图上兵棋推演和作战仿真实验；在临战筹划和战中筹划中，则主要由指挥员带领参谋团队，利用指挥信息系统中的任务规划和辅助决策工具，对部队作战计划进行临机调整、优化决策和行动监控[7]。

作战会是研讨会审决策法的一种重要会议组织形式。作战会是由指挥员主持召开、研究确定作战决心和作战行动等重要内容的会议，主要是落实战时党委会议决议，按照党委首长分工负责制谋划和确定作战行动，通过首长决断的方式定下作战决心，体现的是首长指挥作战，通常是在党委会议作出决策并形成作战预案之后适时召开。作战会总体按照"提出决心建议、组织集体讨论、定下作战决心"的程序组织，在充分分析讨论，认真听取意见建议的基础上，本着下级服从上级原则，由指挥员最终定下作战决心并报上级批复。作战会通常由参谋部首先提出作战行动总体决心建议，之后后装部门、政治工作部门围绕作战行动总体决心建议分别提出各自的决心建议。召开作战会场景示例如图6.9所示。

定下决心是指挥员主要职责和独有权力，也是指挥员必须承担的重大责任。在综合分析判断基础上，需要指挥员对指挥机关拟制的多套预案作出优选决断，定下作战决心。"两害相权取其轻，两利相权取其重"。指挥员在定下作战决心时需重点把握以下三个方面问题。

(1) 把握关键枢纽。指挥员应始终把注意力放在事关作战全局的枢纽关节上，围绕关键决策点和主要分歧点，充分研究讨论，把主要矛盾问题搞深搞透。关键枢纽包括：①主要方向选择。目的是通过集中主要力量和打击效能于主要作战方向、关键时节和重要目标，力求在局部上形成优势，以赢得具有决定意义的局部胜利，推动整个战局发展。②主要力量运用。围绕整体用兵、灵活用兵，研究确定主要兵力的编组是否合理，部署位置和行动区域是否有利于发挥作战效能和自身防护，外部保障资源能否提供持续有效支撑等。③主要行动方法。以寻求体系对抗中的各种不对称作战方法为基本思路，针对敌我双方作战能力、作战特点和具体战场环境，围绕主要作战行动，比对分析多套基本战法和具体打法。例如，采取前推式攻势部署还是内收式防御部署，由近及远的线性火力打击为主还是以"跳跃式"非线性火力打击为主，以防空火力硬杀伤为主还是以电子防空软杀伤为主等。

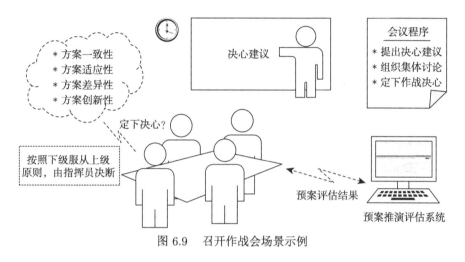

图 6.9 召开作战会场景示例

(2) 充分发扬民主。作战决心虽由指挥员最终确定，但应集思广益，善于听取和采纳不同意见，最大程度发挥集体智慧，力求使作战决心符合客观实际。发扬民主要重点把握：①专业分析与综合评判相结合。指挥员既要充分听取方案比较结论和优选建议，又要充分听取其他指挥员意见建议，并采取问题质询的方式，就关键性细节听取有关参谋人员和专家意见建议。②定性分析与定量计算相结合。注重运用和参考决策支持系统所提供的分析计算结果，做到精确计算、精确决策，同时又不能把作战中的一切问题单纯归结为数学计算，需要依靠指挥员的经验、直觉和艺术作出判断。

(3) 果断做出决策。指挥员应本着高度负责的精神，分析利弊、综合权衡，既力求有把握，又不回避风险，及时果断定下决心。果断决策应重点把握：①当某个方案被普遍认为稳妥可行时，应善于换位思考和逆向思维，进行重新审视，充分怀疑、敢于否定。往往这种方案过于常规、敌人也能想到，难以达成出其不意的效果。②当意见分歧严重、难以统一时，若时间允许，应重新组织作战筹划，调整或重新拟制作战构想、作战方案，之后再组织召开作战会议，研究定下决心，必要时可反复组织；若时间紧迫，指挥员应勇于担起决策责任，敢于拍板定案，不能议而不决、决而不断。

定下作战决心要求指挥员必须具备决断的素质。"用兵之害，犹豫最大；三军之灾，生于狐疑。"任何决策都具有一定的风险性，信息化战争以美军"决策中心战"为代表的认知域领域较量异常激烈，在作战难题接踵而来，诸多矛盾交织混杂，压力传导迭代累加的复杂战场环境下，指挥员必须具备决断的过硬素质。作为一名指挥员应当充分认识到：决断是一种精神，这种精神体现为自身必须具备敢于负责的意识、化繁为简的自觉和去伪存真的敏锐。同时，决断是一种能力。决断绝不等同于武断，它是经过深思熟虑、权衡利弊和综合判断后，快速而又科学做出的决定，而不是简单、鲁莽地下达命令。决断是一种品质。决断不仅是作战指挥员下达的一道命令指示，更体现着指挥员个人的品质、品格和魅力。毛泽东眼中的长征红军战士，虽衣衫褴褛却有着"更喜岷山千里雪，三军过后尽开颜"的壮志豪情。指挥员作为指挥链条中的灵魂和节点，应当怀有"犯我中华者，虽远必诛""壮志饥餐胡虏肉，笑谈渴饮匈奴血"的豪情，这样的情绪会随着一道道决断指令向下传导，感染至全体指战员，从而焕发出气势磅礴的精神之力。

6.3 作战预案评估指标体系

作战预案评估是对作战预案的可行性、风险度、作战效益等进行的评价和估量[1]，评价指标是用来度量、比较方案优劣的量化尺度，对方案的评估优选结果具有重要的导向作用。构建作战预案评估指标体系，通常应考虑评估的目的性、可行性、协调性、风险性和灵活性等，以保证评估的客观、科学和有效。

6.3.1 指标体系构建准则

空防对抗战场情况复杂，情报信息量大，时空转换节奏快，不确定性、随机性影响因素多，受时间、经验和逻辑思维能力等限制，防空作战作战预案往往难以面面俱到，科学的评估指标体系是作战预案拟制的标准和目标，可洞察作战预案存在的缺项和不足。为此，构建评价指标体系时应遵循以下准则。

目的性。空防对抗体系结构复杂，涉及要素众多，对其进行评估必须首先明确评估的目，要围绕上级作战意图和作战目的，确立评估指标体系。评估目的不同，则评估指标体系也不相同。

科学性。评价指标要能够科学反映作战预案的关键性因素，既能满足定性分析与定量计算的要求，又要便于科学选取，简便实用，评估结果应当能够较好地反映防空作战客观实际并指导防空作战行动。

完备性。防空作战预案是对整个防空作战行动起关键性作用的规范性指导，涵盖信息化条件下空防对抗体系各个方面，评价指标要完整、齐备，应当能够从对抗体系全局出发，全面反映防空作战体系整体作战效能。

独立性。评价指标之间相对独立是有效评估地面防空作战预案的基本要求,指标体系是由互有侧重又集中反映评估目的的指标构成,每个指标能独立反映方案某一个方面特性的评估要求,指标之间不能交叉重叠,以构成既相互独立又协调统一的关系。

可量化性。防空作战预案评价指标只有具备可测性,才能进行估算、比较和分析。评估指标量化既可通过统计分析、仿真实验、经验公式等方式获取,也可通过建立计算模型求解,指标具备可量化性是评估指标选取的重要原则。

6.3.2 评估指标体系构建

评估指标体系构建应当从作战预案评估目的出发,在客观分析防空作战体系作战效能诸影响因素基础上,围绕作战预案拟制的一致性、效益性、适应性和风险性要求,构建以构想契合度、体系作战效能、方案适用性和方案风险性为评判标准的评估指标体系。其中,构想契合度指标分为决心完成率、指标覆盖率 2 个二级指标,以反映作战预案拟制的一致性要求;体系作战效能指标分为情报保障效能、火力拦截效能、信息对抗效能和指挥控制效能 4 个二级指标,以反映作战预案拟制的效益性要求;方案适用性指标包括方案可行性、方案鲁棒性 2 个二级指标,以反映作战预案拟制的适应性要求;方案风险性指标分为我方战损率、保卫目标安全率 2 个二级指标,以反映作战预案拟制的风险性要求。地面防空作战预案评估指标体系如图 6.10 所示。

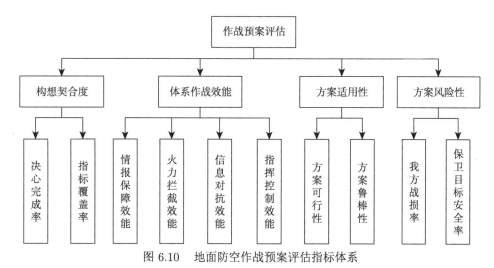

图 6.10 地面防空作战预案评估指标体系

1. 构想契合度

构想契合度是作战预案与作战构想的吻合程度。作战预案保持与作战构想总体设计保持一致,是防空作战预案拟制的基本要求。构想契合度指标是对作战预案与作战构想所提出的作战任务、作战重心、作战方法等构想指标吻合程度的定量化描述。

1) 决心完成率

决心完成率是作战预案对上级作战意图、作战决心、作战目标等贯彻落实的有效程度。其具体计算如下：

$$C_1 = \sum_{i=1}^{n_c} K_{ci} \times N_{ci} \quad (6.2)$$

其中，K_{ci}、N_{ci} 分别为防空任务清单中第 i 个子任务对整体防空作战任务贡献系数及该子任务分配的防空作战兵力数量；n_c 为防空作战任务清单中子任务数量。

2) 指标覆盖率

指标覆盖率是作战预案对作战构想所涉及的主要作战指标数量覆盖情况。指标覆盖率主要反映作战预案对目标抗击率、保卫目标安全率、敌空袭体系关键节点摧毁率、阵地防护能力等指挥员关切作战指标的落实情况。不同作战指标对防空体系达成作战目的的效应价值和重要性不同。其具体计算如下：

$$C_2 = \sum_{i=1}^{n_T} P_{Ti} \times K_{Ti} \quad (6.3)$$

其中，P_{Ti} 为第 i 个指标因子效应价值；K_{Ti} 为第 i 个指标因子权重系数；n_T 为防空作战任务作战指标总数量。

2. 体系作战效能

体系作战效能是防空作战体系完成作战任务的有效程度。体系作战效能高低有赖于情报保障、火力拦截、信息对抗和指挥控制所构成的地面防空杀伤链条各环节效能，体现为防空体系信息获取、传输、融合与共享的情报保障能力，在复杂电磁对抗条件下的信息对抗水平，以及在防空指挥信息系统指挥控制下防空装备作战效能发挥情况。

1) 情报保障效能

情报保障效能是预警探测系统完成情报保障任务的有效程度。地面防空作战对于情报信息高度依赖，离不开陆、海、空、天、电、网等多域支援保障要素的体系支撑。其具体计算如下：

$$C_3 = (N_{INF} - N_L)/N_{INF} \quad (6.4)$$

其中，N_{INF} 为防空作战需掌握的信息数量；N_L 为我战场信息获取和网络共享能力等限制所导致的信息缺失数量。

2) 火力拦截效能

火力拦截效能是所有抗击作战单元完成其抗击任务的有效程度。防空作战抗击力量应当具有抗击敌高中低空、远中近程多样化目标能力，特别是对隐身作战飞机、预警机、电子战飞机、巡航导弹以及战术弹道导弹等重点目标抗击能力。火力拦截效能可用抗击效率度量，其具体计算如下：

$$C_4 = \sum_{i=1}^{n_H} P_{Hi} N_{Hi} / \sum_{i=1}^{n_H} N_{Hi} \tag{6.5}$$

其中，P_{Hi} 表示第 i 种防空作战单元有效完成上级所分配的作战任务概率；N_{Hi} 为分配给第 i 种防空作战单元任务总数；n_H 为防空作战单元总数。

3) 信息对抗效能

信息对抗效能是所有信息对抗作战单元完成信息对抗任务的有效程度。通过网络化指挥信息系统链接的信息攻防武器系统，具有高度的多域联合与信息火力一体化作战能力，信息对抗兵力编组、配置和战法运用对地面防空体系信息攻防能力起到关键性支撑作用。其具体计算如下：

$$C_5 = \sum_{i=1}^{n_A} K_{Ai} \times N_{Ai} \tag{6.6}$$

其中，K_{Ai} 为第 i 种信息攻防单元对信息攻防的贡献率；N_{Ai} 为第 i 种信息对抗单元数量；n_A 为信息攻防单元总数。

4) 指挥控制效能

指挥控制效能是指挥控制系统对所属部队作战潜力的发挥程度。指挥控制是地面防空作战的中枢，对作战体系作战潜力的发挥具有决定性影响，受限于指挥控制装备的态势感知能力、决策支持能力、信息通信能力、指挥网络稳定程度等。其具体计算如下：

$$C_6 = \sum_{i=1}^{n_B} K_{Bi} \times N_{Bi} \tag{6.7}$$

其中，K_{Bi} 为第 i 种指控装备对所指挥部队作战潜力的有效发挥程度；N_{Bi} 为第 i 种指控装备所指挥部队数量占部队总数的占比；n_B 为指控装备数量。

3. 方案适用性

方案适用性是拟制的作战预案与战场客观实际的吻合程度以及对战场环境变化的适应程度。信息化防空战场态势变化多端，体系对抗程度激烈、战争进程演变迅猛，作战预案需要综合考虑方案对战场各种可能变化的适用性。方案适用性指标可采用方案可行性和方案鲁棒性进行定量化描述。

1) 方案可行性

方案可行性是拟制的作战预案与战场客观实际的吻合程度。用于直接描述方案可行性的指标难以选取和量化,这里采用防空作战进程中各关键节点敌我双方作战势能比,描述作战预案的总体可行程度。其具体计算如下:

$$C_7 = \sum_{i=1}^{n_\mathrm{T}} K_i \times U_i / V_i \tag{6.8}$$

其中,K_i 为第 i 个进程关键节点在防空作战进程中的重要系数;n_T 为作战进程关键节点总数量;U_i 为第 i 个进程关键节点防空体系作战势能;V_i 为第 i 个进程关键节点空袭体系作战势能。

2) 方案鲁棒性

方案鲁棒性是拟制的作战预案对战场环境变化的适应程度。可用兵力、信息、火力、保障等作战资源在战场环境发生变化时能否继续有效发挥其功效,来反映作战预案对战场态势变化的总体适应程度。其具体计算如下:

$$C_8 = 1 - \prod_{i=1}^{n_\mathrm{R}} ((N_i - N_{\mathrm{S}i})/N_i) \tag{6.9}$$

其中,N_i 为第 i 种所配属的作战资源数量;$N_{\mathrm{S}i}$ 为不能有效发挥其功效(如故障、失效以及超过能力范围等)的第 i 种作战资源数量;n_R 为所配属的各类作战资源种类数量。

4. 方案风险性

方案风险性是作战预案所设计行动可能付出的代价与所获取成效的比值。任何作战方案都会存在风险,往往期望的作战成效越大,其可能承担的风险也越大,需要在风险与成效之间找到平衡点。从地面防空作战任务和空防体系对抗关系来看,方案风险性主要体现为我方战损率和保卫目标安全率。

1) 我方战损率

我方战损率是我防空体系遭到敌空袭体系攻击后的受损比例。在空防对抗过程中,防空体系自身也是敌空袭体系的重点打击目标,完成防空作战任务需要付出一定代价,这个代价可用防空武器系统战损比例进行描述。其具体计算如下:

$$C_9 = \sum_{i=1}^{n_\mathrm{R}} P_{\mathrm{R}i}/N \tag{6.10}$$

其中,n_R 为防空武器系统战损总数;$P_{\mathrm{R}i}$ 为第 i 种战损防空武器对防空体系重要系数;N 为防空武器系统总数量。

2) 保卫目标安全率

保卫目标安全率是保卫目标遭到敌空袭体系突击后的失效程度。防空作战的目的是确保保卫目标安全,保卫目标类型、属性、抗毁性不同,则保卫目标受到攻击后的失效程度也不同。这里采用保卫目标被攻击后的总体失效概率进行综合度量。其具体计算如下：

$$C_{10} = \frac{1}{n_M} \sum_{i=1}^{n_M} K_{Di}(1 - P_{Di}P_{DHi}) \tag{6.11}$$

其中，K_{Di} 为第 i 个保卫目标重要系数；P_{Di} 为第 i 个保卫目标被敌攻击概率；P_{DHi} 为第 i 个保卫目标被敌攻击后的失效概率；n_M 为保卫目标数量。

6.4 基于集对势的作战预案评估

防空作战是一个攻防体系动态博弈的演变过程，战场态势信息和决策信息具有很大不确定性，造成在作战预案评估优选过程中存在较大决策风险。利用集对分析不确定理论,通过构造合理的同异反联系度,可有效分析作战预案不确定性对作战态势转化的影响，获得作战预案的集对势排序，最终优选出稳妥的作战方案。

6.4.1 集对分析法概述

集对分析 (set pair analysis, SPA) 是我国学者赵克勤提出的一种关于确定不确定系统同异反定量分析的系统分析方法。所谓集对，是指具有一定联系的两个集合所组成的对子。从系统的角度看，集对既可以是系统内任两部分要素组成的对子，也可以是系统与环境组成的对子。集对分析基本思路：在具体问题背景下，对集对的某一特性展开分析，对集对在该特性上的联系进行分类定量描述。集对分析理论认为，不确定性是事物的本质属性，并将不确定性与确定性作为一个系统进行综合考察。集对分析将确定性分为"同一"与"对立"两个方面，而将不确定变为"差异"，从"同一""差异"和"对立"(简称同异反) 三个方面分析，并引入联系度描述同异反三个分量，将其统一在一个数学表达式中。

假设根据问题 W，对集 A 和集 B 组成的集对 H 展开分析，共得到 N 个特性，其中有 S 个为集对中两个集合所共有，而在另外 P 个特性上对立，在其余 F 个特性上关系不确定，则在不计各特性权重情况下，称 S/N 为集 A 和集 B 在问题 W 下的同一度，记为 a；F/N 为集 A 和集 B 在问题 W 下的差异度，记为 b；P/N 为集 A 和集 B 在问题 W 下的对立度，记为 c。

由于同一度、差异度、对立度是从不同侧面刻画两个集合的联系状况，故两个集合总联系度 μ 为[56]

$$\mu = \frac{S}{N} + \frac{F}{N}\alpha + \frac{P}{N}\beta = a + b \times \alpha + c \times \beta \tag{6.12}$$

其中，a、b、c 分别表示同一度、差异度和对立度，且 $a+b+c=1$；α 为差异度系数，$\alpha \in [-1,1]$，$\beta = -1$ 为对立度系数。

当联系度 $\mu = a + b\alpha + c\beta$ 中的 $c \neq 0$ 时，同一度与对立度的比值 a/c 称为集对势，记为 $S(\mu)$。假设防空体系、空袭体系为集对 H 中 2 个集合，当 $a/c > 1$ 时，称为集对的同势，即集对 H 中 2 个集合在同异反联系中存在"同一"趋势，表明战场态势向我有利趋势发展；当 $a/c < 1$ 时，称为集对的反势，即集对 H 中 2 个集合在同异反联系中存在"对立"趋势，表明战场态势向敌空袭体系有利趋势发展；当 $a/c = 1$ 时，称为集对的均势，表示集对 H 中 2 个集合"同一"趋势和"对立"趋势呈现出"势均力敌"的状态。

6.4.2 集对势模型构建

防空作战预案集对分析体现空防对抗体系的复杂性和不确定性，根据情况判断获取各种战场态势的情报信息，建立集对势模型综合分析各防空作战预案的稳定性，同时评估各种不确定因素对作战预案构想契合度、作战体系效能、适用性和风险性的影响。集对势 $S(\mu)$ 描述如下：

$$S(\mu) = 2 \times a/(b+c) - c/(a+b) \tag{6.13}$$

综合考虑防空作战演变性和指挥员指挥艺术、决策思维取向，引入相对可能势概念作为防空作战预案优选评估度量，分为乐观可能势 $S_o(\mu)$ 和悲观可能势 $S_p(\mu)$，分别表示如下：

$$S_o(\mu) = (2a + \gamma b)/((1-\gamma)b + c) - c/(a+b) \tag{6.14}$$

$$S_p(\mu) = 2a/(b+c) - (c + \gamma b)/(a + (1-\gamma)b) \tag{6.15}$$

其中，$\gamma \in [0, 1]$，且 $S_o(\mu)$ 表示该预案下战场态势朝着有利于防空作战趋势乐观发展；$S_p(\mu)$ 表示该预案下战场态势朝着不利于防空作战趋势悲观发展。

在不考虑指挥员指挥艺术和决策取向的情况下，引用分段函数值广义势作为防空作战预案优先评估分析模型，广义势具体计算模型如下：

$$S_g(\mu) = \begin{cases} e^a/e^{(c-b\times\alpha)}, & \alpha \in [-1, 0) \\ e^{(a+b\times\alpha)}/e^c, & \alpha \in [0, 1] \end{cases} \tag{6.16}$$

可能势是描述执行预案情况下战场态势的发展趋势。上述计算式是对防空作战预案的可能势分别在指挥员有取向偏好或无取向偏好情况下的综合分析。

由于在形成防空作战构想阶段对整个防空作战行动进行了阶段态势设想，为更加客观地反映防空作战预案对指挥员作战构想的契合度，这里定义方案阶段权对其进行度量。方案阶段权，是指按照防空作战态势发展演进对防空作战预案进行阶段划分，计算各任务阶段集对势 $S(\mu)$ 与预案总集对势的比值。由于地面防空体系是各防空作战单元依据防空作战任务、指挥关系铰链的有机整体，根据防空作战任务进行兵力编组与配置，构成主次配合关系、梯次巩固关系和无协同联系三种关系。其中，主次配合关系，表示编组以主战型号为主，其他型号辅助，产生的比例系数分别为 k_1 和 k_2，并令 $k_1 + k_2 = 1$；梯次巩固关系，表示为加强重点作战方向而集结多个兵力编组，比例系数分别为 k_3 和 k_4，且 $k_3 + k_4 = 1$；无协同联系，表示由某个兵力编组独立承担某一方向防空作战子任务，相互间没有火力协同关系，比例系数为 $k_5 = k_6 = 0.5$。

根据上述定义，防空作战预案第 r 阶段的评估权重系数表示如下：

$$\begin{cases} w'_r = \sum_{i=1}^{3}(l_{(2i-1)r} \times k_{(2i-1)} + l_{(2i)r} \times k_{(2i)})/w'_{\text{ALL}} \\ w'_{\text{ALL}} = (0.5 \times l \times (l-1)) \\ \sum_{i=1}^{3}(l_{(2i-1)r} + l_{(2i)r}) = (l-1) \end{cases} \quad (6.17)$$

其中，$k_{(2i-1)}$、$k_{(2i)}$、$l_{(2i-1)r}$、$l_{(2i)r}$ 分别表示第 i 种联系度系数以及其在 r 任务阶段的数量；l 为作战构想设计的第 r 任务阶段敌空袭规模；w'_{ALL} 表示具有抗击 l 空袭规模下的作战预案联系度系数总和。

6.4.3 集对势模型求解

基于当前空防对抗态势实际，防空作战预案备选数量为 n，评估指标采用由式 (6.2)～式 (6.11) 并综合运用层次分析法、专家打分等方法计算求解。

1. 评估指标归一化及其权重计算

假设防空作战预案在第 r 任务阶段的决策矩阵为 $\boldsymbol{D}_r$，$\boldsymbol{D}_r$ 为一个 $n \times 10$ 的矩阵，由上述具体评估指标组成，表示为

$$\boldsymbol{D}_r = \begin{bmatrix} C_{11} & C_{12} & \cdots & C_{1(10)} \\ C_{21} & C_{22} & \cdots & C_{2(10)} \\ \vdots & \vdots & & \vdots \\ C_{n1} & C_{n2} & \cdots & C_{n(10)} \end{bmatrix} \quad (6.18)$$

其中，n 为备选防空作战预案的数量，需对各影响指标值归一化处理，具体处理如下：

$$C'_{ij} = \begin{cases} C_{ij}/\max_{1 \leqslant i \leqslant n}(C_{ij}), & j = \{2,3,4,5,7,8\} \\ \min_{1 \leqslant i \leqslant n}(C_{ij})/C_{ij}, & j \in \{1,6,9,10\} \end{cases} \quad (6.19)$$

归一化处理后得

$$\boldsymbol{D}'_r = \begin{bmatrix} C'_{11} & C_{12} & \cdots & C'_{1(10)} \\ C'_{21} & C'_{22} & \cdots & C'_{2(10)} \\ \vdots & \vdots & & \vdots \\ C'_{n1} & C'_{n2} & \cdots & C'_{n(10)} \end{bmatrix} \quad (6.20)$$

根据熵权法分别计算防空作战预案第 r 任务阶段各指标评估的权重值，计算如下：

$$w_j^r = \left(1 + \frac{1}{\ln n} \times \sum_{i=1}^{n} C'_{ij} \times \ln C'_{ij}\right) / \left(10 - \sum_{j=1}^{10} \left(-\frac{1}{\ln n} \times \sum_{i=1}^{n} C'_{ij} \times \ln C'_{ij}\right)\right) \quad (6.21)$$

2. 防空作战预案联系度计算

根据指挥员防空作战构想，$C_{\text{best}}^r = \{C_{1\text{best}}^r, C_{2\text{best}}^r, \cdots, C_{n\text{best}}^r\}$ 为第 r 任务阶段最契合预期效果，当 $j \in \{2,3,4,5,7,8\}$ 时，$C_{j\text{best}}^r = \max_{1 \leqslant i \leqslant n}(C'_{ij})$；当 $j \in \{1,6,9,10\}$ 时，$C_{j\text{best}}^r = \min_{1 \leqslant i \leqslant n}(C'_{ij})$。$C_{\text{worst}}^r = \{C_{1\text{worst}}^r, C_{2\text{worst}}^r, \cdots, C_{n\text{worst}}^r\}$ 为第 r 任务阶段最偏离的预期效果，当 $j \in \{2,3,4,5,7,8\}$ 时，$C_{j\text{worst}}^r = \min_{1 \leqslant i \leqslant n}(C'_{ij})$；当 $j \in \{1,6,9,10\}$ 时，$C_{j\text{worst}}^r = \max_{1 \leqslant i \leqslant n}(C'_{ij})$。作战预案 i 的第 r 任务阶段第 j 个指标的联系度计算如下：

$$\begin{cases} a_{ij}^r = C'_{ij}/(C_{j\text{best}}^r + C_{j\text{worst}}^r) \\ c_{ij}^r = (C_{i\text{best}}^r \times C_{j\text{worst}}^r)/(C'_{ij} \times (C_{i\text{best}}^r + C_{j\text{worst}}^r)) \\ b_{ij}^r = 1 - a_{ij}^r - c_{ij}^r \end{cases} \quad (6.22)$$

将权重系数和关联度相乘求和，可得作战预案 i 在第 r 任务阶段的联系度计算如下：

$$\mu_i^r = \left(\sum_{j=1}^{10} a_{ij}^r \times w_j^r\right) + \left(\alpha \times \sum_{j=1}^{10} b_{ij}^r \times w_j^r\right) + \left(\beta \times \sum_{j=1}^{10} c_{ij}^r \times w_j^r\right) \quad (6.23)$$

3. 综合计算与分析

将评估权重结果分别代入阶段联系度计算式，可得防空作战预案 i 的综合联系度 μ_i，具体计算如下：

第 6 章　基于评估优选的地面防空作战预案拟制

$$\begin{cases} \mu_i = a + \alpha \times b + \beta \times c \\ a = \sum_{r=1}^{l} \sum_{j=1}^{10} a_{ij}^r \times w_j^r \times w_r' \\ b = 1 - \sum_{r=1}^{l} \sum_{j=1}^{10} b_{ij}^r \times w_j^r \times w_r' - \sum_{r=1}^{l} \sum_{j=1}^{10} a_{ij}^r \times w_j^r \times w_r' \\ c = \sum_{r=1}^{l} \sum_{j=1}^{10} a_{ij}^r \times w_j^r \times w_r' \end{cases} \quad (6.24)$$

将计算结果分别代入式 (6.13)~ 式 (6.15)，综合求解分析防空作战预案的集对势，根据求解结果进行综合分析评估与排序。

防空作战预案优劣顺序以作战预案与作战构想指标体系的契合程度，即集对势分析为依据。若 $S(\mu_i) > S(\mu_j)$，则预案 i 更契合；若 $S(\mu_i) = S(\mu_j)$，则预案 $S_o(\mu)$、$S_p(\mu)$ 或 $S_g(\mu)$ 应根据指挥员取向偏好情况进行综合分析。当指挥员无取向偏好时，若 $S_g(\mu_i) > S_g(\mu_j)$，则预案 i 更契合，反之，预案 j 更契合。否则，预案 i 和 j 作战效果差异不大；当指挥员有取向偏好时，若 $S_o(\mu_i) > S_o(\mu_j)$ 或 $S_p(\mu_i) > S_p(\mu_j)$，则预案 i 更契合，反之，预案 j 更契合。否则，预案 i 和 j 作战效果差异不大。

上述基于阶段可能势的防空作战预案评估优选法，具体计算评估优选流程如图 6.11 所示。

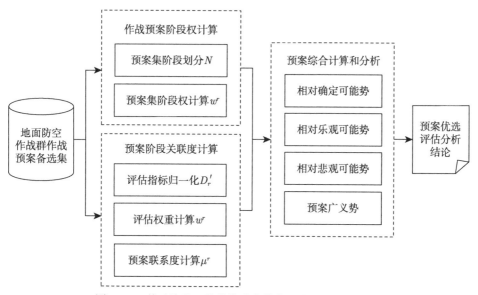

图 6.11　基于阶段可能势的防空作战预案评估优选流程

6.5 作战预案评估优选案例分析

这里以假定的防空作战想定为背景,采用基于集对势分析法,具体给出地面防空作战预案优选的示例。

6.5.1 作战预案的评估优选

假设敌空袭体系对保卫要地实施空袭,其空袭行动分为巡航导弹低空突防、编配电子战飞机的隐身飞机集群突击和巡航导弹与战斗轰炸机编组补充攻击三个波次,表述为 T_1、T_2 和 T_3 三波次目标。地面防空群所编配武器对目标杀伤概率满足其设计指标要求不低于 0.85。空袭体系三个进攻波次之间的相互关系为 R_{12}、R_{23}、R_{13} 且分别为梯次巩固关系 ($k_3 = 0.6$, $k_4 = 0.4$)、无协同联系 ($k_5 = 0.5$, $k_6 = 0.5$) 和主次配合关系 ($k_1 = 0.4$, $k_2 = 0.6$)。根据前期作战筹划理解任务、判断情况和作战构想,初步拟制 5 个备选方案,根据态势阶段划分为三个任务阶段,按照预案优选评估指标体系计算式 (6.2)~ 式 (6.11) 和经验数据,借助 MATLAB 软件仿真可得到作战预案评估指标量化值随作战时间的演进变化曲线,具体如图 6.12 所示。

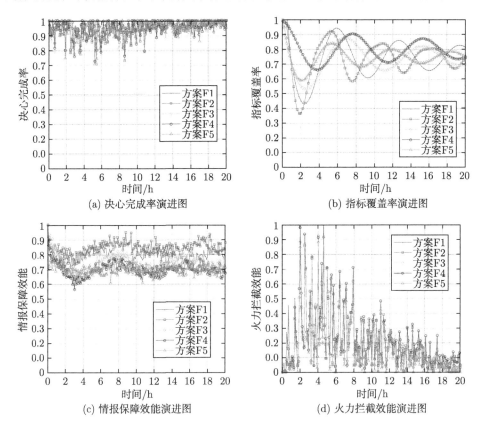

(a) 决心完成率演进图

(b) 指标覆盖率演进图

(c) 情报保障效能演进图

(d) 火力拦截效能演进图

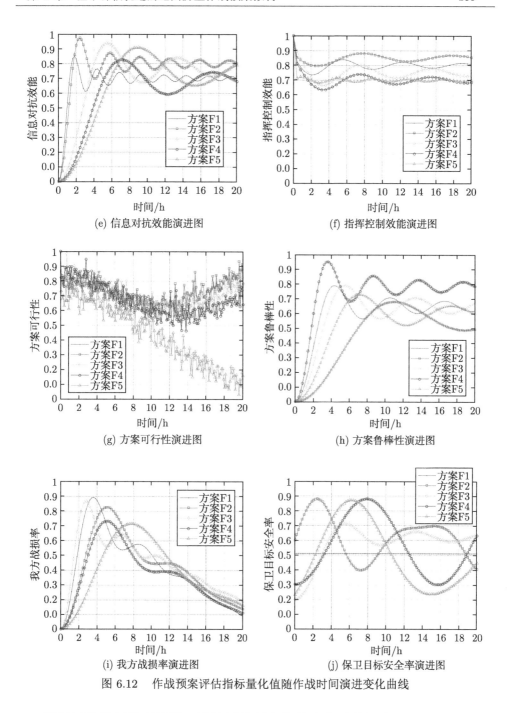

图 6.12 作战预案评估指标量化值随作战时间演进变化曲线

根据评估指标处理结果，计算评估预案集的阶段对策矩阵 D_1、D_2 和 D_3 如下：

$$D_1 = \begin{bmatrix} 2000 & 4000 & 0.75 & 0.70 & 0.90 & 0.10 & 0.97 & 0.9035 & 75 & 110 \\ 3000 & 4000 & 0.70 & 0.65 & 0.95 & 0.10 & 0.95 & 0.9280 & 78 & 111 \\ 3000 & 4000 & 0.85 & 0.65 & 0.89 & 0.20 & 0.96 & 0.8750 & 85 & 105 \\ 4000 & 5000 & 0.85 & 0.60 & 0.85 & 0.15 & 0.90 & 0.8110 & 80 & 115 \\ 5000 & 5000 & 0.75 & 0.75 & 0.90 & 0.10 & 0.93 & 0.8125 & 85 & 120 \end{bmatrix}$$

$$D_2 = \begin{bmatrix} 5000 & 4000 & 0.82 & 0.85 & 0.95 & 0.10 & 0.95 & 0.8250 & 70 & 105 \\ 5000 & 4000 & 0.80 & 0.80 & 0.92 & 0.10 & 0.96 & 0.8930 & 75 & 110 \\ 3000 & 4000 & 0.87 & 0.86 & 0.87 & 0.15 & 0.96 & 0.8750 & 72 & 105 \\ 6000 & 5000 & 0.82 & 0.75 & 0.90 & 0.25 & 0.93 & 0.8125 & 80 & 100 \\ 2000 & 5000 & 0.82 & 0.75 & 0.90 & 0.15 & 0.94 & 0.8125 & 78 & 102 \end{bmatrix}$$

$$D_3 = \begin{bmatrix} 4000 & 5000 & 0.80 & 0.89 & 0.90 & 0.25 & 0.90 & 0.8520 & 70 & 105 \\ 4000 & 5000 & 0.93 & 0.94 & 0.89 & 0.13 & 0.95 & 0.9016 & 66 & 100 \\ 3000 & 5000 & 0.85 & 0.80 & 0.85 & 0.10 & 0.93 & 0.9375 & 75 & 95 \\ 3000 & 4000 & 0.95 & 0.87 & 0.93 & 0.12 & 0.97 & 0.9575 & 65 & 101 \\ 5000 & 4000 & 0.90 & 0.84 & 0.89 & 0.15 & 0.94 & 0.8750 & 72 & 99 \end{bmatrix}$$

根据式 (6.17) 计算，求得预案集的阶段权向量 $w = [0.3667 \quad 0.3000 \quad 0.3333]$。

按照式 (6.18)～式 (6.21)，将 D_1、D_2 和 D_3 归一化处理后进行指标权重矩阵 w 计算，得到

$$w = \begin{bmatrix} 0.0600 & 0.1245 & 0.1030 & 0.0860 & 0.1095 & 0.0615 & 0.1170 & 0.1000 & 0.1190 & 0.1200 \\ 0.0525 & 0.1195 & 0.0990 & 0.1095 & 0.1120 & 0.0595 & 0.1160 & 0.1110 & 0.1070 & 0.1110 \\ 0.0790 & 0.1165 & 0.0950 & 0.0900 & 0.1095 & 0.0770 & 0.1125 & 0.1050 & 0.1050 & 0.1130 \end{bmatrix}$$

综合计算各数据结果，可得防空作战预案集的相对确定可能势向量 $S(\mu) = [1.4667 \; 1.0098 \; 1.1514 \; 1.1968 \; 1.3186]$，按照相对确定可能势的大小对作战预案进行排序可得：预案 1> 预案 5 > 预案 3> 预案 4> 预案 2。根据向量值对比分析可知，在该空防对抗体系下，防空作战预案 1 最契合指挥员作战构想且作战效果最佳，预案 2 的契合度和预期作战效果最差，其他三个预案居中。可见，采用集对势评估分析模型对地面防空作战预案优选评估是可行的。

6.5.2 指挥员无决策偏好的作战预案评估优选

在指挥员无取向偏好情况下，为进一步验证集对势分析模型对于空防对抗体系动态演变中作战预案可靠性评估，根据作战构想对防空作战态势阶段的划分，假定两组任务阶段权系数 w_2' 和 w_3' 如下：

$$a = \begin{bmatrix} 0.5 & 0.5 \\ 0.4 & 0.6 \end{bmatrix}, \quad b = \begin{bmatrix} 0.2 & 0.2 \\ 0.1 & 0.3 \end{bmatrix}, \quad c = \begin{bmatrix} 0.3 & 0.3 \\ 0.5 & 0.1 \end{bmatrix}$$

$$w'_1 = \begin{bmatrix} 0.5 & 0.5 \end{bmatrix}, \quad w'_2 = \begin{bmatrix} 0.7 & 0.3 \end{bmatrix}, \quad w'_3 = \begin{bmatrix} 0.8 & 0.2 \end{bmatrix}$$

上述数据加权求和，可得作战预案集的联系度矩阵：

$$\boldsymbol{\mu}_1 = \begin{bmatrix} 0.5 & 0.2 & 0.3 \\ 0.5 & 0.2 & 0.3 \end{bmatrix}, \quad \boldsymbol{\mu}_2 = \begin{bmatrix} 0.5 & 0.2 & 0.3 \\ 0.54 & 0.24 & 0.22 \end{bmatrix}, \quad \boldsymbol{\mu}_3 = \begin{bmatrix} 0.5 & 0.2 & 0.3 \\ 0.56 & 0.26 & 0.18 \end{bmatrix}$$

5 套防空作战预案 $\boldsymbol{\mu}_1$、$\boldsymbol{\mu}_2$ 和 $\boldsymbol{\mu}_3$ 在指挥员无取向偏好情况下，作战预案集广义势的变化曲线，如图 6.13 所示。

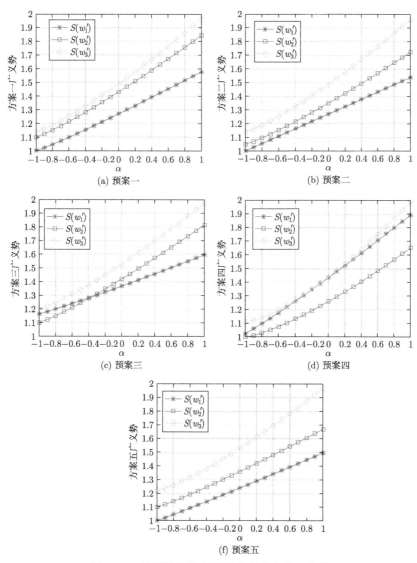

图 6.13 地面防空作战预案集广义势变化曲线

根据预案集广义势的变化曲线，综合分析 μ_1、μ_2 和 μ_3 可知，在 w_1' 情况下，计算分析各个预案均为同势 ($a > c > b$)，这与实际结果存在矛盾；在 w_2'、w_3' 情况下预案优选评估结果为同势和均势，符合防空作战规律和指挥员作战构想；$S(w_2')$ 和 $S(w_3')$ 曲线的曲率变化，反映在不同任务阶段权值对作战预案的影响程度，这与实际防空作战中对敌空袭作战体系要害环节及对整个战场态势影响程度特征相一致。

6.5.3　指挥员有决策偏好的作战预案评估优选

当指挥员对作战预案有着决策取向偏好时，需根据式 (6.14)、式 (6.15) 对预案集进行综合对比和优选评估。通过对作战预案取向偏好计算结果和演进曲线分析，可优选出指挥员有特殊取向偏好下的预案结果。将上述数据信息按照有取向偏好分析要求和防空作战预案的差异性、一致性、多样性要求进行重置，假设预案 $F_1 \sim F_3$ 同势，预案 F_4 均势，预案 F_5 反势，且令 $\gamma = 0.1$，如表 6.2 所示。

表 6.3　防空作战预案同异反系数矩阵表

	预案 F_1	预案 F_2	预案 F_3	预案 F_4	预案 F_5
同一系数 a	0.35	0.41	0.63	0.55	0.45
差异系数 b	0.18	0.35	0.26	0.48	0.29
对立系数 c	0.25	0.33	0.37	0.60	0.42

利用 MATLAB 仿真求解计算，可绘制出有指挥员取向偏好设置时的 5 种预案可能势演进曲线变化，如图 6.14 所示。

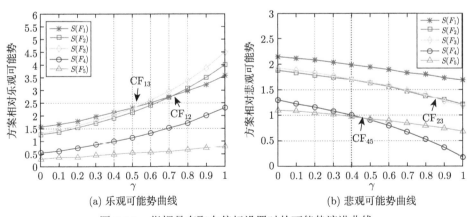

图 6.14　指挥员有取向偏好设置时的可能势演进曲线

根据各预案演进变化曲线可知：预案 F_1、F_2、F_3 不管是乐观可能势还是悲观可能势，都要优于预案 F_4 和 F_5，与实际仿真结果相符，即预案 F_4、F_5 在评估优选排序不会随着防空作战态势进程变化而比预案 F_1、F_2、F_3 更契合指挥员作战构想。在变化曲线图中预案 F_4 和预案 F_5 于 CF_{45} 点出现交叉,可知在 CF_{45} 点前,预案 F_4 比预案 F_5 更契合指挥员作战构想且预期作战效果更佳,而在 CF_{45} 点之后情况正好相反,则 CF_{45} 点即为地面防空指挥员在有取向偏好时的分界点,同样可知 CF_{12}、CF_{13}、CF_{23} 分别为指挥员有取向偏好时的分界点。根据防空作战规律,战场态势演变进程往往会出现最为关键性局部时刻,可将此分界点理解为防空作战关键时节或战机,比较符合作战实际。可见,当指挥员对某些重要评估指标有所偏好时,采用该方法能够辅助指挥员对防空作战预案集进行优选评估,从而科学定下作战决心。

第 7 章 基于行动链的地面防空作战计划制定

作战计划是作战筹划活动的最终输出和部队组织作战行动的基本依据，其本质是可执行的作战方案，制定符合战场实际的作战计划是夺取防空作战胜利的重要条件。基于行动链的地面防空作战计划制定，是指围绕部队作战行动链将指挥员作战决心具体细化为可用于指导部队执行作战行动的计划。指挥机关是作战计划制定的主体，应以指挥员确定的作战方案为依据，科学周密地制定地面防空作战计划。

7.1 作战计划概述

作战计划是作战筹划最终输出的成果和指挥员作战决心的具体细化，是组织实施作战行动的基本依据。作战计划通常在上级批复作战决心方案后，依照批复的作战决心由本级指挥机关主导组织制定。

7.1.1 作战计划种类

按照《中国人民解放军军语》的定义，作战计划是指军队为遂行作战任务而对作战准备和实施制定的计划[1]。作战计划分为作战行动计划和保障计划两类，作战行动计划包括作战行动总体计划、作战行动分支计划和作战协同计划，保障计划包括作战保障、装备保障、后勤保障和政治工作保障等计划。其中，作战行动总体计划是对部队总体作战行动作出的安排，是作战计划的核心。作战行动分支计划是对其他非主体作战行动作出的具体安排，应当依据作战行动总体计划制定，是作战行动总体计划的补充。作战协同计划用于协调各军种、兵种之间的作战行动[33]。

美国《国防部联合术语词典》将作战计划定义为：为了实现一个共同目标而在给定的时间和空间内所执行的一系列相关行动计划。《联合作战计划制定程序》(joint operation planning process，JOPP) 将制定计划定义为：为达到特定的目标，在作战行动开始之前而思考与组织活动的过程，也是指挥决策过程，旨在预测战场态势发展和走势，并寻求解决作战问题的具体举措。可见，美军军事术语里所谓的 "计划制定"(planning) 是指围绕计划制定而展开的谋划活动，其本质与我军 "作战筹划" 术语内涵一致。美军联合作战计划制定流程如图 7.1 所示。

第 7 章 基于行动链的地面防空作战计划制定

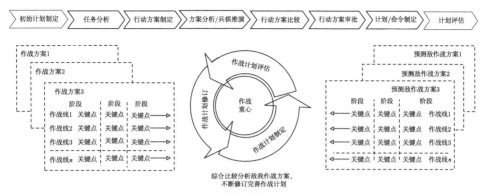

图 7.1 美军联合作战计划制定流程

地面防空作战计划，是地面防空部队为遂行防空作战任务而对作战准备和实施制定的计划，指挥机关根据指挥员作战决心对防空作战行动进行的具体化设计以及对人力、物力、时间和空间等作战资源条件统筹规划后所形成的一类作战文书。可分为防空作战行动计划和防空作战保障计划。其中，防空作战行动计划包括行动总体计划、行动分支计划和协同计划，是防空作战计划的主体和核心部分。防空作战保障计划，是为使各种参战力量顺利遂行作战任务而对各项保障工作所做的预先安排，是组织与实施各项保障工作的基本依据，通常包括作战保障计划、后装保障计划和政治工作保障计划。地面防空作战计划体系结构如图 7.2 所示。

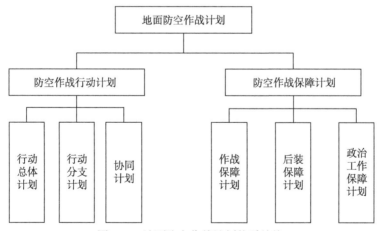

图 7.2 地面防空作战计划体系结构

地面防空作战计划通常由参谋部牵头，协调保障部、政治工作部，按照上级意图、指挥员决心和业务分工统一组织拟制。地面防空作战计划制定应基于专业化团队、规范化流程、标准化模板和网络化支撑，充分利用计算机兵棋推演系统进行作战计划评估推演，及时发现并消解行动冲突，持续优化完善作战计划。美军在制定联合作战计划过程中充分考虑作战指导、作战构想、计划制定、计划评估等四大核心功能,如图 7.3 所示。

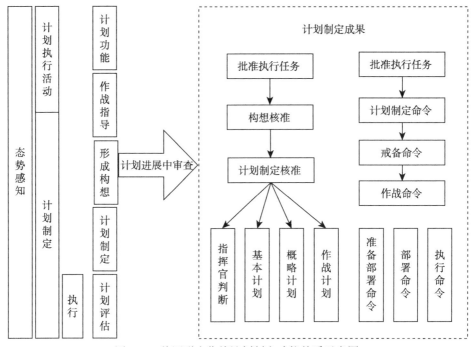

图 7.3　美军联合作战计划制定功能关系示意图

7.1.2　防空作战行动计划

防空作战行动计划,是地面防空部队组织实施作战行动的计划。主要依据上级命令和指示、作战方案、具体战场态势和战场环境等因素,由行动总体计划、行动分支计划和作战协同计划构成[51],如图 7.4 所示。

1. 行动总体计划

行动总体计划,是部队组织实施作战行动的总的计划,是作战计划的核心[1]。行动总体计划是制定行动分支计划、拟制当前和后续行动计划的依据。重点对各作战阶段任务作进一步明确,确定每一阶段作战目标、主要任务、持续时间,区分主战部队、关键任务、预期效果和阶段转换时机条件,明确支援保障力量与保障任务,确定各种指挥协同关系,明确作战总体要求。

行动总体计划主要内容包括:①情况判断结论,明确对敌情、我情及战场环境对我行动影响的判断结论;②上级作战意图和本级作战任务,明确防空作战的目的、主要任务、本任务在作战全局中的地位作用等;③兵力编成、配置和任务区分,明确主要作战方向、重点保卫目标、兵力编组形式、兵力配置位置以及防空责任区划分等；④各阶段情况预想及行动方案，明确防空作战阶段划分、各阶段情况预想及行动方法；⑤指挥协同，明确指挥协同关系、体系构建方法、指挥编组、指挥所开设位置等；⑥完成作战准备时限、作战起止时间及要求等[33]。

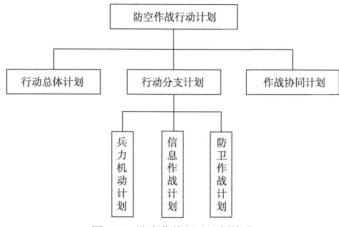

图 7.4　防空作战行动计划构成

2. 行动分支计划

行动分支计划，是对行动总体计划中某些特定作战行动和支援保障行动作出的具体安排。主要包括兵力类、信息类和保障类行动分支计划。行动分支计划的种类和数量，应当依据作战任务的特点和总体行动计划的要求灵活确定。

兵力机动计划，是为捕捉和创造战机、规避空中压制对兵力机动所作的具体安排。适时组织兵力机动，可谋局造势，趋利避害，出其不意地打击敌人。主要内容包括：机动任务，指挥与组织分工，参加人员及携带的兵器装备、物资器材，梯队编成，行军序列及路线，组织实施程序，通信联络，特情处置及保障措施等。

信息作战计划，是为夺取和保持防空作战制信息权而对信息作战行动所作的具体安排。信息作战计划通常是以防空电子战为主，将火力战、网络战等行动融为一体的作战计划。主要内容包括：信息对抗态势判断结论、任务与分工、信息侦察与反侦察行动措施、信息进攻与信息防御行动措施、信息防护行动措施、信息与火力协同规定、特殊情况处置及要求等[34]。

防卫作战计划，是对防空作战中防卫行动所作的具体安排。敌为达成空袭企图，必将集中精锐兵力，对我防空体系实施高强度空中精确打击，同时我还可能面临来自敌地面或空降特种分队威胁。充分预测战场可能威胁，谋划运用各种防护措施，对各级指挥所、作战阵地、弹药储备库、通信设施等实施有效防护，避免装备人员损失，以保持防空体系稳定和持续作战能力。主要内容包括：对敌空中、地面威胁情况判断结论，防卫重点与主要措施，防卫力量编组、配置和任务区分，不同情况下防卫行动处置方案，协同事项及要求等[34]。

3. 作战协同计划

作战协同计划，是为保持协调一致作战行动预先作出的谋划和安排，是诸防空兵力组织协同行动的依据。信息化条件下防空作战协同的时空性要求越来越高，并向着精确、实时、自主的高效协同方式转变。作战协同计划制定应按照行动总体计划和上级空战场管控指示要求，重点围绕空域协同、信息协同和火力协同，灵活采取任务协同、空间协同、时间协同和目标协同等方法，综合运用兵棋推演、作战模拟、实兵预演等评估手段，检验作战协同计划可行性，及时发现和消解行动冲突。主要内容包括：作战阶段和时节划分，各部队主要任务、行动时空顺序，协同关系和协同方法，作战空域划设与使用规则，敌我识别使用规则，电磁频谱分配与使用规定，特殊情况处置方法及要求等[33]。

7.1.3 防空作战保障计划

防空作战保障计划，是为参战力量顺利遂行防空作战任务而对各项作战保障所做的预先谋划和安排，是组织与实施作战保障的基本依据。依据防空作战行动计划制定保障计划，包括作战保障计划、政治工作保障计划和后装综合保障计划，其组成如图 7.5 所示。

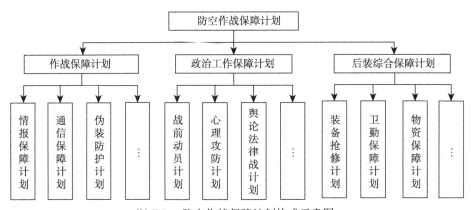

图 7.5　防空作战保障计划构成示意图

1. 作战保障计划

作战保障计划是为使部队顺利遂行作战任务而对各项作战保障措施所进行的预先安排，是组织部队实施作战保障的基本依据。通常包括情报保障计划、通信保障计划、指挥信息系统保障计划、工程保障计划、伪装防护计划等。

情报保障计划，是对防空作战情报保障任务和行动所作的具体安排。鉴于防空作战对空情的高度依赖性，情报保障计划应涵盖综合空情、近方空情、对空观察哨等情报网的组织与实施方法。主要内容包括：任务与分工，综合空情引入措施，近方情报网组织，对空观察情报网组织，侦察责任区划分、特殊情况处置及有关要求等[34]。

通信保障计划，是为组织防空作战通信联络而对通信保障任务和行动所作的具体安排。主要内容包括：任务与分工、指挥通信联络的组织、情报通信联络的组织、协同通信联络的组织、网络防护措施、通信联络规定、特殊情况处置及有关要求等[33]。

指挥信息系统保障计划，是为保障防空指挥信息系统安全、可靠和高效运转所作的具体安排。主要内容包括：主要任务、人员编组与分工、开设位置与方法、系统运行与管理、安全防护措施、特殊情况处置及有关要求等。

工程保障计划，是为遂行防空作战任务而在工程组织实施方面所作的具体安排。主要内容包括：主要任务，力量编组与分工，阵地构筑，道路、桥涵抢修，工程伪装，特殊情况处置及有关要求等。

伪装防护计划，是为提高部队战场生存能力而对伪装防护行动所作的具体安排。主要内容包括：任务与分工、阵地伪装措施、假阵地设置措施、机动转移中的伪装措施、核生化武器防护、地面警戒防卫、特殊情况处置及有关要求等。

2. 政治工作保障计划

政治工作保障计划是指战时对思想工作和组织工作所作的预先安排。战时思想政治工作应坚决贯彻执行上级的决议、命令和指示，做好战斗动员和战场鼓动，建立健全参战各级组织，调整补充干部，发扬军事民主，开展立功创模活动，开展反渗透、反心战、反策反、反窃密工作，维护战时纪律和群众纪律，做好伤员、留守人员和参战官兵亲属的工作，做好伤亡人员善后工作等。

战时政治思想工作是信息化战争的认知域作战。现代战争作战空间已形成物理域、信息域、认知域三大作战域，认知域作战的武器是信息，凡是信息可以传播到的地方，都可以成为战场。认知域作战通过广播、影像、互联网、自媒体等多种媒介手段直接作用于大脑认知，以影响其情感、动机、判断和行为，甚至达到控制对方大脑的目的，体现了"不战而屈人之兵"的作战思想。第二次世界大战期间，英国广播公司(BBC)和卢森堡"战地之声"都曾发挥过巨大的攻心效果。为此，在制定政治工作保障计划时，要将战时政治思想工作上升到认知域作战高度，充分认识到信息化战争认知域作战的复杂性、激烈性和残酷性，与时俱进，务求创新，提高战时政治工作保障计划的针对性、前瞻性和实效性，切不可自说自话，故步自封。

政治工作保障计划主要内容包括：任务与分工、部队思想政治情况、社情民情以及可能对我造成的影响、宣传动员、"三战"工作要点、党组织调整健全、干部调配补充、战场纪律、安全保卫和群众工作等[33]。

3. 后装综合保障计划

装备保障计划，是为组织实施装备保障而作出的预先安排，是组织装备保障的基本依据。目的是通过利用各方技术力量和手段，使武器装备始终处于良好状态，提高武器装备持续作战能力。主要内容包括：任务与分工、装备技术勤务保障、弹药器材保障、装备调整补充、维修保障力量筹组、特殊情况处置及有关要求等[33]。

后勤保障计划，是为组织实施后勤保障而作出的预先安排。后勤保障计划是组织实施后勤保障、后勤防卫的基本依据。主要内容包括：任务与分工、经费领供、物资筹措、军交保障、卫勤保障、宿营保障、战场保障、特殊情况处置及有关要求等[33]。

7.2 作战计划的表述形式

作战计划属于作战文书中重要的指挥文书，用于指导部队具体作战行动。作战计划的表述形式应力求直观简明，实用规范，以确保作战部队能够快速、准确地理解和使用。

1. 基本表述形式

作战计划作为一种作战文书，通常有多种表述形式，可结合具体情况加以选择。主要有文字记述式、地图注记式、标准表格式和网络图式四种形式[57]。

文字记述式。文字记述式文书是以规范式样的纸张为载体，用国家规范的语言文字，按照文书书写、排版、字体、字号等要求拟制的文书，是作战计划最常用的表述形式。其优点：内容完整详细，便于携带和保存。缺点：文字较多，阅读费时费力，不够形象直观，使用时往往需要与各种图表结合，不能被指挥信息系统自动识别、处理和共享。

地图注记式。地图注记式文书是以地形图、地形略图、数字地图等为载体，用军队标号和必要的文字标示的文书。其优点：文图紧密结合，文字简练，形象直观，便于指挥员及其指挥机关掌握使用。缺点：情况变化时不便于修改。

标准表格式。标准表格式文书是以一定格式要求制成的表格为载体形式而拟制的文书。其优点：内容比较详细具体，阶段、层次比较明确，拟制简便。但也存在文字记述式的缺点。

网络图式。网络图式文书是以网络图形的方式反映文书内容而拟制的文书。通常根据作战计划的具体内容和相互关系，用一张由箭头连结起来的网络图进行表示。其优点：逻辑关系明确，主次分明，重点突出，文字简练。缺点：所需专业知识较强，情况变化时不便于修改。

作战文书表述形式正向着基于信息系统的数据化、标准化方向发展。依托信息系统可完成作战文书数据项录入，生成人与指挥信息系统都能识别处理的作战文书，使军队标号与数据、数据与指挥信息产生完整映射关联，便于信息系统自动处理、传输和显示，地图注记式、标准表格式、网络图式文书与传统文字记述式文书可实现相互间自动转换，逐渐由文字描述为主向数据化、标准化指令式转变，大大提高作战文书运用效率和使用效益。

2. 要图表述形式

地图注记式是作战计划的要图表述形式。通常采用情况图、首长决心图、计划图、经过图等要图载体，供指挥员掌握情况、定下决心、组织作战和保障时使用，具有简洁直观、易于理解优点，是一种重要的作战计划表述形式。要图标绘要求：符合原则、内容完整、布局协调、标号正确、位置准确、线画充实、注记简明、画面整洁和格式规范[58]。

情况图。情况图是标绘兵力部署、行动企图以及指挥员定下决心所需情报信息的图，包括敌情图、敌我态势图、兵力部署图等。其中，敌情图是标绘已查明的敌情和与作战有关的其他情况的图；敌我态势图是标绘敌方和己方主要兵力兵器部署、行动企图等情况的图，包括战前敌我态势图和作战过程某一阶段的敌我态势图；兵力部署图是标绘己方兵力编成、任务区分和配置等情况的图，内容包括兵力编成、任务区分、配置区域、火力配系、指挥所配置等，主要供指挥员及其指挥机关了解和掌握部队兵力部署情况时使用。

首长决心图。首长决心图是标绘首长决心的图[1]。通常作为向上级报告和本级作战命令的附件，由作战部门根据敌情、上级意图和本级首长决心标绘。其内容包括：当面之敌基本部署或当前基本情况；本部队与友邻的行动分界线和接合部保障，本部队行动方向和行动目标，当前任务、后续任务及之后发展方向；所属各部队的任务、配置、行动分界线和接合部保障及其他力量情况；指挥所配置等[1]。首长决心图应准确体现指挥员的决心和意图，做到内容完整、部署清楚、任务明确、决心突出、标号规正、注记简明、画面整洁和格式规范[58]。

计划图。计划图是标绘军事行动计划内容的图。包括作战计划图、协同计划图、输送计划图，以及作战、装备、后勤、政治工作保障计划图等[1]。其中，作战计划图是标示作战行动的时间、地点、方法、步骤和企图的图；协同计划图是标绘协同计划内容的图，其内容包括敌我战前态势或行动前态势，敌可能的行动方向和作战方法，本级首长决心，行动阶段（时节）划分及其预想情况，诸军兵种部队的行动程序和协同方法，协同动作信号、记号规定，友邻及其他力量的部署与行动,指挥所配置等[1];输送计划图是标绘部队输送路线和具体安排的图,包括兵力输送序列、输送方式、输送路线、时间安排等,包括铁路输送计划图、摩托行军计划图、水路输送计划图和空中输送计划图,是组织部队输送的主要依据之一。

经过图。经过图是标绘军事行动过程和结局的图,又称作战经过图。内容包括:战前当面之敌的态势或行动前态势,己方兵力部署,各行动阶段(时节)的行动过程、终结态势、战果和战损情况,友邻及其他力量与本部队行动直接相关的情况等[1]。主要供指挥员及指挥机关实时掌握作战情况,指挥部队行动,研究与总结作战经验。

此外,为提高机关筹划工作效率,还经常用到工作图。工作图是各级指挥员和机关工作人员随时标注与本职工作有关情况的图,主要供首长、机关和个人掌握进度情况,协调统筹工作,组织指挥作战,组织后勤和装备技术保障时使用。根据不同的使用对象,可分为首长工作图、部门工作图、机关业务部门工作图和参谋工作图[58]。由于工作图主要是供标图者本人使用,在形式上不拘一格,不苛求美观,内容上要准确实用,时效上要迅速及时。

7.3 作战计划制定的流程和要求

防空作战计划由指挥机关在指挥员指导下组织制定,作战计划制定流程是否科学、规范将直接影响作战计划制定的工作效率和文书质量。同时,应充分考虑战场不确定性所带来的各种风险,科学预见情况,删繁就简,使作战计划做到简明、实用。

7.3.1 作战计划制定流程

地面防空作战计划是依据作战预案和指挥员决心,拟制形成防空作战行动总体计划、分支行动计划、协同行动计划以及作战保障计划、政治工作保障计划和后装综合保障计划等,以形成完整的作战计划体系,为组织实施防空作战行动提供依据。成功的作战计划能够充分发挥己方行动优势,较好地适应战场态势变化,灵活主动创造战机战法。防空作战计划制定流程通常包括作业准备、草拟计划、完善计划和审批下发四个步骤[59],如图 7.6 所示。

步骤 1:作业准备。参谋团队应深入理解作战方案,形成对作战方案的共识。在此基础上,选定作战计划作业类型(即新建或修订计划),形成作战计划清单,明确作战计划表述形式(文字记述式、标准表格式、地图注记式和网络图式)、作业方式(顺序、平行或混合作业)及作业条件(手工、指挥信息系统或作战筹划系统),提出各部门计划作业的任务与分工、作业编组、完成时限与作业质量要求等。必要时可绘制作战计划制定统筹图,以提高作战计划作业的工作效率。

第 7 章 基于行动链的地面防空作战计划制定

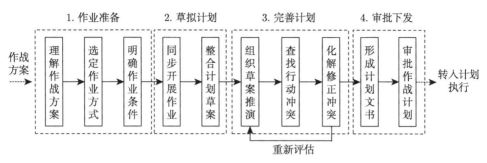

图 7.6 防空作战计划制定流程示意图

步骤 2：草拟计划。根据作业编组、工作时限和作业条件，分工协作，灵活运用各种方法，通常按照"统—分—合"方式实施联动作业，以形成计划草案。首先，依据作战决心和作战预案，对防空作战总体计划的主要行动进行细化设计，重点细化安排首轮作战行动；其次，结合防空作战总体行动计划同步组织相关职能部门分别拟制分支行动计划、作战协同计划及各项保障计划；最后，整合计划草案。在计划草案初步完成后，应对总体行动计划、重要分支行动计划以及各类保障计划进行汇总整合，对明显的错误进行修正。克劳塞维茨指出只有首战是可以计划的。制定作战计划的重点是首战计划，对首战计划应详细计划，对随后作战阶段的计划可概略计划。

步骤 3：完善计划。在计划草案形成后，采取仿真推演、模拟演练等方式组织计划草案检验与评估，分析各类行动、保障计划在时间、空间、频谱、资源条件等方面存在的矛盾冲突，提出矛盾冲突消解方法，持续修订完善计划内容，完成后需要对计划重新进行推演评估，直至问题解决，确保各类作战计划符合战场客观实际。

步骤 4：审批下发。根据计划协同推演情况，修订完善各类计划并呈送首长审批，计划批准后及时向部队下达执行。主要方式包括：一是直接以作战命令形式下达至各作战单元，各级依此组织作战行动；二是如果作战尚未发起且还有足够的临战准备时间时，指挥机关应根据情况变化持续修订完善计划；三是一旦确定发起作战，应在作战发起前完成最后一次修订，随后下达作战命令。作战发起后，应滚动制定当前计划、后续计划，并依据战场情况制定临机计划。

此外，在作战计划下达后，应及时检查指导部队作战准备情况。主要内容包括：各部队对上级命令、号令和指示的理解程度；下属指挥员决心、部署和计划是否符合上级意图；各部队对协同计划的熟悉程度；组织作战保障情况，特别是伪装措施和对核生化武器的防护措施；武器弹药、物资器材的储备和供给是否充足到位等。

7.3.2 作战计划制定要求

制定作战计划时,既要缜密细致、滚动更新,又要详略得当、简明规范,充分考虑战场的不确定性,切忌一厢情愿地臆测敌情,否则制定的作战计划必然与战场实际谬之千里。

换位思维,防止主观臆断。科学预测是正确制定作战计划的基础和前提。毛泽东军事思想强调"不打无准备之仗",要求每个计划均需要精心谋划、精准预测。要善于准确预见可能的各种情况,全面估计战场形势的各种变化,切实从对手视角分析思考问题,依据对手的战略指导、作战思想进行分析研究,甚至还要从敌方指挥官的思维习惯、性格特点出发预判其可能行动,防止一厢情愿。

缜密细致,防止自相矛盾。防空作战体系复杂、力量多元、行动交错,作战计划作为作战行动的依据,贯穿于作战行动全过程,稍有不周,就会埋下行动隐患。要周密细致、科学严密,确保作战计划逻辑条理清晰,全面细致严谨,力争将疏漏降至最低。注意处理好总体计划与分支计划、作战计划与保障计划、分支计划与分支计划之间的行动时空逻辑关系,环环相扣、紧密衔接,防止出现各计划之间的时空冲突。对重要行动、关键环节进行充分验算,并借助仿真系统进行推演评估,及时发现计划漏洞,确保计划完整、细致和合理。

简明规范,防止繁文缛节。作战计划表述形式应便于部队指挥员能够快速、直观、准确地抓住作战行动要领,长篇累牍式的作战计划显然不合时宜,删繁就简,简明实用,真正发挥作战计划对部队行动的指导作用[60]。为此,应精简计划种类,合并计划文书种类,删减不必要的文书,重计划内容而不拘泥于计划形式;创新计划表述形式,除了文字记述式外,应更加提倡表格式、地图注记式、网络图式等表述方式;精炼内容,作战计划文字表述要规范使用军事术语,语言尽可能精练、直白,在不影响语意表达情况下尽可能压减文字数,做到准确规范、简明实用。

详略得当,防止事无巨细。兵无常势,水无常形。战场态势的不确定性,客观上要求作战计划要有较大灵活性,以有利于部队指挥员发挥主观能动性和创造性,僵硬、缺乏弹性的计划都是不适用的。为此,在制定计划时必须考虑到战场情况的可能变化,正确处理好作战计划精准与概略的关系,做到作战计划详略程度更能适应变幻莫测的战场实际。当战场不确定性因素较多时,要粗线条制定,留有计划调整余地,在不影响计划整体稳定的前提下,应尽可能给下级指挥员预留更多行动裁决权,防止计划事无巨细,以确保整个作战计划富有弹性[61]。

滚动更新,防止一成不变。作战计划制定是一个持续修订完善的过程,应紧盯敌我博弈动态对抗过程,根据战场敌情、我情、战场环境等情况变化不断修订和完善计划,做到因敌而变,因势而变,实时调整决心[61]。同时,应建立滚动更新制度机制,善于运用先进的指挥信息系统和网络化指挥手段,提高计划滚动更新工作效率，缩短计划滚动更新周期，确保作战计划随着战场态势动态变化随时更新、随时可用。

科学作业，防止效率低下。缩短计划作业时间，可压缩整个作战筹划周期，增大部队作战准备时间，对夺取作战筹划时效优势具有重要意义。应采取科学、灵活的作业方式，能平行作业就不要顺序作业，能分布作业就不要集中作业，能采用信息化作业手段就不要采用手工作业手段，能修订计划就不要新建计划，科学绘制计划制定统筹图，不断优化计划制定流程，保证在规定时限内高效完成计划制定工作。

7.4 作战计划制定的方法

制定作战计划是指挥机关的重要工作内容，作战计划质量对作战行动有着直接影响，是衡量指挥机关组织指挥能力的重要方面。地面防空作战计划作为作战筹划的最终成果，其制定方法直接关系到作战计划质量和工作时效，科学、高效的作业方法是作战计划制定的重要保障。

7.4.1 作业组织法

作业组织法，是在计划作业编组基础上，依据作业任务和时限要求，所采取的作业流程和方法。通常采取顺序作业法或平行作业法。

1. 顺序作业法

顺序作业法，是指挥机关按照由上至下的顺序逐级进行计划制定的作业方法。通常在指挥员定下决心后，参谋部和相关业务部门围绕指挥员作战决心和判断情况、理解任务的结论，对作战方案进行具体细化，一般按照先总体计划、后分支计划，先行动计划、后保障计划的顺序开展计划作业。作战计划制定完成后，下属各作战单元再根据本级作战计划开展作战单元的计划作业，由上而下逐级、逐项制定作战计划，一旦任务有变更，可通过上级下达必要的指示予以补充和修改。

顺序作业法是一种单线流水式传统作业法。其优点：计划拟制程序清楚，有关情况和指令整性强，便于各级按步骤进行作业，计划制定工作井然有序，下级能较好地与上级工作目标、方向保持对接，完整、准确地贯彻上级决心和意图。缺点：作业时间较长。

2. 平行作业法

平行作业法，是相对顺序作业法的一种计划制定作业法，是指指挥机关根据指挥员作战决心意图和作战预案，同步或准同步开展防空作战计划制定作业。通常由指挥机构制定总体计划，相关业务部门同步开展专项分支计划、保障计划制定，下属各作战单元根据指挥员决心同步开展计划制定工作。

平行作业法通常步骤：首先，指挥机关与指挥员同步或近乎同步工作，指挥员在思考作战决心时，指挥机关即边分析研究情况、理解上级意图，边研究各种方案，及时向指挥员报告情况和提出建议，待指挥员明确初步决心后，即可把初步决心进行细化，形成作战计划草案；其次，指挥机关在拟制行动总体计划的同时，向各业务部门通报情况，同步分层平行展开行动分支计划、作战保障计划的拟制工作；最后，指挥机关与下属各作战单元同步展开计划作业。指挥机关在拟制总体计划的同时，要向下属各作战单元通报有关情况，明确计划工作任务和要求，提供下属作战单元制定计划所需的必要条件。

平行作业法是一种平行交互式作业法，通常在作战准备时限紧迫的情况下采用，也是计划作业法的发展方向。其优点：同一指挥机关不同业务部门或不同层级指挥机关同步开展作战计划制定工作，有利于缩短计划制定时间，提高计划制定效率。其缺点：由于同级和上下级业务部门同时展开计划作业，容易产生各计划间矛盾冲突和工作忙乱现象，需要各业务部门之间和上下级之间不断保持沟通。

为提高多部门协同作业工作效率，可采用甘特图 (Gantt chart) 对作业进度、质量进行科学管理。甘特图，又称横道图、条状图，由科学管理运动先驱者之一亨利·L·甘特提出，是以图示的方式通过活动列表和时间刻度形象地表示出任何特定项目的活动顺序与持续时间。甘特图是将活动与时间联系起来的一种图表形式，可显著提高对时间、对项目的管理和掌控能力，被称为"时间管理大师"，在现代项目管理领域被广泛应用。

甘特图中横轴表示时间，纵轴表示项目，线条表示期间计划和实际完成情况。甘特图制作基本步骤：①明确项目牵涉到的各项活动、项目。内容包括项目名称、任务类型和依赖于哪一项任务。②创建甘特图草图。将所有项目按照开始时间、工期标注到甘特图上。③确定项目活动依赖关系和时序进度。④计算单项活动任务的工时量。⑤确定活动任务的执行人员和适时按需调整工时。⑥计算整个项目完成时间，其中最晚结束的单项活动时间决定整个计划作业完成时间。甘特图常用制作软件包括 Microsoft Office Project、Excel、GanttProject 和国内"简道云"甘特图等。作战计划作业管理的甘特图示例如表 7.1 所示。

7.4.2 计划修订作业法

计划修订作业法，是指以预案库为蓝本，通过特征匹配、预案修订、预案评估，快速形成当前作战计划的一种作业方法。现代战争具有突发性、快节奏、高强度特点，完全依赖人工传统的组织筹划方法往往不能适应战争的需要，探索更加科学、高效、规范的作战计划拟制方法，有利于保持主动，力避被动，赢得战机。

基于预案的计划修订作业法是一种常见、实用的计划快速制定方法。美军认为，作战预案是为应付可以合理预见的紧急事件而制定的计划。现代危机决策理论认为，危机决策是决策者在有限的时间、资源等约束条件下，制定应对危机的具体行动方案的过程，是一种非程序化的决策[62]。当危机发生时，采取基于预案的决策可大大缩减危机决策时间。根据预案匹配程度的不同，基于预案的应急决策可分为预案执行式、预案替代式和预案改编式三种模式。预案执行式决策，是指突发事件发生时，应急预案与突发事件情境基本吻合，可直接启动应急预案并以此作为指导开展行动；预案替代式决策，是指在发生突发事件时，虽有相应预案，但预案中的某些要素无法使用，需要对某些环节和要素进行必要的替换；预案改编式决策，是指事件发生时，没有可以直接应用的预案，但可以参考已有预案并进行必要的整合或改编，从而形成新的预案[63]。采取哪种类型，主要判断是否具有与情境相符的预案及其匹配程度。

表 7.1 作战计划作业管理甘特图示例

序号	任务名称	开始时间	完成时间	持续时间	20XX年XX月XX日							
					8:00	9:00	10:00	11:00	12:00	13:00	14:00	...
1	总体计划	8:00	12:00	4h								
2	分支计划	...	...	...								
3	协同计划											
4	作战保障计划											
5	后装保障计划											
6	政治工作保障计划											

基于预案的计划修订作业法与基于预案的应急决策模式有类似之处，是根据作战任务、当前态势和战场条件，通过匹配算法在预案库中进行案例检索，一旦出现相似的既往案例，则输出一个最接近的匹配预案，然后结合实时战场环境对该预案进行人工或自动数据修正，从而可在较短时间内快速生成"有限满意"的作战计划。在作战计划生成过程中，由于直接跳过了形成构想和拟制方案两个筹划环节，使得整个作战筹划周期大大缩短。其工作流程如图 7.7 所示。

基于预案的计划修订作业法流程如下。

步骤 1：提炼特征属性。特征属性是用于进行预案检索匹配的关键描述信息，对预案检索效率和成功率十分重要。预案库是平时根据预想制定的各种作战预案或以往发生的各种作战任务或突发事件经验梳理所构建的数据库，其中以作战或事件发生的环境特征和状态指标描述为主，包括敌情、我情、战场环境(地形、气象、水文)等特征内容。特征属性应围绕预案库检索匹配的具体要求，根据作战目的、作战资源和作战约束进行有关预案检索关键描述信息的分析、整理和提取。

步骤 2：预案匹配。根据上级意图，在全面综合各种信息和分析研判的基础上，依据提炼的预案关键特征属性，从预案库中筛选与事件情境描述相近的预案作为备选预案,这个过程可以采用人工匹配、自动匹配或两者兼有的方式进行。之后指挥员按照预案确定的基本原则,综合分析匹配程度、修改难度、时限约束等情况,确定匹配预案。当预案库中没有可匹配预案时,只有转入人工拟制,即按照形成构想、拟制方案和制定计划的作战筹划基本流程组织计划制定。

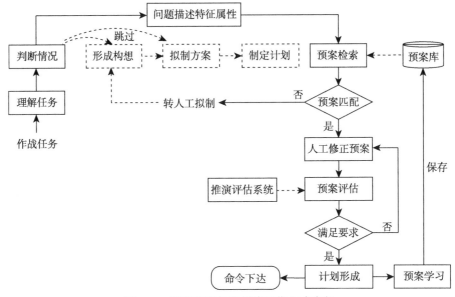

图 7.7 基于预案的计划修订作业法流程

步骤 3:预案调整。围绕上级意图与本级任务,对匹配预案进行修改完善。将真实情景、现实任务与预案进行比照,修改不同之处。修改时应重点关注敌我双方的作战重心和要点,关注作战方向、兵力部署、作战时间、空域协同等重点环节。为增强修改的时效性,可采取联合作业方式,通过指挥信息系统视频、语音、文字等共享功能异地同步作业,快速形成待评估方案。

步骤 4:预案评估。围绕符合作战目标要求的匹配程度、作战效能、作战风险度、适用性等指标展开,采用经验判断法、图上作业法、定量计算法以及推演评估法等方法对备选方案进行评估,找出备选方案优点和不足,提出对备选方案优化和改进建议,为指挥员优选行动方案提供决策依据。

步骤 5:形成计划。在预案评估完成后,针对存在的不足进行修订完善,经指挥员批准后形成最终作战计划。同时将此方案存储到预案库中,以进一步丰富预案库。

基于预案的计划修正法是一种有效的快速决策方法,是简化作战筹划流程,提高作战筹划效能的重要支撑手段。其优点主要体现在:①跳过了形成构想和拟制方案环节,使决策时间缩短 60% 左右[62],解决了传统组织筹划时效性不强的问题;②增强了运筹和决策的科学性,由于预案是预先制定的,其行动方案经过反复推演和专家论证,保证了决策的科学性,降低了决策风险;③减小了指挥员心理压力,避免由于指挥员临战心理压力过大而决策失误;④有利于建立规范的人机结合决策计划制度与流程,提高作业效率,促进指挥信息系统建设。以美军为例,其作战准备时间短、反应快,这与其平时存有大量预案库的作战计划生成系统有很大关系。其缺点主要体现在:①预案很难预测战场内所有的情况,指挥员可能会受预案惯性思维的影响,忽视对具体问题的具体分析;②预案内容的模式化、程式化,一定程度上会限制指挥决策的灵活性、创新性。

计划修订作业法的关键是标准化、规范化案例库及智能学习算法。案例库是依据平时拟制的大量作战预案和实兵演练数据经标准化处理后存入专业数据库所形成的预案集,智能学习算法是人工智能领域中使用较为广泛的一种基于知识、认知问题学习、匹配和规则求解的方法,通过比对防空作战案例库进行方案匹配,快速找到关键性态势、节点和要素,形成备选方案。由于计划修订作业法是通过调用或修改之前解决类似问题的方案解决当下问题,需要平时研究和积累大量战训案例,预测未来可能的战场环境并拟制能够适应不同作战环境下的作战预案,不断丰富和完善案例库,提高匹配预案的可信度。预案库构建基本原理如图 7.8 所示。

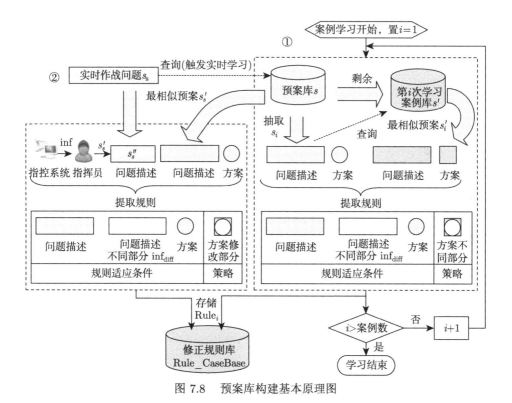

图 7.8　预案库构建基本原理图

7.4.3　分布式交互作业法

分布式交互作业法,是指依托分布式网络和指挥信息系统的辅助作业功能,基于远程人机交互方式,依网协同制定作战计划的作业方法。基于指挥信息系统的"人-机"网络化作业环境,能够实现指挥数据融合、分发和共享,做到依托信息化作业环境快速、精确完成计划作业,提高作战计划的精准性和同步性,缩短计划作业时间。在统一战场态势图下采取标准表格式、地图注记式、网络图式等形象化文书表述方式,提高作战计划的理解效率,缩短作战计划的上下传递时间。分布式交互作业法场景如图 7.9 所示。

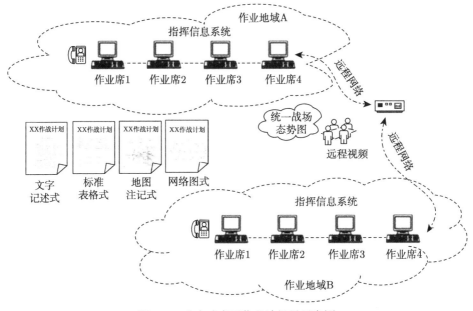

图 7.9　分布式交互作业法场景示意图

分布式交互作业法打破了传统的计划作业地域限制,下属各作战单元依网聚能,运用信息网络将各种作战资源、作战力量、作战要素深度融合共享,打破了诸军兵种作战单元信息交互壁垒,实现真正意义上的互联、互通、互操作,使得各级能够依托指挥信息系统同步开展计划制定作业,实现计划制定信息数据同步传输、可视化界面高度共享,最大限度地使作业流程趋于同步,最大化缩减各层级作业时间差,不仅增强了计划制定的时效性,还将传统人力资源通过网络科学配置、合理分工,大幅提高作战计划制定的质量效益。

7.5 作战计划行动链设计与行动冲突消解

信息化条件下防空作战行动多、链条长、节奏快,各行动链时空交错,既互为支撑又互为条件,任务与任务之间交联关系复杂,在作战计划制定时单靠指挥群体经验难以准确把控时空冲突、态势演进和行动进程,需要围绕作战计划行动链进行科学设计,及时发现和消解矛盾冲突,才能确保作战计划严谨、可行和高效。

7.5.1 作战计划行动链

作战计划行动链,是指防空作战行动的态势线、时空线和效果线 ("三线") 推进链条,如图 7.10 所示。防空作战计划制定应围绕地面防空作战任务,以战场态势线、作战行动时空线和作战效果线为主线,梳理分析各作战任务之间的关联关系,科学设计各部队作战行动链,及时发现并消解各行动链之间的冲突,并依据上级作战意图和指挥员作战决心对作战计划进行整体设计与把控,从而提高作战计划制定的严谨性、科学性和可行性。

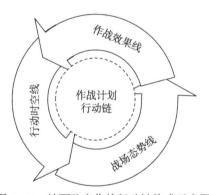

图 7.10 地面防空作战行动链构成示意图

围绕作战行动链开展作战计划制定,主要优势体现为:①便于把握计划制定的总体脉络。作战计划是部队行动依据,围绕部队行动的时空线、效果线和态势线开展计划制定,便于指挥机关在理解上级作战意图基础上,将主要精力聚焦于作战行动链条上,其形成的作战计划将会更符合战场实际,更便于部队按照作战计划组织作战行动,大大提高作战计划的严谨性。②便于把握行动关键节点。通过对作战行动"三线"的推进设计,可全面展现战场态势的时局演变过程,通过与敌方作战体系内的关键节点进行作战势能对比分析,可较好地判别防空作战体系的关键时局节点,由此对体系作战行动进行优化设计,可大大提高作战计划的科学性。③便于消解行动冲突。依据各作战行动链之间的关联结构,对各行动间的逻辑关系进行关联分析,及时发现各行动在时间、空间和资源等方面存在的矛盾冲突，并依据冲突消解方法消除或降低对体系作战的不利影响，使作战计划更具可行性。

1. 战场态势线

故善战者，求之于势，不责于人，故能择人而任势。战场态势线，是指通过战场关键节点态势、各任务阶段态势等中间态势将初始态势与目标态势连接起来的思维连线。目标态势是作战行动所期望达到的一种战场态势，是作战成效的态势体现，反映作战行动所追求的终极目标。作战过程本质上是一个从初始态势向目标态势演进的过程。根据防空作战规律和制胜机理，有些能够将目标态势和初始态势直接连接起来，不需要再去设计节点态势，是最简单的战场态势线。但大部分关键节点态势需要在任务阶段态势支持下才能构成完整的战场态势线，此时的战场态势线即由初始态势到关键节点态势再到目标态势连接而成，如图 7.11 所示。各阶段态势设计完成后，从目标态势出发，经过关键节点态势，通过一条或多条战场态势线将后面的节点态势逐个连接到初始态势。

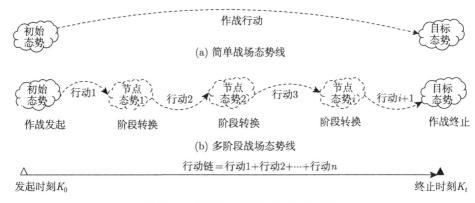

图 7.11　地面防空战场态势线示意图

由多个防空兵力形成的多个战场态势线汇集在一起构成战场态势空间，如图 7.12 所示[24]。态势空间为指挥员呈现所有能够设想到的态势演进方案，为指挥员提供把握作战全局的总体对策框架和作战方法体系。构建态势空间是相同节点态势合并、态势链汇集和态势线重新梳理的一个过程。不同的战场态势线相互之间既有不同也有相同之处，这使得态势链之间的有些节点态势是相关的，甚至有些是重叠共用的，需要对不同态势链相同或相似的节点态势进行整合处理。

将战场态势线集成为态势空间可增大作战计划制定的灵活性、鲁棒性和可变性。在态势空间中需要选择一条基准战场态势线作为作战计划基本框架。选择基准态势线一般原则是尽可能选择节点态势数量较少的态势线，以减少作战计划制定的复杂度，同时还应尽量选取共用节点态势较多的态势线，以增加作战计划的灵活性和适用性。

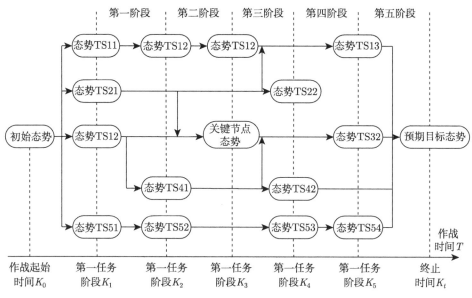

图 7.12 地面防空战场态势线集成态势空间示例图

2. 行动时空线

行动时空线，是地面防空兵力在时间、空间轴线上且受资源约束的行动链条，是防空兵力初始状态与作战目标、任务之间的行动桥梁。美军在《联合作战计划制定》将其定义为作战线，既是一条用于连接部队在行动节点或决定点上组织作战行动的时空逻辑线条，又是连接部队在其行动节点或决定点上实施作战行动且与时间、行动目的相关的物理线条。制定作战计划时，通常采用多条行动时空线设计从初始状态、节点态势到目标态势的兵力行动过程，地面防空战斗行动基本时空线设计如图 7.13 所示，地面防空典型战斗行动时空线示例如图 7.14 所示。

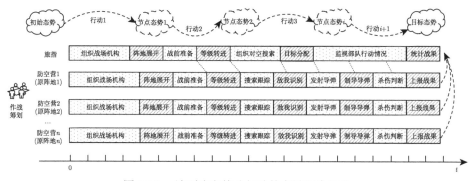

图 7.13 地面防空战斗行动基本时空线设计

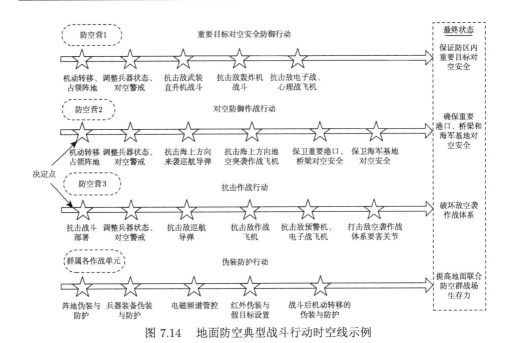

图 7.14 地面防空典型战斗行动时空线示例

地面防空作战计划制定过程中，行动时空线描述了各关键性时节、关键性局部和作战目标之间的逻辑关联。在描述每一条行动时空线之前，需要确定关键性时节和关键性局部，它将各决定点、重点目标与预期最终状态连接起来。通过行动时空线可清晰展现地面防空各作战单元每一步的具体作战行动。按照每一个预期的阶段目标和对应的决定点设计各阶段具体作战行动，对于一条完整的行动时空线在设计形成过程中需要进行持续评估与修订。

3. 作战效果线

作战效果线，是基于作战行动时空线和战场态势线的各任务阶段作战效果的逻辑线。作战效果线将任务、行动、态势、效果及预期最终状态关联起来，使指挥机关便于把握不同任务阶段之间的依存条件，这种依存条件表现为某个任务的达成对于另一事件(状态)的出现或发生是必要或充分条件。作战效果线设计聚焦于面向预期最终状态的条件，而不仅仅是作战行动的物理目标，能够将作战行动最终效果与各任务阶段作战行动的阶段效果较好地进行关联和整合，因为作战计划制定过程中，对作战效果线的应用一般聚焦于任务、关键性时节和关键性局部之间所具有的内在因果逻辑关系，而非实际物理时空关系。同时，作战效果线还可将防空作战行动任务阶段转换期间所具有的互相补充、持续时间较长的效果，与作战行动所具有的周期性、时效性特点有机联系起来，有助于形成利用所有作战资源实现阶段作战目标和最终作战目标的思维图景。

抗击率和安全率("两率")指标是用于表征地面防空作战效果的常用指标,其中安全率指标又可细分为保卫目标安全率和阵地生存率。多任务阶段地面防空作战效果线可具体由各任务阶段作战效果分别连成的三条效果线:抗击率效果线、保卫目标安全率效果线和阵地生存率效果线。基于"两率"指标多阶段演进的地面防空作战效果线设计如图 7.15 所示。

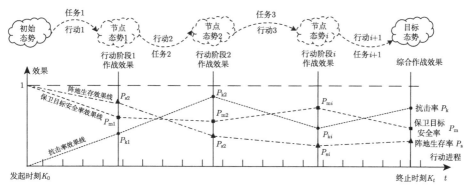

图 7.15　基于"两率"指标多阶段演进的地面防空作战效果线

在多任务阶段作战行动中,"两率"作战效果由各任务阶段作战效果分指标所决定,各任务阶段抗击率、保卫目标安全率和阵地生存率可通过计算机兵棋推演、仿真实验或定量计算得到,其中阵地生存率、保卫目标安全率也可参照式 (6.10) 和式 (6.11) 概略计算。在各任务阶段作战效果指标计算基础上,地面防空作战行动综合抗击率 P_k、保卫目标安全率 P_m 和阵地生存率 P_s 计算式如下

$$P_\mathrm{k} = 1 - \sum_{i=1}^{n}(1 - P_{\mathrm{k}i}) \tag{7.1}$$

$$P_\mathrm{m} = \sum_{i=1}^{n} P_{\mathrm{m}i}/n \tag{7.2}$$

$$P_\mathrm{s} = \sum_{i=1}^{n} P_{\mathrm{s}i}/n \tag{7.3}$$

式中:$P_{\mathrm{k}i}$、$P_{\mathrm{m}i}$、$P_{\mathrm{s}i}$ 分别为第 i 个作战阶段抗击率、保卫目标安全率和阵地生存率;n 为作战行动任务阶段的数量。

作战效果线生成是一个正向逻辑推理的设计过程,通过从初始态势出发构想能够达成关键性时节或关键性局部的作战行动,估算其作战效果,随后继续设计下一个作战节点的作战行动,依此类推,直到设计出达到预期综合作战效果的所有行动,最后将这些行动效果连接在一起形成连贯的作战效果线。在作战效果线设计过程中,需对照上级下达的作战指标要求,分析各任务阶段作战效果和综合作战效果,综合作战效果不得低于上级下达的作战指标要求。如果不能满足上级下达作战指标要求,则需要反向找出任务阶段作战效果"短板"指标,分析作战效果不佳的原因,提出任务阶段优化行动策略、科学调度资源、消解行动冲突等行动计划改进措施,之后重新进行任务阶段作战效果评估,直至综合作战效果指标满足上级指标要求为止。

可见,作战效果线实质上是一个围绕战场态势线和行动时空线设计的评估链条,通过评估分阶段作战效果和综合作战效果,进一步优化战场态势线和行动时空线设计,以达成上级下达的作战任务指标。

7.5.2 行动链优化设计

关键线路法 (critical path method,CPM),即统筹法,是一种科学拟制计划与组织管理的技术。在面对较为复杂任务时,这种方法能够帮助人们合理筹划各项活动。由于采用网络图的形式制作计划模型,又称为网络计划法。统筹法是一种辅助制定和实施工作进度计划的科学方法,在军事上广泛应用于解决作战指挥中的计划与协调问题,即按完成任务的时间最短或所需人力最少选择最优行动方案。基于 CPM 的作战行动链优化设计,能够有效检测计划行动冲突,通过合理调配、修订完善计划,提高作战计划的质量和工作效率。

统筹法是以完成一项具体工作所需时间为参数,通过工序之间相互联系的网络图和参数计算,求出对全局有影响的关键路线及关键路线上工序,从而对完成工作的所有工序作出科学合理安排。对于复杂的空防对抗体系,通过统筹法能够对地面防空作战行动链进行快速、精确地计算评估,并对行动时空线、作战效果线、战场态势线之间的矛盾冲突进行优化调整,从而提高整个防空作战计划制定的质量效益[37]。

1. 构建任务统筹图

典型的任务统筹图如图 7.16 所示。任务统筹图是把完成一项任务的所有工作及各项工作之间的相互制约关系,每项工作所需时间、人力、物力、资源等清楚地标示在一张网络结构图上,并通过各种符号和标记展示出完成任务过程中的先后顺序、主要矛盾和关键工作。这样的统筹图便于指挥员、指挥机关对整个任务行动过程进行掌握、控制和协调。

统筹法所构建的任务工作统筹图 (又称网络计划图),是一种网络矢量图,具有有向、连通和赋权的特性。任务工作统筹图是一项工程或任务的计划模型,由工作、节点和线路三个要素组成。

工作又称工序或作业,是指消耗时间和资源的活动过程,如撤收兵器、搜索目标、跟踪目标、导弹准备、计算射击诸元、下达射击决心等。工作还包含只消耗时间而不消耗资源的被动过程，如等待装填导弹。工作用箭线表示，通常在箭线的上方注明工作名称，将工作持续时间注记在箭线下方。

节点，表示工作开始和结束的时刻。正因为节点表示工作的开始和结束，所以任何一项工作都可以用位于其箭线尾、头的节点来表示，节点通常用圆圈表示，工作箭线两端的圆圈均为节点。工作开始节点记为 i，结束节点记为 j。

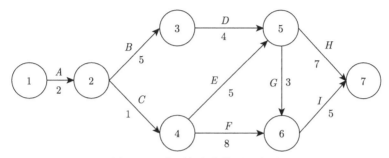

图 7.16　典型任务统筹图示意图

线路，是指从最初节点开始，顺着工作箭头所指方向连续不断地到达最终节点的一条线路。显然，线路表示从最初节点到最终节点某些工作的连贯逻辑顺序。线路上各项工作持续时间之和称为线路长度。在一个网络中，长度最长的线路称为关键线路，关键线路上的工作即为关键工作。关键线路的长度等于该线路上各项关键工作持续时间之和。显然，缩短或延长关键线路的工作时间将直接影响整个任务的完成时限。为便于抓住主要矛盾组织工作或指挥军事行动，常将关键线路用特殊线条(如粗线、双线)标出，以便与其他线路相区别。在图 7.16 中从节点 1 到节点 7 共有 5 条线路，其中线路 (1，2，4，5，6，7) 所需时间为 16h，线路 (1，2，3，5，6，7) 所需时间为 19h，该线路所需时间最长，是关键线路并用双标线标示。

地面防空部队组织战斗行动主要包括作战筹划、兵力机动和组织对空战斗三个阶段，其战斗行动任务统筹示例如图 7.17 所示。

2. 任务统筹的步骤

任务工作统筹法通常可分为四个步骤，如图 7.18 所示。

步骤 1：明确目标，将任务分解并列出全部工作明细表。

步骤 2：根据各项工作先后顺序及相互关系，绘制统筹草图；计算各项工作时间参数并在统筹图上进行标记。

步骤 3：找出关键线路，确认是否符合目标要求。如果符合目标要求，则绘制最终统筹图；如果不符合要求则转步骤 4。

步骤 4：对统筹图进行优化调整，包括优化关键线路上各项工作的相互关系或调整压缩关键线路上的工作时间参数等，依次返回步骤 2 和步骤 3，直至符合目标要求后，绘制最终统筹图。

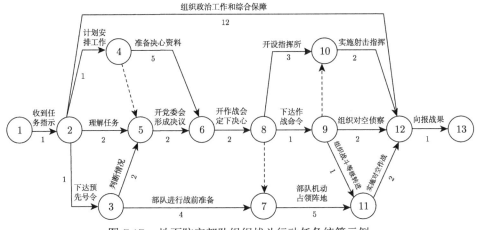

图 7.17　地面防空部队组织战斗行动任务统筹示例

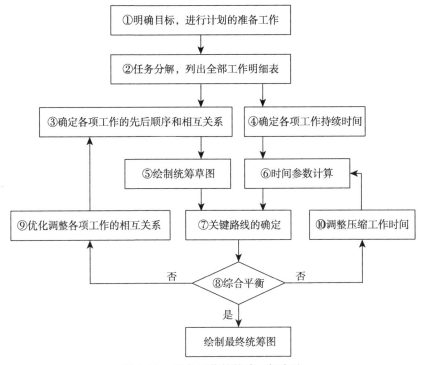

图 7.18　任务工作统筹法一般步骤

3. 关键线路的确定

不论是关于时间、资源、流程还是费用的工作统筹图,首先要找出关键线路,然后通过调整工作时差等方法才能进行统筹图优化。确定关键线路是统筹法核心,也是编制网络计划的基本思路。当绘出网络草图并确定各项工作时间以后,即可寻找关键线路。其主要方法如下:

(1) 计算线路时间,确定关键线路。计算线路时间是计算统筹图上所有线路的工作时长,其中所需时间最长的线路即为关键线路。这种方法适用于比较简单且线路较少的统筹图。

(2) 计算工作时差,确定关键线路。总时差为 0 的工作必然处在关键线路上,通过计算工作总时差,找到总时差为 0 的工作,并将其加以标志,该线路就是关键线路。这种方法适用于比较复杂且线路较多的统筹图。

在实践中一般采用第二种方法。当统筹图拟制好后,如需计算工作时间参数时,确定关键线路可与其同时进行。例如,计算图 7.19 所示的统筹图时间参数后,将总时差为 0 的工作标绘出来,它就是关键工作,所形成的线路 (1, 2, 3, 5, 6, 7, 8) 就是关键线路。

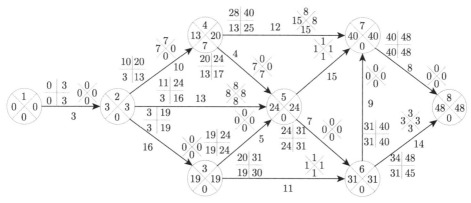

图 7.19　计算工作时差确定关键线路

4. 关键线路的优化

关键线路找出后,关键线路所耗费的总时间是完成此项任务所有工作的最长时间。如果关键线路的工作完成时间超过了作战计划中该项任务节点的完成时间,则表明无法在规定的时间节点内完成此项任务。

为了在规定时间内完成此项任务,就必须压缩关键线路的工作时间并对关键线路的"时间—流程"进行优化调整。通常的优化调整途径包括:①采取技术措施。对关键线路工作尽可能采取科学、快捷的技术手段,以压缩关键线路上各工作完成时间。②改进组织方法。在工作流程允许的条件下,尽量使关键工作由顺序或依次完成调整为平行或交叉进行，可大幅提高工作效率，缩短任务完成时间。③优化调配资源。从非关键线路工作上抽调人力、物力等资源，加强关键线路上工作力量，也可缩短关键工作的完成时间。

7.5.3 作战行动冲突消解

1. 统一规划作战时空

地面防空作战计划制定过程中，通过规划和制定合理的作战时空，才能确保作战行动的顺畅、有序，避免作战行动出现混乱。

1) 规划防空作战空域

信息化战争战场空间日益扩大，同时机动性能高、杀伤范围广的武器装备又使战场空间显得相对狭小，作战空间是防空作战的重要作战资源，应当通过科学的空间规划最大限度地协调各种作战力量的行动，充分发挥作战空间的资源效力。空间规划是对各种防空作战行动活动空域的计划与规定，包括防空战役战场防御带规划和防空战术空域划设。

防空战役战场防御带规划。防空战役战场防御带，是联合防空战役指挥员依据联合防空战役作战方针与总体作战构想对防空战役战场由防御前沿至防御后方所划分的若干带状地域。依据敌我双方战役空间距离，通常包括"机、弹、炮"战场防御带和"弹、机、炮"战场防御带两种基本类型[64]，如图 7.20 所示。

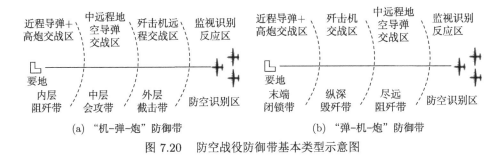

图 7.20 防空战役防御带基本类型示意图

当敌我双方战役距离较远 (通常要远大于远程防空导弹最大射程)，由于具有较长预警反应时间和较大抗击纵深，通常由远及近，按照歼击机、防空导弹、高炮的配置顺序依次划设外层截击带、中层会攻带和内层阻歼带三道战役防线，构成"机、弹、炮"防空战役战场防御带。该类型能充分发挥歼击机作战距离远、机动能力强的优势，是最常见的防空战役战场防御带划设类型。莫斯科防空体系就是一个典型的"机、弹、炮"战场防御带。当敌我双方战役距离较近 (通常不大于远程防空导弹最大射程)，由于前沿防御纵深较浅，缺乏足够防空预警反应时间，通常按照地空导弹、歼击机、高炮的配置顺序依次划设尽远阻歼带、纵深毁歼带和末端闭锁带三道防线，构成"弹、机、炮"防空战役战场防御带。该类型能充分发挥地空导弹反应时间短的优势，适合如陆上边境地区防空、陆上作战集团军对峙等近距离交战场合。上述两种战场防御带是最基本和常见的类型，战场地理环境不同，可以在上述基本类型基础上衍生出具体不同的战役防御带。

防空战术空域划设。防空战术空域划设是在防空战役战场防御带的基础上，对其中某一战术空域进行的规划。通常可分为区分区域规划和区分高度规划。区分区域规划，是指为各种防空作战力量区分并明确作战的空域范围，按照划定的空域范围，对进入本责任空域内的敌空袭目标实施抗击，区域规划指标可用扇面角、距离指标描述，其大小应根据空中敌情、作战任务和各种防空力量武器性能确定，以保证形成具有高中低空、远中近程的防空火力配系。区分高度规划，主要是为地面防空火力运用与航空兵器活动划分高度范围的一种组织协同方式。该方式可避免不必要的火力重叠或在某高度层出现火力"空白"，又可避免误伤己方作战飞机。每个区域或方向的防空武器种类、型号不一，有效射高不同，其高度划分的标准也不同。中高空地空导弹武器系统的有效杀伤高度大于高射炮有效射高，通常高射炮负责歼灭其有效射高以下目标，特别是低空超低空目标，中高空地空导弹主要负责歼灭高射炮有效射高以上的目标。防空战术空域划设示例如图 7.21 所示。

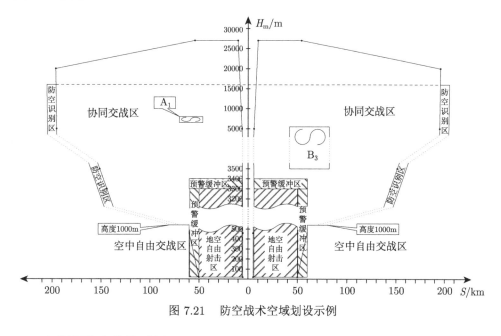

图 7.21　防空战术空域划设示例

2) 规划防空作战时间

时间具有一维性、不可逆性和共用性，是描述作战行动的重要参数，对作战行动有着重要的约束作用。时间规划是指对一系列作战行动时刻节点的规定。防空作战时间规划主要包括战术行动配合时间规划和资源占用时间冲突检测与消解。

战术行动配合时间规划。战术行动配合时间规划是指为达成各作战行动在战术运用上的协调一致,对各战术行动单元行动时刻节点的计划与规定。例如,为在上级规定的时限前完成作战准备,规定各作战单元到达新阵地时间。为达成火力上的相互配合,规定各作战单元导弹的发射时刻等。行动战术配合时间规划方式,通常可分为两种情况:①只对所属作战单元防空作战行动的开始或结束时间进行规定。如果只是对开始时刻规定,则作战单元在行动开始之后,就有更多的行动自由权。②对所属作战单元防空作战行动的开始、关键节点时间和结束时间均进行规定。

资源占用时间冲突检测与消解。任何作战行动均需消耗或占用有限的作战资源,地面防空典型的作战资源包括作战空域、电磁频谱、通信线路、弹药器材、道路交通(公路、铁路、船舶)等。由于各作战行动本身存在时间约束,当多个行动在某一时段内需同时占用同一作战资源时,就可能出现由于作战资源有限而产生的资源使用上的时间冲突,如图 7.22 所示。为此,在制定作战计划时,需要围绕"行动—资源—时间"对各作战行动进行占用作战资源时间冲突检测,一旦发现时间冲突应当调整行动时间或增大资源供给等予以消解,以保证各作战单元行动顺利实施。行动时间冲突检测与消解可采用时序规划网络、简单时序网络、时序约束网络等网络模型技术,以描述各种作战行动的时序约束关系,并对行动时间冲突进行消解与优化。

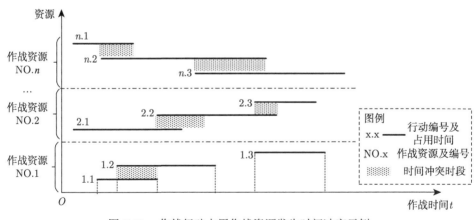

图 7.22 作战行动占用作战资源发生时间冲突示例

2. 精准控制作战行动

作战计划是通过规定各种作战行动,以达成预期的作战效果。为避免防空作战行动发生冲突和行动混乱,在制定作战计划时还应当精准匹配任务、精准识别敌我和精准控制效果，确保各作战行动有序顺畅。

1) 精准匹配任务

精准匹配任务，是指依据作战任务清单，设计完成各子任务所需作战子行动，再依据作战子行动精准匹配任务编组，以实现体系作战能力的最大发挥。将上级赋予的防空作战总任务进行逐层分解细化，形成由若干子任务构成的任务清单，设计完成各项子任务所需的作战子行动，根据可调用的作战资源，依照子任务行动类型进行任务编组，以实现由作战任务、子任务、子行动再到任务编组的能力匹配。

作战行动是联系作战任务和任务编组的纽带，作战任务通过任务编组执行系列有序作战子行动得以实现，以形成任务、行动到编组的能力映射，"任务–行动–编组"之间的映射关系如图 7.23 所示。从图中可以看出，任务编组支持作战子行动，通过若干子行动来完成某项作战子任务，通过子任务完成实现防空作战任务[65]。

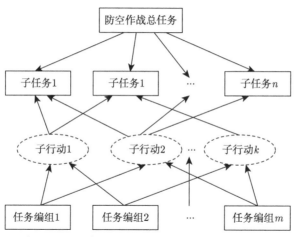

图 7.23 "任务–行动–编组"之间映射关系示意图

精准匹配任务本质是合理区分作战任务，科学进行兵力编组。以充分发挥不同性能武器装备优长为目的，按照模块化能力需求对防空兵力任务编组进行装备、结构和比例设计，对照防空兵力任务编组的模块化能力，合理区分任务编组抗击目标重点。例如，遂行区域防空作战任务，旨在对重点保卫目标多、分布范围广的整个区域实施全面掩护，以此保证各类重点掩护目标的对空安全，可将战略轰炸机、隐身飞机、预警机、电子战飞机等空袭体系重点目标的拦截任务赋予具有远程交战能力的中远程地空导弹任务编组。野战防空兵力具有机动性强、反应速度快、低空近距作战能力强等特点，可将巡航导弹、直升机、攻击机、无人侦察/攻击机等低空目标作为其重点抗击目标。

2) 精准识别敌我

为防止己方防空武器和作战飞机之间出现误射、误伤，需建立完善的敌我识别机制。在防空作战中误判误射误伤我机友机事件屡见不鲜。为此,防止误射误伤己机是防空作战行动协同的首要任务。为有效避免误伤事件,应综合采取敌我识别设备、空中走廊和空地数据链等技术战术控制手段,提高敌我识别正确率。

利用敌我识别设备。敌我识别设备是用于对空中目标敌、我、不明等属性自动判别的设备。地面防空武器和作战飞机均应配备敌我识别设备 (IFF),制定敌我识别规则,通过预先设置的识别信号自动识别敌我机。

划设空中走廊。空中走廊是为航空器进出特定地区而划定、专供己方飞机使用的限制性飞行空中通道[1]。战时在己方航空兵需穿越地空导弹射击区时必须划设空中走廊,并明确空中走廊内我机飞行规则。空中走廊示意图如图 7.24 所示。

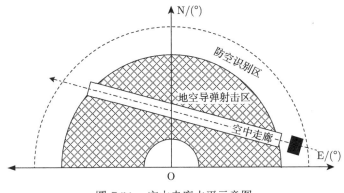

图 7.24 空中走廊水平示意图

建立空地数据链。数据链是指按规定的消息格式和通信协议,链接传感器、指挥控制系统和武器平台,可实时自动传输战场态势、指挥引导、战术协同、武器控制等格式化数据的信息系统[1]。通过空地数据链,可实现空地信息实时共享,实时掌握我机空中位置和活动情况,可有效避免误伤我机。美陆军"爱国者"防空导弹系统通过营级信息协调中心与战术指挥系统简称战术指控站 (information and coordination central/tactical command system,ICC/TCS)Link-16 数据链端机,直接接收由空中预警指挥机提供的空中目标信息,再经"爱国者"防空导弹系统专用数据链 (patriot digital information link,PADIL) 分发至连级火力单元,形成透明空中战场态势,实时显示己方飞机位置,可有效降低误伤率,如图 7.25 所示。

3) 精准控制效果

精准控制效果,是指通过有预见地设计作战行动、控制作战行动和调整力量投入以达成期望的作战效果。根据战场态势发展变化情况,充分预测发展变化规律特点,以作战效果线为引导,提出针对性对策与措施,将战场局势发展引向预期方向,消解行动可能风险于萌芽之中。

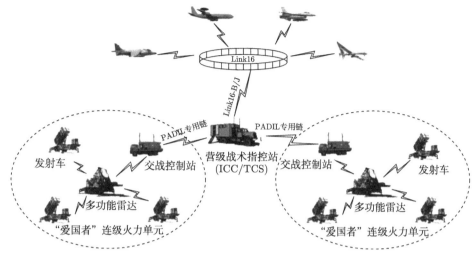

图 7.25 "爱国者"防空导弹系统接收预警机空中态势信息示意图

根据上级作战意图和地面防空作战目标,精准预判各任务阶段战场态势走势,科学分解各任务阶段预期作战效果。按照各任务阶段预期分效果,优化阶段力量投入和阶段行动,综合分析当前战场环境是否支持实现预期阶段行动效果、各作战行动间协调关系、行动冲突与风险评估以及战术战法设计等,通过各任务阶段作战分效果的逐一实现,确保对作战目标精准控制,使各阶段作战行动始终向达成预期效果的方向有序推进。

3. 全局把控态势演进

全局把控态势演进,是指将各任务阶段预期态势出现的时节、重点和指标进行科学统筹规划,把控作战节奏、调整作战重点、塑造战场态势,确保整个战局朝着预期的目标态势发展。

1) 把控作战节奏

防空作战节奏是作战进程或作战的关键时节。按照地面防空作战任务,可将作战进程分为若干任务阶段或时节,具体阶段或时节设计体现对防空作战节奏的筹划。把控作战节奏,是在充分预见战局发展、科学布势基础上,灵活调控某个阶段或时节作战强度、频度和快慢,量敌用兵、因情而动,调动敌人而不被敌人所调动。在地面防空作战计划制定过程中通过调控力量投入、部署调整、打防转换、行动时间、弹药消耗等行动要素,比对各任务阶段预期态势与当前态势,预测态势发展走向,把握阶段转换时机,调控主要行动时机和阶段演进路径,致人而不致于人,以夺取防空作战进程控制的主动权。

2) 调控作战重点

战法是在作战进程决定点上运用兵力、火力的方法或艺术，其目的是要在决定性时机、决定性地点发生决定性作用。着眼全局、把握重心，抓住防空作战枢纽谋篇布局，集中精兵利器于关键时节，促使战局朝预期态势发展。制定作战行动计划要抓住重点、把控关节，运用体系思维和逻辑推理方法，从全局看局部、从一般看重点、从关联看节点，着力把控影响战局发展、事关作战成败的决定性因素，紧紧围绕达成主要作战目的，在动态变化的敌我对抗中，找准打击效能运用的方向，抓住作战阶段转换，积极捕捉和创造有利战机，重点谋划主要作战方向、主要作战阶段对破袭敌空袭体系重心起重要影响甚至决定性打击的行动，以达成决定性作战效果。

3) 塑造战场态势

战场态势往往不以人的意志为转移，但同时又是可以塑造和加以利用的。全面感知态势，准确理解和研判态势，依据对态势的掌握和预测，设计对态势塑造起重要影响的关键行动，是赢得战场主动、推动战局发展的不变法则。可见，战场态势塑造是一个从战场态势感知、理解、预测到塑造的逐渐演进过程，进而构建战场态势线。战场态势塑造的演进过程如图 7.26 所示。

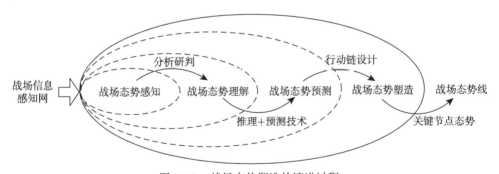

图 7.26 战场态势塑造的演进过程

主动塑造态势首先要基于统一时空基准，建立广域分布的战场感知资源和网络化战场信息协同处理机制，确保各级实时同步感知战场态势变化，在此基础上实现各级对战场态势的共视、共识和共用。其次，比对分析当前态势与预期目标的差异及影响，科学预测态势可能发展，一旦态势偏差超出设定阈值，迅即作出积极反应，临机调控部队行动链，快速筹划决策，力求先敌而动、快敌一步，营造有利于我不利于敌的战场优势。

第 8 章 地面防空作战筹划支持系统设计

地面防空作战筹划支持系统，是指由计算机及各种模型和数据组成，用于支持地面防空作战筹划决策和作业的交互式军事信息系统。应用作战筹划支持系统可实现由传统手工筹划作业向精准高效的信息决策支持跨越，对作战筹划精算、深算、细算具有重要作用，其本质是采用工程计算思想设计战争，快捷精确地生成作战方案和行动计划，提高作战筹划决策的科学性和作业效率。

8.1 作战筹划支持系统需求分析

地面防空作战筹划支持系统，通过作战模型、作战数据、人工智能、网络技术等信息化技术辅助支持防空作战情报整编、行动规划、方案评估和计划生成等核心功能，解决制约防空作战体系能力提升的作战筹划瓶颈问题，提高地面防空筹划的精确性、科学性和工作效率。

8.1.1 系统功能需求

信息化空袭作战兵器、样式、战法正在发生日新月异的变化，隐身、超音速、电子战空袭兵器以及各型无人作战飞机得到广泛应用，要求缩短作战筹划周期，提高作战筹划的科学性、精准性和规范性。运用地面防空作战筹划支持系统，应当依托可靠的网络环境、精细的作战模型、海量的作战数据和强大的计算能力，科学规划地面防空兵力、作战装备、作战资源等体系诸要素，提升地面防空体系作战效能[66]。

1. 情报整编功能

信息保障是组织防空作战筹划的前提和基础，没有准确、实时的战场态势信息，作战筹划就如无源之水。情报整编，是对来自不同情报源的战场海量信息进行搜集、处理和分析后转化为有价值情报的活动，为作战筹划提供有力的信息支持。面对隐身飞机、电子对抗、信息攻防、无人作战等现代空袭体系，地面防空作战筹划支持系统情报整编能力应向多领域、多维度、多态势信息拓展，立足各型情报雷达、技侦装备、上级通报和友邻情报支援等技术方法手段对敌情、我情、战场环境信息进行更新和整理，形成多域、全维一体化的防空作战情报信息支持功能。

地面防空作战筹划系统情报整编能力需求,包括战前综合情报整编和战中实时情报整编,其中,战前综合情报整编包括对完成作战任务所涉及的敌情、我情和战场环境相关情报的搜集、处理和分析,主要服务于平时筹划和临战筹划信息需求;战中实时情报整编包括对空中态势、我方行动状态以及协同兵力动态情报信息的实时获取、处理和分析,主要服务于战中筹划信息需求。无论是战前还是战中情报整编,其重点是围绕指挥员作战筹划所需的决策关键信息展开,并能够得出简明、清晰的研判结论,具体如图8.1所示。

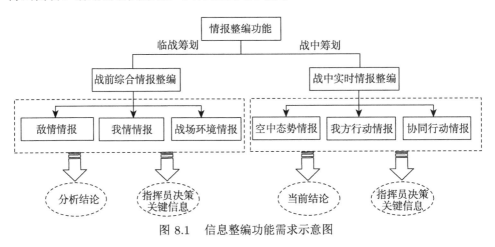

图8.1 信息整编功能需求示意图

2. 行动规划功能

行动规划是作战筹划系统的核心功能,主要依托现代计算机、模型算法和数据库构建技术,应具有任务规划、兵力规划、部署规划、火力规划、机动规划、保障规划和协同规划等地面防空作战行动规划功能[51],如图8.2所示。

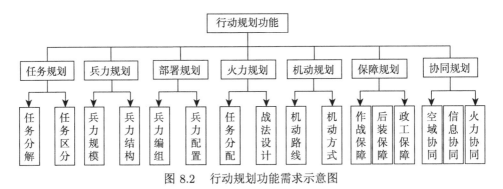

图8.2 行动规划功能需求示意图

其中,任务规划应当具有任务快速分解生成任务理解清单,并根据任务清单进行任务分配功能;兵力规划主要是根据防空作战任务,计算所需的防空兵力规模及其兵力结构；部署规划主要是对所属防空兵力进行任务编组和兵力优化配置，以形成合理火力配系；火力规划主要是进行火力拦截任务分配和预先设计在不同条件下的火力拦截战法；机动规划主要是对兵力机动方式(摩托行军、铁路输送、空中输送和水路输送)、行军路线、装载方案和机动时间的优化计算；保障规划主要是对完成作战任务所需的弹药、器材、物资、人力等保障资源的计算；协同规划是本部队与其他协同力量在空域、信息和火力方面的协同方式方法规划。

3. 方案评估功能

作战方案评估是作战筹划系统的一项重要功能，对提高作战筹划方案计划质量具有举足轻重的作用。由于空防作战力量要素多元、作战行动交错、协同关系复杂，方案评估通常应采取作战推演方式。为此，方案评估需求应具有场景构设、对抗推演、数据采集、分析评估和推演管理五个方面的功能[67]，如图 8.3 所示。

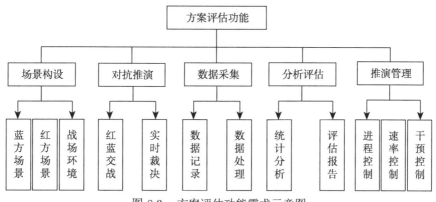

图 8.3　方案评估功能需求示意图

其中，场景构设应当具有依照某一作战方案对红、蓝双方作战兵力、部署位置、战术运用、装备性能以及战场环境等参数的快速设置功能；对抗推演应当具有对红蓝双方在一定战场环境下，按照约定交战规则的自主交战和实时自动裁决功能；数据采集应当具有对红、蓝双方各类交战数据的全程实时记录、存储和处理功能；分析评估应当具备对交战数据的统计分析和数据挖掘功能，并能够形成规范的方案评估报告；推演管理应当具备对仿真推演进程、速率(步长)的在线控制能力，还可对推演过程进行人工干预。

4. 计划生成功能

作战计划是作战筹划的最终产品，在指挥员定下作战决心后，参谋团队应根据指挥员的决心及时制定规范、具体、可执行的作战计划并作为部队作战行动依据。传统手工计划方案制定周期长、效率低、强度大，很难适应信息化空防战场态势快速变化的需要。依托作战筹划系统,作战计划生成应当具有将作战方案快速、高效转换为作战计划的辅助生成功能。计划生成需求应当包括新建计划、修订计划、输出打印和文档管理四个功能,如图 8.4 所示。

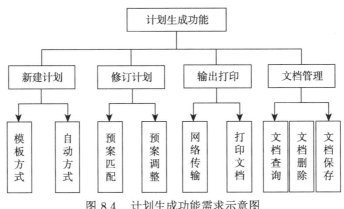

图 8.4　计划生成功能需求示意图

其中,新建计划功能是计划生成的核心功能,应当具有模板、自动两种生成方式。模板方式,是指能够按照各类作战计划标准、规范的通用模板,将主要行动要素填入相应模板而生成所需作战计划的方式;自动方式,是一种具有智能化特征的计划生成方式,在调入规范、标准作战方案后,计算机能够根据设定的生成规则自动生成新的作战计划。修订计划,是指在已有作战计划基础上修改完成,应当具有在计划预案库中按照特征属性关键词快速搜索、匹配最接近预案的功能,经人工对匹配预案进行局部修改完善后形成作战计划。同时还应具有对各类计划文档存在的文字错误、相互矛盾点及文书格式的自主分析和纠错功能。在计划生成后还应具有对作战计划文档的网络传输、打印和管理功能。

5. 网络支持功能

信息网络是实现军事信息互联、互通、互操作的基础平台。作战筹划支持系统应当适应信息时代分布式作战筹划的现实需求,依托分布式信息网络,支持同一层级指挥机构内部以及上下级指挥机构之间按需灵活选择不同筹划组织方式,对共同关注的筹划要素和态势信息达成上下一致理解和认知,对战场态势、交叉使用或调用的作战资源彼此透明,为指挥群体协同筹划作业和作战计划生成提供网络运行支撑环境和技术框架。网络支持需求应包括信息交互、资源共享、分布式处理和网络运维四个功能,如图 8.5 所示。

其中,信息交互功能是信息网络最基本功能,应当具备各级作战筹划支持系统之间以及系统内部各作业席位计算机节点之间数据、文档即时传送和线上远程视频传送功能;资源共享功能应当具备基础库、预案库、案例库、算法库、模型库等数据库远程查询、调用，以及统一战场态势信息远程推送和显示功能；分布式处理功能应当具备同一指挥层作战筹划支持系统内部各作业席位计算机节点之间，以及上下级作战筹划支持系统之间远程异地信息传输、接收和处理功能；网络运维功能应当具备对信息网络的控制、防护和维护等功能。

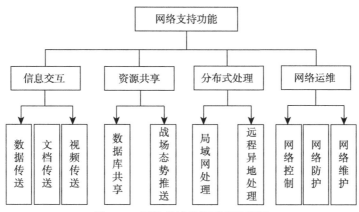

图 8.5　网络支持功能需求示意图

8.1.2　关键技术需求

关键技术是支撑实现地面防空筹划支持系统功能需求和指标需求的技术群。依托地面防空作战筹划技术群，支持战场信息整编、兵力行动规划、作战方案评估和作战计划生成等主要筹划功能的高效运转，实现地面防空兵力、资源的实时、高效配置与协调，是提升地面防空作战筹划效能的重要途径。主要包括系统总体技术、模型规划技术和数据管理技术。

系统总体技术。系统总体技术是作战筹划系统构建、管理与运行所涉及的技术。主要包括系统架构技术、模型管理技术和运行管理技术。其中，系统架构技术用于解决构建地面防空作战筹划支持系统通用、可移植、可重用组件架构所需要的技术，包括插件开发技术、组件模块化建模技术、实时数据驱动仿真技术、数据库应用技术、优化算法组件设计技术、交战规则建模技术和二/三维地理信息显示与分析技术等。模型管理技术用于解决作战行动规划问题所需的算法或模型的存储与调度，运行管理技术用于解决作战筹划系统运行调度、功能模块调用、信息数据交互等运行管理所需的应用技术。

模型规划技术。模型规划技术是作战筹划系统的核心技术群，主要包括战场情报整编分析、兵力需求计算、任务分解匹配、兵力部署优化、兵力机动规划、战场频谱规划、战法案例库管理、保障需求规划和方案推演评估等技术。

数据管理技术。主要包括对敌情、我情、战场环境所涉及的基础数据的存储、更新、查询、调用和处理技术，预案库、战例库快速查询匹配技术，并能够便捷地对预案库、战例库进行修订、删除和更新。

8.1.3 标准规范需求

地面防空作战筹划支持系统标准规范，是规范作战筹划系统开发、不同层级作战筹划系统的互联互通技术标准。主要包括系统架构标准、模型体系标准、数据标准和接口标准等。

系统架构标准。主要用于规范描述作战筹划支持系统总体架构下的资源层、数据层、模型层、组件层和功能软件层标准。其中，资源层包括硬件、操作系统、通信协议等标准，数据层包括各类数据库、数据文档、记录文档等标准，模型层包括各类仿真模型、优化算法、作战规则模型结构等标准，组件层包括地理显示与信息分析、数据统计分析、实时空情接口、兵力运用、行为树解析和网络计算接口等各功能组件标准，功能软件层包括对筹划模块、仿真评估、战法应用等各软件的功能描述标准。

模型体系标准。主要用于规范地面防空作战筹划支持系统所用模型体系、模型间的派生关系以及元模型的主要属性和行为等。模型体系包括优化算法模型体系、装备模型体系以及认知行为模型体系等。

数据标准。主要用于规范地面防空作战筹划支持系统所用的各类数据结构。包括数据服务架构、地理信息数据(含栅格、网络协议等)、实时空情数据、情报数据以及任务清单标准等。

接口标准。主要用于规范地面防空作战筹划支持系统对外及内部间的信息互联接口标准。外部接口标准包括与上级作战筹划支持系统、与外部情报网以及与本级指挥控制系统的接口标准。

8.2 作战筹划支持系统总体设计

地面防空作战筹划支持系统总体设计包括系统总体架构、系统技术架构和基础开发平台设计，依照地面防空作战筹划的总体逻辑以及地面防空作战行动准则、交战规则进行模型流程设计，以构建精准、高效、智能化的作战筹划辅助工具集。

8.2.1 系统总体构架

1. 系统架构设计

在地面防空作战筹划系统功能、关键技术和系统开发标准规范等开发需求的基础上，构建以情报信息整编、行动规划决策、建模仿真评估和作战计划生成等组件为核心的支持平台，以优化算法、行为决策模型和装备模型为主的模型算法库，以及面向作战任务以任务插件形式开发组装的作战筹划支持系统[68]，如图 8.6 所示。

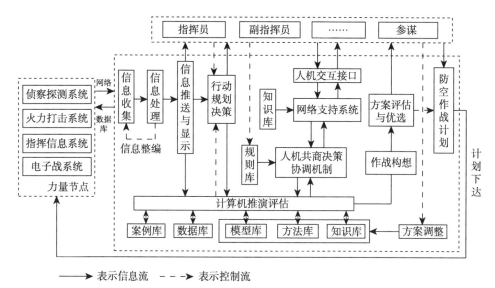

图 8.6 系统总体架构设计示意图

地面防空作战地域分布广泛,可依托网络技术实现多平台、多层级联合筹划,通过信息网络接入兵力节点、指挥控制节点、作战资源节点以及通过异构网关接入上级联合辅助筹划系统,共同构成异地分布式防空作战筹划支持系统。

2. 系统模型结构

地面防空作战筹划支持系统主要由任务数据、专用模型组件、通用模型组件和数据服务框架等组成,其功能原理及各部分之间功能联系如图 8.7 所示。其中,任务数据主要是防空作战筹划所需的各类情报数据。专用模型组件是防空作战筹划系统基础模型库,包括装备模型组件、指挥控制模型组件和事件组件等。通用

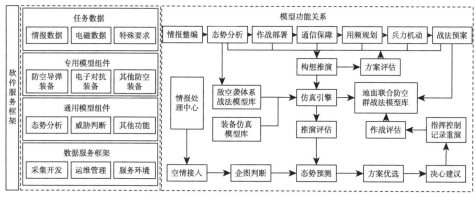

图 8.7 系统模型结构

模型组件主要包含态势分析、威胁判断、战场环境信息等组件。数据服务框架，是为实现防空筹划功能提供采集开发、运维管理和服务环境等基础服务支撑。在上述模型组件支持下实现情报整编并生成综合分判断结论，任务理解并生成任务清单、兵力需求清单、目标态势和指挥员关键信息需求清单，以及防空作战构想和方案推演评估结果。

8.2.2 系统技术构架

地面防空作战筹划支持系统在技术实现上，按照综合仿真实验设计理念，采用分布式仿真、网络通信和综合集成等技术，根据体系结构、描述规范、技术标准和建模仿真框架等规范标准，构建数据、模型等资源共享的开发仿真实验环境，支持各类作战实验系统的硬件、软件和信息有机结合，共同构成完整的仿真推演评估系统，综合集成数字化实验平台、装备特色平台和专业基础平台等不同类型系统，实现模型资源节点发布、统一管理、分布式运行，实现仿真实验与分析评估。作战筹划系统技术架构可分为硬件层、资源层、规范层、服务层、系统层和应用层，如图8.8所示[69]。

图 8.8 系统技术架构

8.2.3 基础开发平台

地面防空筹划支持系统基础开发平台主要是将筹划功能组件有效组合，并按照系统构架、逻辑结构和筹划流程进行连接，其构成如图 8.9 所示。

图 8.9 基础开发平台构成

开发维护工具。开发维护工具是基于组件化建模思想，根据模型体系标准，创建各类装备组件仿真模型，支持可视化参数建模和从已有模型继承其部分特性，支持代码框架的自动生成。

行为树解析驱动器。行为树是一种简单并可扩展的逻辑开发方案，采用行为建模的方法对敌我双方战法进行建模。敌方行为树建模用于对敌空袭行动的预测模拟，我方行为树建模是地面防空战法、打法形式化的表述形式。开发平台提供行为树节点图形化开发和代码自动生成工具，并支持图形化节点参数赋值和逻辑构建，同时给出行为树调用驱动引擎，能够解析行为树结构并自动调用决策条件、动作节点执行代码。

案例库建模工具。案例库建模工具提供案例库建库平台，以构建问题特征向量、解决方案向量、案例匹配算法、案例评价算法和案例推理算法等。建立统一的优化函数接口、案例匹配算法和案例推理算法，可调用算法模型库中的网络学习算法，实现问题、数据与算法的解耦。同时提供案例输入、修改、删除等维护工具。

算法模型框架。算法模型框架是一个虚拟接口，定义了优化算法模型的一般形式，可快速生成算法的代码框架，实现算法与问题的解耦。

仿真推演引擎。仿真推演引擎具有离散事件仿真引擎及其解析能力，可有效解决空防对抗体系多实体交互行为的有序调度，在对仿真模型、数据初始化后，驱动仿真（服务）模型能够在统一时间和空间内进行离散事件调用和作战仿真进程推进。

模型组装工具。模型组装工具支持参数化的模型组装，能够对组件化的装备模型、优化算法和行为树赋予一组参数，以形成兵力、装备等实体决策规则；支持图形化的模型组件组装，以形成一种作战装备，这种作战装备可用于兵力编组、战斗部署，从而在仿真推演中生成兵力或装备实例。组件模型参数化过程如图8.10所示。

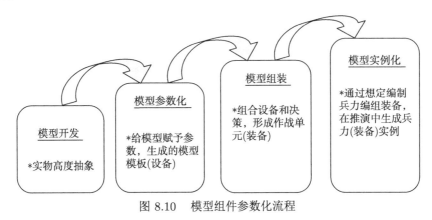

图8.10　模型组件参数化流程

态势显示工具。通过二/三维视图可视化作战态势数据并推送实时战场态势，通过态势分析模型对态势发展趋向和目标态势进行动态、多维显示。战场态势显示系统结构如图8.11所示。

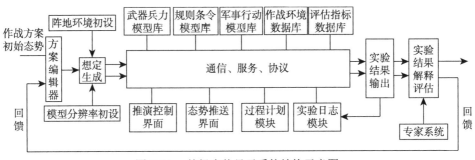

图8.11　战场态势显示系统结构示意图

分析评估工具。分析评估工具是一个相对通用化的数据分析模块，通过设置数据来源、指标体系、指标计算模型和实际参数，可对地面防空作战效果进行多视角评估，对影响作战效果的参数进行灵敏度分析。

LVC仿真代理。LVC(live virtual constructive，实况-虚拟-构造)仿真代理是一个可二次开发框架，用以将实装或半实物模拟器接入仿真推演系统，是一个与仿真模型间实现互联互通互操作的代理对象。

地理信息平台。地理信息平台是一套支持二次开发的组件和类库，可为使用数字地图的仿真工具或模拟器提供统一的战场地理信息显示和分析支持。

插件开发框架。插件开发框架是一套支持插件开发的插件宿主软件，用户可根据需求开发功能插件，通过开放的资源接口，经过简单配置，即可由宿主程序调用驱动。

交互界面资源库。交互界面资源库可提供一套支持快速开发人机交互插件的软硬件数据图表、面板、仪表、开关、按钮等组件，用户可使用该设计工具快速设计人机交互界面。

8.3 作战筹划支持系统构建与支撑技术

地面防空筹划支持系统以系统功能需求和逻辑结构为牵引，在规则库、模型库、数据库及运行支撑平台的支持下，围绕作战筹划步骤和计划方案制定的关键环节进行系统构建，以达成精算、深算、细算的作战筹划要求。

8.3.1 运行支撑平台构建

运行支撑平台主要功能包括：实现对数据资源、模型资源和接口资源的集成，实现对分布式仿真运行的支持，实现对各种应用系统功能服务的支持。

由于防空导弹、高射炮、警戒雷达、电子攻防装备以及新概念武器等地面防空武器系统性能各异，为满足对分布式系统资源集成调用、多类应用系统分布运行控制的需求，除应具备仿真引擎、基础服务、分布式服务、声明管理、实体对象管理、交互数据管理、想定加载、任务管理、数据输入输出等基本功能外，还需构建综合运行支撑平台，如图 8.12 所示[70]。

1. 通用资源集成框架

通用资源集成框架包括数据资源集成框架、模型组件集成框架和接口资源集成框架。其中，数据资源集成框架主要实现基础数据访问、应用数据访问、数据资源集成和数据资源管理调度功能。模型组件集成框架主要实现模型组件访问、组件运行管理调度、组件集成和组件管理功能。接口资源集成框架主要实现针对数字化联合实验平台、装备特色仿真平台和专业基础仿真平台等各种系统互联接口的集成、管理和调用等封装功能。在通用资源管理分析系统和异构网关接入分系统的支持下，实现通用资源的集成、访问与调度。

2. 仿真运行支持平台

仿真运行支持平台，是在实现仿真系统集成、运行支持功能的基础上，具备对基础数据资源的调用功能，为运行控制服务提供模型访问功能以及为各应用系统提供仿真运行、数据交互功能。包括想定管理、任务管理、输入输出管理、实体数据管理、交互数据管理、仿真引擎控制、基础服务和声明管理等。

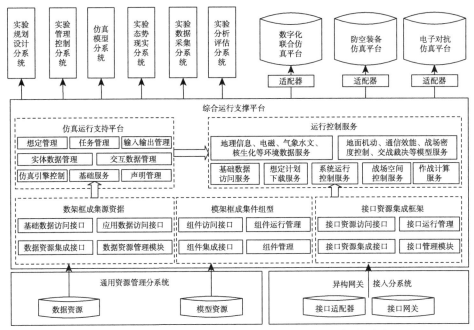

图 8.12 地面防空作战筹划支持系统运行支撑平台原理图

3. 运行控制服务

运行控制服务，主要为系统提供三类服务功能：提供公共基础数据访问和下载服务，包括想定计划数据、战场环境数据等；提供基础模型服务功能，包括模型调度和交战裁决等；面向数字化联合实验平台、装备特色仿真平台和专业基础仿真平台的分布式运行控制需求，为不同类型节点提供统一的时间管理和事件调度、战场空间的统一控制和仿真数据的采集服务。

8.3.2 综合数据资源服务

综合数据资源服务，是面向地面防空作战筹划支持系统的数据需求，对武器装备基础数据、兵力编成配置数据、想定数据、案例库数据、规则数据、战场环境数据、情报信息数据等基础数据，以及系统运行时的数据交互协议、系统数据标准等进行统一规范。同时为作战筹划系统提供数据的存储、处理、完善功能。

想定数据。包括作战想定数据和仿真脚本数据，是为敌、我、战场环境态势分析、推演与评估提供所需要支撑数据。其中，作战想定数据包括防空作战立案企图、基本想定、补充想定等派生出来的战场环境、兵力需求、编组配置、作战部署和作战进程等信息数据。仿真脚本数据是根据作战想定生成的脚本，从作战想定数据中提取描述防空作战行动相关的各种信息数据，以反映仿真推演过程中作战实体的状态变化和对抗关系。

基础数据。主要包括地理环境空间数据及属性数据、作战区域社会人文环境等基本信息；敌我双方投入的兵力、资源数据，兵力编成、部署位置数据，武器装备型号、数量、参数等数据；保卫目标地理位置、特征、易毁性等基本信息；上级下达或本级所属预警探测、侦察设备所获取的敌情信息数据；积累的案例库信息数据等。

其他支撑信息数据。包括仿真记录数据、分析评估数据和用户管理数据等。其中，仿真记录数据包括仿真过程数据、态势数据、干预命令数据、实体状态信息、作战事件信息等。分析评估数据可分为统计数据和分析数据，统计数据包括探测、指控、交战、战果等数据；分析数据是根据分析评估指标和采集的仿真数据，通过评估算法计算得到作战效能数据。用户管理数据包括用户类型、用户权限等数据。

数据处理与分析支持。由功能模型和分析评估模型组成。功能模型描述的是防空装备分类机制、组成结构、关联关系、内部组件关系等，包括平台组件、设备组件、机动组件、行为组件、辅助组件、网络通信以及交战规则模型等。分析评估模型分为统计处理模型和作战效能评估模型，统计处理模型用于作战仿真过程采集数据的分析和处理，作战效能评估模型对作战效能进行评估以形成评估结论。

8.3.3 系统功能构建

按照作战筹划基本流程以及系统逻辑构架、技术构架要求，在规则库、模型库、案例库以及各类基础数据的支撑下，重点围绕作战筹划的步骤进行功能模块设计。按照地面防空作战筹划流程的功能构建如图 8.13 所示。

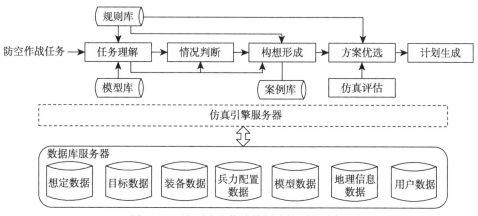

图 8.13 地面防空作战筹划支持系统功能

任务理解。综合运用各种功能需求算法模型插件，采用基于预测的协同任务控制技术。基于市场拍卖机制的自主任务分配技术等实现对任务清单、兵力需求、任务区分、任务编组等复杂计算问题的科学、高效求解，为指挥员构想设计、方案选定等提供数据支撑。

情况判断。综合运用基于模式识别的敌作战企图识别、基于行为树建模的任务规则模型、基于空防对抗交战规则的超实时推演预测等先进分析预测技术，为地面防空指挥员提供敌空袭作战体系主要情报分析信息数据，包括作战企图、兵力规模、武器弹药配置、主要进袭方向、编队战法、威胁排序等支撑信息。系统采用并吸收人工智能深度网络学习成果，运用基于时序演进的作战目标分析技术、多目标约束技术和基于结构化行为建模等算法模型技术，根据搜集整编的情报信息，在理解任务基础上，运用算法、模型对空防对抗初始态势、目标态势以及防空作战态势演变趋势进行描述和仿真推演，给地面防空指挥员形成构想、定下决心提供直观的信息数据支撑。

构想形成。基于遗传算法、A*算法、数学规划等多种智能优化算法，为地面防空提供作战部署优化、兵力机动方案优化、战法设计、用频方案优化、通信方案优化等自动优化工具，能够对作战构想及方案部署情况综合计算分析。运用标准战场数字资源库，综合采用战情数据增强显示技术、三维显示柔性模型、三维矢量军标技术等，将战场态势信息和作战构想信息进行二维/三维综合显示。

方案优选。综合采用案例库匹配与检索、基于作战规则的结构化行为建模和基于事件槽的战法建模等技术，根据实时数据驱动仿真引擎，对地面防空预案进行仿真推演与预测评估，根据仿真结果对作战部署、战法运用进行优化调整，为优选作战方案提供定量化支撑，实现指挥谋略思维与工程实践方法的有效对接。

计划生成。根据作战预案优选结果，运用标准化、规范化的文书模板，分别拟制生成作战行动计划和各类保障计划。

8.3.4 系统支撑技术

1. 基于行为树与深度学习的结构化行为建模技术

目前作战仿真平台使用频率较高的有确定性认知模块 FLAMES、规则集 EADSIM 和有限状态机 SSG、Rhapsody 等建模方法，但难以满足防空作战体系复杂行为建模要求。采用行为树建模方法能够有效描述敌方指挥决策、空袭行动以及我方防空战法规则运用，将决策、行动或战法表达抽象为"条件"和"动作"组成的决策行为树。其中，"条件"是战场特定的行为决策场景，为真实反映战场交战情况，必须基于对手作战规则构设对抗场景。"动作"是在特定决策场景下的人员动作序列或装备状态序列。行为树同时提供一个结构化行为建模和网络学习相结合的混合式战法模型架构，任何一个"条件"节点和"动作"节点均可被构建成一个深度学习网络，以满足空防对抗战场态势模糊判断分析和态势发展推理预测的需要，具有建模工具图像化、逻辑化程度高，便于理解、调试和运行的优点。

2. 基于态势预测的协同任务控制技术

地面防空作战行动处于高动态空防对抗环境中,具有作战力量多元、作战行动交错、作战节奏转换快的特点,同时也造成战场情报信息具有很强的不确定性和难以预测。模型预测控制 (model predictive control,MPC) 方法具有模型预测、滚动优化和反馈校正的态势预测机理,通过预测模型和智能算法优化结合,预测战场态势发展趋势和敌可能采取的行动方案,将决策控制过程用经典 OODA(观察–判断–决策–行动) 循环抽象,在观察环节获取态势信息,在判断环节获取敌任务企图,并根据敌行为树描述和战法规则预测敌情发展变化,在决策环上形成作战构想并调整优化作战预案。基于态势预测的辅助决策过程如图 8.14 所示。

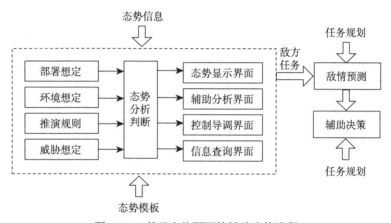

图 8.14　基于态势预测的辅助决策流程

3. 基于实时数据驱动的防空态势演进仿真支持技术

空防对抗进程反映的是指挥群体思维策略的对决,需要实时精准的情报保障,传统的战前静态筹划活动不能满足对抗激烈、具有高度不确定性的信息化战争筹划需求。实时数据驱动应用技术将仿真系统和防空作战行动深度融合,通过仿真数据指导防空行动,仿真和行动之间构成一个相互协作的共生动态反馈控制系统,使得地面防空作战筹划支持系统能够根据实时战场态势调整作战构想、作战预案并进行仿真推演,满足作战筹划精准、实时要求,可实现由信息优势向决策优势的有效转化。

参 考 文 献

[1] 全军军事术语管理委员会. 中国人民解放军军语 (全本)[M]. 北京: 军事科学出版社, 2011.
[2] 尹强, 叶雄兵. 作战筹划方法研究 [J]. 国防科技, 2016, 37(1): 95-99.
[3] 姚建明. 战略管理新思维、新架构、新方法 [M]. 北京: 清华大学出版社, 2019.
[4] 袁博. 争夺作战筹划优势——联合作战任务规划研究 [M]. 北京: 兵器工业出版社, 2019.
[5] 杨任农, 张滢. 对任务规划系统建设的再认识 [J]. 指挥与控制学报, 2017, 3(4): 286-288.
[6] 赵国宏, 罗雪山. 作战任务规划系统研究 [J]. 指挥与控制学报, 2015, 1(4): 391-394.
[7] 谢苏明, 毛万峰, 李杏. 关于作战筹划与作战任务规划 [J]. 指挥与控制学报, 2017, 3(4): 281-285.
[8] 王锴, 张铁强. 作战筹划要具体精准 [N]. 解放军报: 2020-7-30.
[9] 龚知远. 美军战役作战计划的概念与方法 [R]. 北京: 知远战略与防务研究所, 2016.
[10] 毛翔. 美军联合作战计划流程 [R]. 北京: 知远战略与防务研究所, 2015.
[11] 范虎巍, 毛翔. 联合作战计划制定流程 [M]. 沈阳: 辽宁大学出版社, 2013.
[12] 王相生. 联合作战筹划与方案推演研究 [J]. 舰船电子工程, 2014, 34(6):14-18.
[13] 夏之冰. 美军联合战略与作战计划制定 [R]. 北京: 知远战略与防务研究所, 2018.
[14] 知远防务. 美军联合作战行动筹划手册 [R]. 北京: 知远战略与防务研究所, 2017.
[15] 唐得胜. 美军联合筹划纲要 [R]. 北京: 知远战略与防务研究所, 2019.
[16] 赵国宏. 作战任务规划若干问题再认识 [J]. 指挥与控制学报, 2017, 3(4): 266-272.
[17] 汪洋. 美军联合作战筹划及任务规划研究 [J]. 计算机与数字工程, 2016, 44(8):493-1497.
[18] 赵国宏, 罗雪山. 作战任务规划系统研究 [J]. 指挥与控制学报, 2015, 1(4): 391-394.
[19] 孙鑫, 陈晓东, 严江江. 国外任务规划系统发展 [J]. 指挥与控制学报, 2018, 4(1):8-14.
[20] 赵先刚. 指挥员应主导联合作战筹划 [N]. 解放军报: 2017-2-16.
[21] 危骏. 作战筹划须用好 "桥和船"[N]. 解放军报: 2018-7-10.
[22] 董伟, 杜双飞. 厘清作战筹划辩证关系 [N]. 解放军报: 2021-08-12.
[23] 潘冠霖, 蔡游飞. 作战选项分析方法研究 [J]. 军事运筹与系统工程, 2012, 26(3): 19-22.
[24] 于淼. 枢纽态势论——信息时代的工程化作战筹划方法理论 [M]. 北京: 军事科学出版社, 2013.
[25] 胡有才. 不断提高联合作战筹划效能 [N]. 解放军报: 2020-04-23.
[26] 付全喜, 曹泽阳, 陈刚, 等. 防空反导作战基本理论与方法 [M]. 北京: 解放军出版社, 2013.
[27] 房鹏. 基于 "两率" 指标的防空作战筹划问题研究 [J]. 射击学报, 2013(3): 30-33.
[28] 百度百科. "五环" 目标理论 [EB/OL]. http://baike. baidu. com/view/1083806. html. 2008-04-20.
[29] 郭峰, 王树坤, 孟凡凯. 基于任务分解的合成营作战编组规划模型 [J]. 指挥控制与仿真, 2017, 39(5): 18-21.

[30] 李信忠, 李思. 作战任务细化与规范描述研究 [J]. 军事运筹与系统工程, 2012, 26(3): 31-34.
[31] 肖海, 刘新学, 舒健生, 等. 基于扩展 HTN 规划的作战任务分析方法 [J]. 火力与指挥控制, 2016, 41(9): 108-111.
[32] 耿松涛, 操新文, 李晓宁, 等. 基于扩展层级任务网络的联合作战电子对抗任务分解方法 [J]. 装甲兵工程学院学报, 2018, 32(5): 8-13.
[33] 中国军事百科全书编审室. 中国军事百科全书 [M]. 2 版. 北京: 中国大百科全书出版社, 2014.
[34] 武文军, 王学, 杨占全, 等. 城市地面防空作战筹划研究 [M]. 北京: 军事科学出版社, 2009.
[35] 胡建新. 逻辑思维不可或缺 [N]. 解放军报: 2021-12-14.
[36] 曹迎槐. 军事运筹学 [M]. 北京: 国防工业出版社, 2013.
[37] 申卯兴, 曹泽阳, 周林, 等. 现代军事运筹 [M]. 北京: 国防工业出版社, 2014.
[38] 韩晓明, 赵杰. 决策理论与实用决策技术 [M]. 西安: 西北工业大学出版社, 2002.
[39] 齐胜利. 战略推演论 [M]. 北京: 国防大学出版社, 2020.
[40] 张最良. 军事战略运筹分析方法 [M]. 北京: 军事科学出版社, 2009.
[41] 温睿. 作战方案计划推演评估 [M]. 北京: 兵器工业出版社, 2021.
[42] 余志锋. 电子对抗作战构想应重点关注的问题 [J]. 信息对抗学术, 2012(3): 48-50.
[43] 赵先刚, 张志刚. 对确定作战构想的理解与思考 [J]. 长缨, 2017(8): 35-37.
[44] 刘玮琦. 作战设计论 [M]. 北京: 军事科学出版社, 2020.
[45] 项士锋. 作战构想该如何"想"[N]. 解放军报: 2021-9-9.
[46] 梁隆鑫, 丁泽中, 任荣森. MindMap 在油料勤务训练中的应用 [J]. 仓储管理与技术, 2009(6): 58-59.
[47] 赵力昌, 黄谦, 蔡游飞. 思维导图方法在战略博弈研讨中的应用 [J]. 军事运筹与系统工程, 2010, 24(1): 39-43.
[48] 毛翔, 焦亮. 对批判性思维的批判性思考: 战略领导的基本思维指南 [J]. 世界军事参考, 2016, 84(85): 1-35.
[49] 肖秦琨, 高嵩, 高晓光. 动态贝叶斯网络推理学习理论及应用 [M]. 北京: 国防工业出版社, 2007.
[50] 马拴柱, 刘飞. 地空导弹射击学 [M]. 西安: 西北工业大学出版社, 2012.
[51] 王颖龙, 李为民. 防空作战指挥学 [M]. 北京: 解放军出版社, 2004.
[52] 曲航正, 毛伯明, 美军战役筹划理论发展变化透析和启示, 海军学术研究, 2013(2): 83-85.
[53] 韩志军, 柳少军, 唐宇波, 等. 计算机兵棋推演系统研究 [J]. 计算机仿真, 2011, 28(4): 10-13.
[54] 刘海洋, 唐宇波, 胡晓峰, 等. 基于兵棋推演的联合作战方案评估框架研究 [J]. 系统仿真学报, 2018, 30(11): 4115-4122.
[55] 邓克波, 朱晶, 韩素颖, 等. 面向作战方案分析的计算机兵棋推演系统 [J]. 指挥信息系统与技术, 2016, 7(5): 73-77.
[56] 赵克勤. 集对分析及其初步应用 [M]. 杭州: 浙江科学技术出版社, 2000.
[57] 任世纪, 郭志, 马士壮, 等. 参谋"六会"技法与举要 [M]. 北京: 国防大学出版社, 2016.
[58] 朱国磊, 王光远, 张乃敏, 等. 作战标图指南 [M]. 北京: 蓝天出版社, 2014.

[59] 王文龙, 李健, 雷宏, 等. 司令部工作教程 [M]. 北京: 国防工业出版社, 2013.
[60] 胡有才. 简化流程为实战 [N]. 解放军报: 2020-07-16.
[61] 况冬. 作战计划防止一厢情愿 [N]. 解放军报: 2020-7-7.
[62] 郭瑞鹏. 基于预案的危机决策方法研究 [J]. 科技进步与对策, 2006, 23(2):44-46.
[63] 史波, 梁静国. 基于预案的企业应急决策方法研究 [J]. 现代管理科学, 2008(2):20-21.
[64] 朱荣昌, 梁万义, 王步涛, 等. 空军大辞典 [M]. 上海: 上海辞书出版社, 1996.
[65] 王本胜, 王涛. 基于任务-能力匹配的联合作战需求建模 [J]. 指挥信息系统与技术, 2011, 2(3):5-9.
[66] 罗军, 游宁, 赵小松, 等. 军事需求研究 [M]. 北京: 国防大学出版社, 2012.
[67] 李为民, 辛永平, 赵全习, 等. 防空作战运筹分析 [M]. 北京: 解放军出版社, 2013.
[68] 曹雷, 孙彧, 陈希亮, 等. 联合作战任务智能规划关键技术及其应用思考研究 [J]. 国防科技, 2020, 41(3):49-56.
[69] 韩志军, 柳少军, 唐宇波, 等. 计算机兵器推演系统研究 [J]. 计算机仿真, 2011, 28(4):10-13.
[70] 秦永刚. 指挥工程化 [M]. 北京: 国防大学出版社, 2014.